Deepen Your Mind

序 *Preface*

謹以此書獻給熱愛技術的你。

機緣巧合，筆者在 2016 年初次接觸到 Electron 技術，從那時至今已有六年左右的時間。當時，公司迫切需要開發出一款能運行在電腦上的桌面用戶端產品，但由於我們的開發人員絕大部分精通的是 Web 前端技術堆疊，缺少傳統桌面用戶端技術的開發經驗，因此我們不得不去尋找一款基於 Web 前端開發的桌面用戶端技術。最後在許多相關技術中，我們選擇了 Electron。選擇 Electron 的原因，你在閱讀本書的過程中可以找到對應的答案。

Electron 是一個開放原始碼，能讓開發人員使用 JavaScript、HTML 以及 CSS 等 Web 前端技術實現桌面應用的框架。Electron 巧妙地將 Chromium 和 Node.js 結合在一起，使得開發桌面應用不再是 C#、C++ 等技術開發人員的專利，Web 前端開發者也能使用他們熟悉的技術開發桌面應用。Chromium 和 Node.js 在 Windows、Mac、Linux 都有對應的版本，因此它們本身都是跨平台的技術，這使得用 Electron 框架開發的應用具有較強的跨平台性，也就是大家熟知的 "Write once, run everywhere"。

Electron 對 Web 前端開發人員來說是非常友善的，它將大部分與系統層互動的邏輯封裝了起來，免去了開發時對接系統底層的煩瑣事務，讓開發者在開發桌面應用時有著與開發 Web 相近的體驗。大部分情況下，只要你掌握了前端 JavaScript、HTML、CSS 以及 Node.js 技術，下載並運行過官方的 Demo，稍加探索，就能理解 Electron 框架中的奧秘，很快地掌握這門技術並建構一款桌面應用。

在了解和學習 Electron 之前，你可能沒有意識到，平時接觸到的或經常使用的桌面應用中，有很多是使用 Electron 實現的，例如常用的程式編輯器 Visual Studio Code、Atom 等，又或是迅雷。你會驚訝地發現這些應用運行得如此流暢，從而讓你感覺不到它們是用 Web 前端技術實現的。到目前為止，已經有 1000 多個應用使用 Electron 技術開發並被世界各地的使用者使用。但這不算多，我相信這只是剛剛開始。

隨著 Electorn 的流行，越來越多的開發人員開始學習和使用 Electron 框架。在筆者這些年與一些開發者接觸的過程中發現，一些會讓初學者感到困惑的問題，複習為以下幾點。

■ **官方文件缺乏場景案例**。雖然官方文件詳盡地列舉了 Electron 提供的 API 以及其呼叫的方式和參數說明，你可以清晰地知道這些 API 該如何呼叫。但是在實際專案中使用時你會發現，只了解 API 如何呼叫還不足以支撐你實現想要的功能。舉例來說，官方文件雖然提供了在 Electron 崩潰時如何收集崩潰日誌的 API，但是在實際專案中，開發者獲取崩潰日誌並不是最終目的，接下來還需要將記錄崩潰資訊的檔案上傳伺服器，並從崩潰資訊中分析出問題的原因。由於官方文件中沒有對收集日誌和分析的整個場景說明，開發人員對此感到困惑，需要去搜索更多的資料來解決問題。

■ **講解基本原理的中文資料偏少**。對初學者來說，如果不了解 Electron 的基本組成、Electron 是如何將 Chromium 與 Node.js 結合起來的，以及主處理程序與繪製處理程序的概念等知識，會在應用程式開發的過程中感到困惑。在缺少這些知識的情況下，開發人員容易分不清一個業務邏輯應該實現在主處理程序還是繪製處理程序。如果錯誤地將原本應該實現在繪製處理程序的邏輯實現在了主處理程序，或反之，往往會造成意想不到的錯誤或崩潰，對程式的穩定性和可維護性來說將非常不利。

- **多視窗應用的案例偏少**。無論是網上關於 Electron 應用程式開發的教學 Demo，還是使用 Electron 開發的正式產品，大多數為單視窗載入 SPA 頁面的架構。關於需要使用到多視窗並存且視窗之間需要聯動的業務場景的介紹和講解非常少。這兩個場景的不同點在於，單視窗載入 SPA 頁面只需要考慮 SPA 頁面本身的可靠性以及可維護性，而多視窗並存且聯動的場景不僅要考慮上述問題，還需要考慮如何保證多個視窗能穩定運行及如何實現它們之間的相互配合。舉例來說，在多視窗應用場景中，當其中一個視窗崩潰後，要保證它能自動重新開啟並恢復崩潰前的狀態，其他視窗需要得到通知做對應的處理。目前這方面的實踐文件是偏少的，當開發者遇到需要考慮這種場景的產品時，也會感到困惑。

❀ 本書特點

本書是一本簡單易學、實踐性強的 Electron 技術圖書，具有以下特點。

- **循序漸進，簡單易學**。本書的目標讀者為對 JavaScript、HTML、CSS 以及 Node.js 已經有一定基礎，並準備學習或是使用 Electron 開發桌面應用的 Web 前端開發人員。因此，本書不會用較長的篇幅對 JavaScript、HTML、CSS 以及 Node.js 等相關技術進行講解，大部分內容將圍繞 Electron 本身展開，從介紹 Electron 基礎概念，再到概念與案例結合，最後學習一個基於 Electron 的開放原始碼框架。

- **理論與案例結合。** 本書不是單純地對理論知識進行講解，也不會深入探討某個基礎知識的底層實現。通篇將以最通俗易懂的案例輔助理論知識的講解，讓讀者能快速地掌握 Electron 的基本使用方法。

- **整潔且清晰的程式範例。** 俗話説 "Talk is cheap, show me your code"。我相信一本好的實戰類書籍，整潔清晰的程式是最主要的。一段好的程式範例能勝過一堆的文字描述。你不用擔心看不懂本書中的程式範例，因為每段程式旁都有著撰寫詳盡的註釋和描述。如果一遍看不懂，可以再看一遍，同時可以親手撰寫程式並運行，直到理解並掌握為止。

在閱讀本書的過程中，你能對 Electron 的基本概念、基本原理有一個較為全面的了解，從而能在開發過程中更合理地實現業務邏輯。與此同時，你能在場景程式範例中學習到高頻使用的 API 是如何被呼叫的，而不僅是從官網文件中了解 API 的作用。

♣ 本書目標讀者

第一類讀者：從事 Web 前端開發，有一定的前端知識基礎，出於興趣開始學習 Electron 框架，或是專案即將使用 Electron 進行開發，想快速上手 Electron 的開發人員。

第二類讀者：從事傳統桌面用戶端開發，想了解 Electron 框架，對擴充自己技術廣度有訴求的開發人員。

第三類讀者：已經使用 Electron 框架開發過專案，熟悉 Electron 的基本使用，但想學習更多案例實踐的開發人員。

✤ 本書主要內容

本書共包含 10 章，各章的主要內容如下。

第 1 章：介紹 Electron 的由來以及同類技術，讓你對 Electron 有一個大概的了解。

第 2 章：透過講解一個系統資訊展示應用的實現，讓你了解用 Electron 框架開發應用的目錄結構。這個過程中你會初步接觸到 Electron 的一些重要概念，如主處理程序、繪製處理程序以及視窗等。如果你在閱讀本章節時對這些概念感到困惑，不用擔心，後面章節會重點講解它們。

第 3 章：講解開發人員在使用 Electron 框架開發應用時必須要掌握的重要概念—主處理程序、繪製處理程序以及處理程序間通訊。掌握這些概念之後，將第 2 章中的系統資訊展示應用獨立實現一遍，你就可以基本掌握 Electron 框架的使用了。

第 4 章：講解視窗相關的知識。在該章節中，你不僅可以學習如何在應用中使用 Electron 提供的 API 實現一個簡單的視窗，還可以學習一些複雜視窗的實現方式，如組合視窗、透明圓角視窗以及可伸縮視窗等。與此同時，學習完本章，你還可以了解到 Windows 視窗的運行機制。

第 5 章：講解應用啟動過程中包含的相關知識，包括啟動參數設定、自訂啟動協定、設定開機啟動以及最佳化應用啟動速度等。

第 6 章：講解應用如何與「本機」進行互動，包括在應用中操作 Windows 登錄檔、呼叫 C 或 C++ 語言實現模組以及利用本機存放區來儲存應用資料。本章內容會大量包含 Node.js、C 以及 C++ 相關的知識。如果你先了解相關知識再閱讀本章節，將更容易理解。

第 7 章：講解應用如何使用硬體裝置和系統 UI 元件。硬體裝置包括常見的鍵盤、顯示器、麥克風以及印表機。系統 UI 元件包括工作列選單和系統通知。

第 8 章：講解開發人員在應用研發的過程中保障應用品質所使用的方法。如何在開發過程中撰寫單元測試和整合測試，以及當應用出問題時常見的處理方式。

第 9 章：講解在應用準備發佈時，將原始程式碼打包成安裝套件並上架到市集的方法。應用升級是一個非常重要的功能，本章也將詳細講解。本章的內容對開發一個正式的、完整的應用來說非常重要，如果你現階段還未準備要發佈正式應用的場景，可以先跳過本章節的學習。

第 10 章：屬於進階內容，介紹一個基於 Electron 實現的應用層框架 Sugar-Electron。內容上首先會講解該框架的使用場景、設計原則及其核心模組的使用方式，然後講解如何運用該框架開發應用。

✤ 致謝

感謝很多人對本書的付出。

由於本書的撰寫時間都安排在平時下班後和週末，極少能抽出時間陪伴處於懷孕晚期的妻子，深感愧疚。因此，首先要感謝我的妻子，在我撰寫本書的這段時間裡對我的充分理解和包容，讓我能專心地投入到創作中。期待本書能和小 Baby 一樣順利地來到這個世界，也希望這本書能成為一個父親送給小 Baby "Hello World" 的第一份禮物。

書中很多知識和案例都來自工作實踐，很感謝我的工作機關給我提供了寶貴的工作、實踐和學習環境，也很感謝部門的澈哥、正哥和阿寬對我寫作的鼓勵和支持，他們給我提出了非常多的寶貴意見。

幾位來自各地的技術專家幫忙審閱了本書的大部分內容，同時為本書寫了推薦語。這個過程佔用了他們非常寶貴的時間，我在此深表感謝！

最後，非常感謝北京清華大學出版社編輯楊璐老師給予我這次創作的機會，同時也非常感謝出版社的其他編輯老師，本書能夠順利出版離不開他們的辛苦付出。

由於水準有限，書中難免會存在一些不足之處，懇請大家指正，共同成長。

潘瀟

05　應用啟動

08 應用品質

09 打包與發佈

10 Sugar-Electron

初識 Electron

1.1 Web 應用與桌面用戶端

在講桌面應用之前,我們先來看看 Web 應用的發展。在過去的 10 ～ 15 年,Web 應用發展迅速,它從最早的 Web 1.0 時代,發展到了 Web 2.0 時代,再到今天的 Web 3.0 時代。Web 1.0 時代以資訊內容為核心,Web 應用單方面提供資訊流給到使用者,使用者在靜態網頁中找到並被動接收自己想要的資訊。在這個時代,你可以把這種靜態網頁理解為電子化的報紙。到了 Web 2.0 時代,其顯著的特點是使用者與網頁內容的互動性。例如我們曾經使用過的 MySpace,你可以在這些網站上面發表自己的內容,與你的好友進行資訊互動。Web 2.0 並不是改變了既有的技術標準,而是在產品互動層面的一種進步。Web 3.0 時代首先得益於基礎設施性能的大幅增強(如硬體、V8、網路等),我們能在 Web 上使用諸如 office、3D 看房等互動更為複雜的產品;其次得益於巨量資料人工智慧技術的進步,使用者行為會被擷取並進行分析,使得我們在網頁上看到的資訊流會更趨向於自己感興趣的內容。我們在 Web 發展的過程中會發現,使用者對於互動體驗以及內容資訊相關性上的要求是越來越高的。

與此同時,由於 B/S 架構能力的提升,以及其雲端化帶來的便利性,大量基於 C/S 架構的桌面用戶端應用也遷移到了 B/S 架構上。我們能明顯感受到的是,桌面用戶端應用的數量是越來越少了。可能有開發者會問,桌面用戶端程式會逐漸消失嗎?我認為在未來相當長的一段時間內是不會的。雖然現在基於 B/S 架構的 Web 應用有 PWA 或者是 Browser App 的加成,使得應用能做到離線化使用並呼叫系統的部分能力,但是在一些針對性的場景中,以 B/S 架構為基礎的 Web 應用還無法完全滿足產品的需要。

首先,C/S 架構能帶來更為沉浸式的體驗。

(1)用戶端程式可以獨立顯示在系統的工作列或者工作列中,方便讓使用者感知到當前應用的狀態,並且能快速地開啟和關閉應用視窗,如圖 1-1 所示。而在 Web 應用中,大部分情況下使用者看到的只是一個瀏覽器圖示。如果想要進入某個網頁時,需要先開啟瀏覽器,再找到對應的 tab,十分煩瑣。

▲ 圖 1-1 工作列中的應用圖示

(2)用戶端程式可以實現各種形狀的視窗,並且使多個視窗配合起來,實現複雜的互動邏輯,給使用者帶來非常好的使用者體驗。以一款教師與學生課堂互動的軟體互動為例,如圖 1-2 所示。

▲ 圖 1-2　包含多視窗的互動軟體介面

當老師在授課過程中使用如「教材推送」功能時，可以同時在其他視窗選擇想要推送的學生。當老師在不使用該軟體而使用其他軟體時，可以將該軟體最小化到懸浮窗，避免干擾其他軟體的操作，如圖 1-3 所示。這種複雜的互動場景也是 Web 應用難以實現的。

▲ 圖 1-3　軟體最小化時的懸浮視窗

（3）用戶端程式可以預設進入全螢幕狀態，給使用者帶來沉浸式體驗，如圖 1-4 所示。對於開發 Web 應用有一定經驗的前端開發者可能知道，瀏覽器出於安全考慮，禁止了自動進入全螢幕操作的功能。即使在支持網頁進入全螢幕的瀏覽器中，也是不能透過程式直接讓網頁進入全螢幕的。想要瀏覽器在網頁中進入全螢幕狀態，只能在使用者操作的事件回呼中呼叫瀏覽器提供的全螢幕 API requestFullScreen 來實現。這裡還特別強調，必須是使用者操作的事件回呼。雖然使用者點擊按鈕也能進入全螢幕，但相比預設全螢幕而言，體驗相差甚遠。另外，在大部分全螢幕的場景中，你也不期望使用者能隨時退出全螢幕模式，而在瀏覽器中是可以隨時被使用者退出的。

其次，C/S 架構還具備一些 B/S 架構不具備的能力。

（1）操作本地檔案能力。在一些場景下，應用程式需要去讀寫系統中的檔案來實現功能。例如 VSCode 編輯器，它需要讀取你本地的程式檔案內容並展示在可編輯區域內，讓開發人員可以對程式進行編輯。由於基於 B/S 架構的瀏覽器對網頁安全性有較多的考慮，所以引入了沙盒機制來保護使用者電腦的安全。我們可以想像一下，如果開啟任意一個未知的網頁，都能透過 JavaScript 指令稿讀取或修改我們系統中的檔案，那將是一件多麼可怕的事情。出於安全的考慮，瀏覽器禁止了網頁中 JavaScript 指令稿與電腦本地內容進行互動，自然也就無法實現 VSCode 所需要的功能。

▲ 圖 1-4 應用全螢幕介面的功能

（2）基礎網路通訊能力。在一些場景下，應用程式需要基於 Tcp 或 Udp 協定來實現應用層協定，應用程式之間使用應用層協定來進行通訊。到目前為止，受限於瀏覽器特性，在絕大部分瀏覽器中還只能使用基於 Tcp 的 Http 協定、Websocket 協定進行資料通信。在 Chrome 瀏覽器中，雖然能借助 Chrome Extension 或 Chrome App 的方式來使用 Tcp 和 Udp，但其本質還是非 Web 應用，而且 Chrome Extension 和 Chrome App 提供的 Tcp 和 Udp API 比較簡陋，長久沒有得到維護，因此開發過程中會遇到非常多的問題。

（3）呼叫系統元件庫能力。在一些場景下，應用程式需要借助系統已有元件的能力來實現功能。在 Windows 系統中，很多系統功能是由 DLL （dynamic link library）提供的，如 ActiveX、控制台以及驅動程式等。假設你的應用程式需要透過驅動操作滑鼠、印表機等裝置，那就需要呼叫 DLL 函數庫來完成。例如，我們要開發一個桌面端的 Monkey 測試工具，該工具的主要功能是讓滑鼠在一段時間內隨機在螢幕上進行點擊來測試應用的穩定性。出於安全考慮，這些功能在瀏覽器中也是很難實現的。如果在瀏覽器中開放這個能力，可以想像一下當我們開啟一個網頁之後看見滑鼠亂點的場景。

（4）純離線化能力。在一些場景下，我們的應用可能並不需要借助網際網路來發送、獲取資料。例如在第三點中提到的 Monkey 測試工具，它的功能僅僅只是隨機點擊螢幕一段時間，並產生一份測試報告儲存在特定的資料夾中。我們在使用它的時候，環境內也許就沒有網際網路。如果是使用基於 B/S 架構的 Web 技術實現，由於沒有外網，介面都無法開啟，所以也無法使用這個工具。而 C/S 架構的程式在安裝完成後，即擁有了執行所必需的資源，可以在沒有外網的情況下直接執行。你可能會問，PWA 技術不是也可以讓 Web 應用離線使用嗎？ PWA 確實有能力讓 Web 應用離線化，但這種離線是二次離線。

可以看到，C/S 架構有其獨特的能力，它可以實現一些傳統 Web 應用無法實現的場景。因此，如果你即將開發的應用包含前文所描述的場景時，可以考慮使用 C/S 架構技術來實現你的產品。一旦你確定使用 C/S 架構來實現你的產品，那選擇一個合適的開發框架將是非常重要的，這個選擇能直接決定你的開發效率、體驗和品質。正如前面所提到的，如果你是對 Web 前端技術比較熟悉的開發人員，那 Electron 框架將是一個非常不錯的選擇。

1.2 初識 Electron

Electron 是一款能讓桌面應用程式開發者使用 Web 前端技術（HTML5、CSS、JavaScript）開發跨平台桌面應用的開放原始碼框架。它最早由就職於 Github 的工程師 Cheng Zhao 在 2013 年發起，當時他們正在開發一款現在被大家熟知的程式編輯器 Atom。在開發 Atom 編輯器之初，他們的目標就不僅僅是完成一個程式編輯器，他們更想創造一個能讓熟悉 Web 前端技術的開發者輕鬆地使用 Web 前端技術來打造跨平台桌面應用的框架。

接下來的幾年，Electron 在不斷地更新迭代，幾乎每年都有一個重大的里程碑。

- 2013 年 4 月 11 日，Electron 以 Atom Shell 為名起步。
- 2014 年 5 月 6 日，Atom 以及 Atom Shell 以 MIT 許可證開放原始碼。
- 2015 年 4 月 17 日，Atom Shell 改名為 Electron。
- 2016 年 5 月 11 日，Electron V1.0.0 版本發佈。

- 2016 年 5 月 20 日，允許向 Mac 市集提交軟體套件。
- 2016 年 8 月 2 日，支持 Windows 商店。

2014 年，Electron 的前身 Atom Shell 專案被開放原始碼，並於 2015 年
正式改名為 Electron。2016 年，Electron 發佈了它的 V1.0.0 版本。到
目前為止，Electron 的版本已經更新到了 V11.1.1。從下面的 Electron
歷史版本概覽圖可以看到，隨著 Electron 版本的升級，其內建的核心
元件 Chromium 和 Node.js 的版本也在持續升級。在最新的穩定版本
V11.x.x 中，搭載了 Chromium V87 版本和 Node.js V12.x 版本，而目前
Chromium 最新的版本為 V89，Node.js 最新的版本為 V14.x，可以看到它
們是緊接 Chromium 與 Node.js LTS 版本步伐的，如圖 1-5 所示。

Release	Status	Release date	Chromium version	Node.js version	Module version	N-API version	ICU version
v12.0.x	Nightly	TBD	TBD	14.15[19]			
v11.0.x	Current	2020-11-16	87	12.18	82	5	65.1
v10.0.x	Active	2020-08-25	85	12.16	82	5	65.1
v9.0.x	Active	2020-05-18	83	12.14	80	5	65.1
v8.3.x	End-of-Life	2020-02-04	80	12.13	76	5	65.1
v7.3.x	End-of-Life	2019-10-22	78	12.8	75	4	64.2
v6.1.x	End-of-Life	2019-07-29	76	12.4	73	4	64.2
v5.1.x	End-of-Life	2019-04-24	73	12.0	70	4	63.1
v4.2.x	End-of-Life	2018-12-20	69	10.11	69	3	62.2
v3.1.x	End-of-Life	2018-09-18	66	10.2	64	3	?
v2.0.x	End-of-Life	2018-05-01	61	8.9	57	?	?
v1.8.x	End-of-Life	2017-12-12	59	8.2	57	?	?

▲ 圖 1-5 各 Electron 版本中對應的 Chromium 與 Node.js 版本

從 2017 年開始，Electron 專案在 Github 由專案團隊維護，並持續與社區
進行交流，獲得了社區長期的支持。Electron 專案的知名度現在已經超過
了 Atom，並且成為 Github 維護的迄今為止最大的開放原始碼專案。

Electron 現已被多個開放原始碼應用軟體所使用，其中被廣大程式設計師
所熟知和使用的 Atom 和 VSCode 編輯器就是基於 Electron 實現的。嘗試

開啟 VSCode 軟體,點擊「說明」選單中的切換開發人員工具,可以在介面上看到我們熟悉的偵錯工具 Chrome Devtools,如圖 1-6 所示。

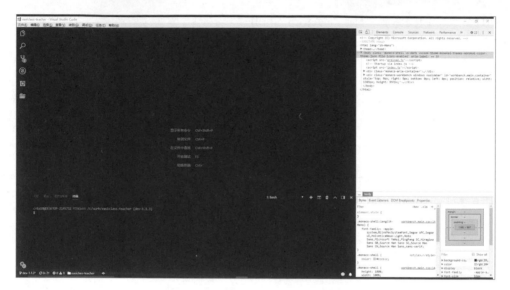

▲ 圖 1-6 VSCode 中的偵錯工具

由於場景在桌面系統上開發應用,Electron 為了讓開發者既能使用 Web 前端技術開發 GUI 介面,又能使用 Web 前端技術充分利用系統底層能力,Electron 整合了 Node.js 和 Chromium 兩大開放原始碼專案。Node.js 主要負責應用程式主處理程序邏輯控制、視窗管理以及底層互動等功能,Chromium 主要負責視窗內介面繪製相關的業務邏輯。其主要的架構如圖 1-7 所示。

Chromium 是 Google 開放原始碼的 Web 瀏覽器,著名的 Chrome 瀏覽器是基於 Chromium 開發出來的。為了盡可能精簡 Electron 專案的大小,Electron 並不是把整個 Chromium 瀏覽器整合進去,而是去掉了很多不需要的元件,只保留了核心的繪製引擎。Electron 之所以選擇 Chromium 作為其 GUI 的繪製引擎，是因為 Chromium 支援最新的 Web 標準，有性能較高的 JavaScript V8 解析器以及好用的 Web 偵錯工具。這些特性無論是對開發人員還是對使用者而言，都足以提供非常良好的體驗。

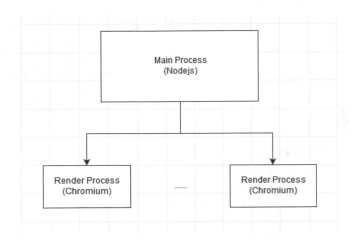

▲ 圖 1-7　Electron 處理程序架構圖

Node.js 是目前在前端界比較流行的服務端開發語言，在 BFF（backends for frontends）架構中常用作前後端分離。它是一個基於 JavaScript V8 引擎的執行框架，能支援使用 JavaScript 語言呼叫系統底層能力，如 OS、File System 以及 Socket 等。得益於強大的 npm 套件管理器，我們在開發中能比較容易地在 npm 倉庫中找到符合自己需求的協力廠商開放原始碼 package，能大幅降低自己的開發時間。

如果專案所需要的底層能力在 Node.js 的 API 中沒有提供怎麼辦？不用擔心，Node.js 允許開發人員在程式中以某種方式呼叫 C、C++ 或 Objective-C 寫的元件，這提供了非常好的擴充性，程式中不會被 Node.js 本身的 API 範圍所限制。例如，當我們準備實現一個視訊播放機軟體時，會包含音視訊編解碼的功能，雖然這個功能在 Node.js 本身的 API

中是沒有提供的，但你可以使用 C++ 語言自己實現或使用現成的一個視訊解碼函數庫供 Node.js 呼叫。在後面的章節中，會專門講解如何使用 Node.js 呼叫 C 和 C++ 語言實現的元件。

Electron 巧妙地將 Chromium 與 Node.js 結合在了一起，既利用了 Chromium 的高性能 Web 繪製引擎繪製 GUI 介面，又利用了 Node.js 提供的能力讓 JavaScript 也能操作底層 API，使得 Web 前端開發人員能借助 Electron 非常快速地開發出體驗良好的桌面應用程式。不僅僅如此，由於 Electron 的兩大核心技術 Chromium 和 Node.js 都是跨平台的，可以執行在 Windows、MacOS 和 Linux 系統上。因此，你幾乎只需要撰寫一套程式，就能讓你的應用程式執行在這 3 個作業系統上，大大降低了開發一款跨平台應用所需要的成本，這也是 Electron 框架的強大之處。

1.3 Electron 與 NW.js

Electron 與 NW.js 是在同類應用場景中非常相似的兩個開放原始碼框架，它們都是一種可以讓開發者使用 Web 前端技術來實現桌面應用的技術。雖然本書主要講解的是 Electron 框架，但我們還是利用一個小節的內容來簡單介紹一下 NW.js 的基本特性、原理以及兩者之間的差異。了解這些知識不僅能更好地幫助你理解 Electron 的知識，也能讓你在技術選型時有對應的理論知識作為依據。

NW.js 最早誕生於 2011 年，一開始它被命名為 "node-webkit"。取這個名字的原因是，當時 Roger Wang 想尋找一種方式，能在 Web 頁面中透過 JavaScript 呼叫 Node.js 的 API，從而借助 Node.js 與系統互動的能力來實現功能。2012 年，Cheng Zhao 加入 Intel 並參與到 node-webkit 專案的建設中，隨後的一段時間該專案一直在持續迭代，其間也湧現了一些基於 node-webkit 開發的應用。但不久之後 Cheng Zhao 從 Intel 離開，加入了 GitHub，並被安排了使用 node-webkit 建構 Atom 編輯器的任務。在嘗試了一段時間之後，Cheng Zhao 遇到了比較多的問題，所以他決定開發一個新的框架來支持 Atom 專案，用一種不同於 node-webkit 的方式將 Chromium 和 Node.js 結合起來。此後，node-webkit 專案與 Atom Shell 專案各自發展，並最終被重新命名為 NW.js 與 Electron。下面，我們來看看 NW.js 與 Electron 的相同點與不同點。

無論是 NW.js 還是 Electron，它們的核心模組都是 Node.js 與 Chromium，所以它們在能力範圍方面都有著很多相同的地方，例如以下這三點：

（1）提供了使用 Web 前端技術（Html、CSS、JavaScript）來開發桌面應用介面的能力。開發者可以透過 JavaScript 建立應用程式視窗，並在其中使用 Html+CSS 佈局頁面。

（2）提供了透過 JavaScript 呼叫系統本地 API 的能力。開發者可以透過 JavaScript 存取檔案系統、登錄檔以及網路等系統相關的模組，能讓前端開發者無須切換語言就能實現原本在瀏覽器端無法實現或者是實現起來非常困難的功能。

（3）提供了開發跨平台桌面應用程式的能力。Web 前端工程師可以透過一套技術（Html、CSS、JavaScript）來實現能執行在 Windows、MacOS 以及 Linux 系統上的桌面應用程式。

雖然它們的核心模組都是 Node.js 與 Chromium，但是它們在 Node.js 與 Chromium 核心的結合方式上有著基本的差異。我們都知道，開發者在使用 Node.js 與 Chromium 進行開發時，用的開發語言都是 JavaScript，而它們背後都是利用 V8 引擎來將 JavaScript 編譯成本地程式來執行。既然背後都是 V8，那是不是將它們的模組放在一起就可以了呢？實際上，還有很多問題要解決。例如：

（1）全域變數需要同時可用。在 Node.js 中，開發者們會經常用到 require、process 以及 global 等全域變數。在瀏覽器中，則會經常用到 window、document 以及 setTimeout 等全域變數。首先要保證在同一個環境中這些變數都是能正常被使用的。並且，Node.js 中有些全域變數與瀏覽器中是名稱重複的（如 setTimeout），當 setTimeout 被呼叫時，框架需要知道究竟呼叫的是 Node.js 環境的，還是瀏覽器環境的。

（2）在基於非同步的程式設計模式中，事件迴圈機制是必不可少的，Node.js 與 Chromium 都有對應的事件迴圈機制來處理非同步邏輯。但是，由於它們實現事件迴圈所使用的底層函數庫並不一樣，所以它們的事件迴圈機制有比較大的差異。Node.js 的事件迴圈基於 Libuv 函數庫實現，如圖 1-8 所示。而 Chromium 基於 MessageLoop 和 MessagePump，如圖 1-9 所示。此時需要有一種方式讓兩種事件迴圈機制結合在一起。

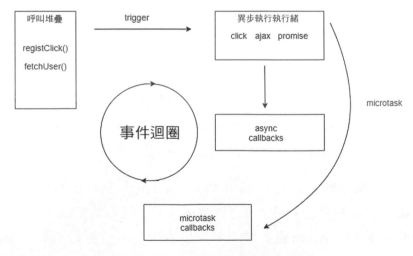

▲ 圖 1-8 瀏覽器中的事件迴圈機制

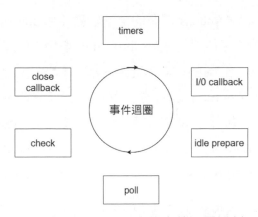

▲ 圖 1-9 Node.js 中的事件迴圈機制

首先，我們來看看 NW.js 是如何實現的。為了能在同一個上下文中既能使用 Chromium 提供的全域變數，又能使用 Node.js 提供的全域變數，NW.js 的實現方式是在初始化時將 Node.js 的上下文複製到了 Chromium 的上下文中，如圖 1-10 所示。

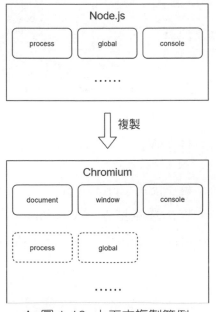

▲ 圖 1-10 上下文複製範例

那麼對於 Chromium 與 Node.js 都有的全域變數（如 console、setTimeout），在執行的時候怎麼判斷它用的是 Chromium 環境的，還是 Node.js 環境的呢？在 NW.js 中，不同的變數有著不同的策略。對於 console，NW.js 會優先選擇使用 Chromium 環境的。而對於 setTimeout，則要看當前的 JavaScript 檔案具體在什麼環境中執行。如果該 JavaScript 檔案執行在 Node.js 環境中，使用的就是 Node.js 提供的 setTimeout。如果是執行在 NW.js 的視窗中，使用的是 Chromium 提供的 setTimeout。

在多視窗的場景中，NW.js 並不會把 Node.js 的上下文都分別複製一份到各個視窗的上下文中，而是所有的視窗都使用同一份複製的引用。因此，NW.js 中每個視窗所存取的都是同一個 Node.js 上下文。這表示 Node.js 的全域變數、狀態等資訊在各個視窗之間都是共用的，開發者可以在應用視窗中利用 global 物件來實現多視窗之間的資料共用，如圖 1-11 所示。

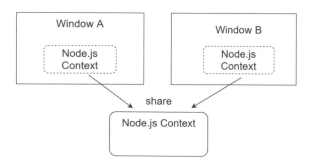

▲ 圖 1-11　NW.js 多視窗共用 Node.js 上下文

在事件迴圈機制方面，為了能將 Chromium 與 Node.js 原本不同的事件迴圈機制結合在一起，NW.js 透過重新將 Chromium 使用的 MessagePump 模組用 Libuv 改寫，使得兩者的事件能在同一個迴圈中進行，如圖 1-12 所示。

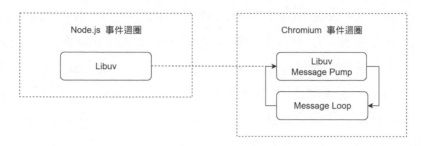

▲ 圖 1-12　NW.js 整合事件迴圈

接著，我們來看看 Electron 的實現。Electron 並沒有像 NW.js 那樣透過複製 Node.js 的上下文到 Chromium 的上下文來實現雙方的結合，而是採用了一種更加鬆散耦合的方式。在 Electron 中，全域變數共用實際上是透過程式內部處理程序間通訊完成的，如圖 1-13 所示。

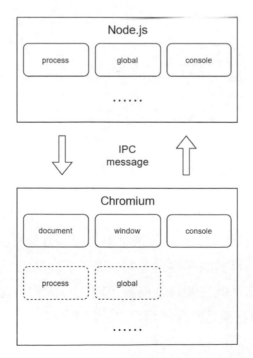

▲ 圖 1-13　Electron 透過 IPC 共用上下文資訊

在 Electron 早期，Electron 的開發人員也嘗試使用與 NW.js 類似的方式來整合 Node.js 與 Chromium 的事件迴圈，將 Chromium 的訊息迴圈用 Libuv 改寫並替換。但是在這個過程中發現，這種實現方式要相容不同的桌面平台是非常困難的，所以後面改用了另一種巧妙的方式來實現訊息整合。Electron 的開發人員建立了一個單獨的執行緒來輪詢 Libuv 的事件控制碼，這樣能在 libuv 產生事件時得到對應的訊息，接著將這個訊息透過執行緒間通訊傳遞到 Chromium 的事件迴圈中，如圖 1-14 所示。透過這種通訊的方式將 Node.js 與 Chromium 的事件迴圈打通，能很大程度上避免這兩個核心元件的耦合，使得升級 Node.js 與 Chromium 核心的版本更為容易。如果你的業務對這兩個核心元件的版本有特殊的要求，甚至可以自己更換它們其中一個的版本，重新編譯出一個訂製的 Electron 版本來使用。

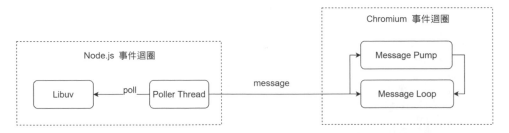

▲ 圖 1-14 Electron 整合事件迴圈

當然，它們之間的不同還遠遠不止上面提到的這些內容。Electron 與 NW.js 各有特點，例如 Electron 的架構能方便地升級它的核心元件，但它對於應用程式原始程式的保護是非常弱的。而 NW.js 的架構雖然讓核心元件強耦合在一起，但它最終發佈應用時，可以對原始程式進行編譯，因此對應用程式原始程式的保護相對來說是非常好的。

閱讀完本小節，你應該對 Electron 與 NW.js 的基本原理以及它們之間的差異有了一個基本的了解。這裡對兩個框架做部分對比，目的並不是想展示孰優孰劣，而是期望能透過對比這部分差異讓你能更了解它們，從而在動手開發專案之前，能根據應用的場景選擇出更加合適的框架。

1.4 跨平台新星 Flutter

在行動端應用剛興起的時期，由於不同手機平台都具有一定數量的使用者群眾，開發一款行動端應用的成本是非常高昂的。每開發一款應用，雖然功能一模一樣，但是都需要使用兩種不同的開發語言和框架來開發。在 Android 系統上執行的原生應用需要使用 Java 語言進行開發，而在 iOS 系統執行的原生應用則需要使用 Objective-C 或 Swift 語言進行開發。為了解決這個問題，一些跨平台開發解決方案應運而生。從最早期的 PhoneGap 透過 App 內嵌 Webview 的方式來實現跨平台，再到後來的 ReactNative 透過將 JavaScript 程式轉換成 Native 程式實現跨平台，都一定程度上滿足了不同時期的跨平台開發需要。但這些技術都有它的不足之處，其中比較突出且具有共通性的就是性能問題。

Flutter 於 2017 年發佈了第一個穩定的 release Alpha 版本，支持 Android 和 iOS 兩大行動端作業系統。Google 推出 Flutter 的主要目的也是想讓開發者用一套程式同時執行在兩大作業系統上，同時在 UI 上具備良好的性能，期望使用它開發的應用能與原生 App 相媲美。不同於前面提到的內嵌 Webview 或轉換程式的方式，Flutter 基於 Google 的 Skia 繪圖元件實現了一個繪圖層，在該繪圖層上自訂了一套 UI 繪製的規則（可以視為，在瀏覽器頁面中不採用瀏覽器提供的 DOM 來建構 UI，而是將 UI 層抽象到 canvas，在 canvas 的基礎上實現 UI 繪製）。基於該規則，Flutter 提供了一個完整的 UI 框架用於實現 App 介面。由於 UI 層只有底層繪圖相關的介面依賴平台實現，所以 App 的 UI 層能在不同平台給使用者帶來一致的高性能體驗。同時得益於採用了支援 AOT（預編譯）的 Dart 語言來處理邏輯相關的程式，其執行效率相比上述採用 JIT 的方案要高得多，因此 App 的整體性能也相比傳統方案要高很多。

就在不久前，Flutter 官方宣佈實驗性地支援桌面作業系統。這意味著允許開發者將使用 Flutter 撰寫的應用原始程式碼編譯成對應作業系統（Windows、Mac 和 Linux）的原生桌面用戶端，從而達到在桌面作業系統上 "Write once，run every where" 的目的。因此，在未來除了 Electron 與 NW.js 之外，Flutter 給需要使用到跨平台桌面端開發框架的開發者提供了另外一種選擇方案。在筆者看來，Flutter 的如下幾點特性是值得期待的。

（1）提供強大的佈局元件。Flutter 提供如 Column、Container 以及 Align 等標準的佈局元件，能讓開發者透過撰寫少量的程式完成想要的佈局。而在使用 HTML+CSS 的佈局系統中，如網格佈局和浮動佈局等常用佈局都需要開發者撰寫 CSS 程式或是使用協力廠商樣式庫實現。

（2）支持熱更新。Flutter 天然支援程式的有狀態熱更新。它能在開發者修改程式後，無須重新完整編譯整個應用和重新啟動應用，就能看到新程式的執行結果，幫助開發者快速地佈局 UI、調整邏輯以及修復 Bug。

（3）程式預編譯。Flutter 選擇了支援 AOT 的 Dart 作為主要的開發語言，在應用準備發佈時，可以使用 Dart 編譯器將應用程式原始程式編譯成原生 ARM 或者 X64 機器碼。經過預編譯的程式，相比 JIT 的程式，會有更快的啟動速度和執行速度。

圖 1-15 為 Flutter 官方提供的 Windows 桌面應用 Demo。由於本書的重點
並不在 Flutter，所以不會詳細對這個 Demo 進行講解。如果你對這部分
內容感興趣，可以連結 https://flutter.dev/desktop，按照文件提示架設開發
環境並下載 Demo 來進行體驗。

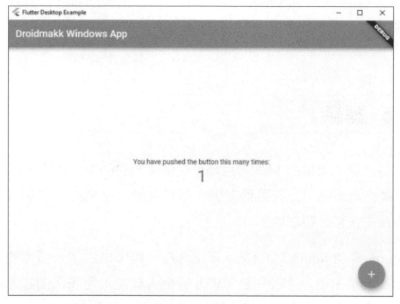

▲ 圖 1-15　Flutter Windows 桌面應用介面

從發佈到現在，Flutter 桌面端的更新進展並不理想，特別是表現在對
Windows 系統的支援上。在目前看來，Flutter 團隊的主要精力還是投入
行動端的研發，對於桌面端的支持相對較少。現階段處於試驗性質的版
本存在不少的 bug，其執行的穩定性也沒有得到保障，而且底層調配三大
桌面作業系統還有很多的工作要做，所以要將它真正運用到正式的專案
中仍然有很長路要走。但我相信，這並不妨礙 Flutter 在未來成為一款優
秀的跨平台開發框架。

Flutter 未來是否會完全取代 Electron ？至少筆者認為不會。雖然兩者都是因跨平台應用而生，但影響選擇的還有另外一個比較重要的因素，那就是應用程式開發者所熟悉的技術堆疊。如果應用的主要開發者原本就是熟悉 Web 前端技術的，那麼在大多數情況下使用 Electron 會是一個不錯的選擇。而如果要用 Flutter，還需要重新學習一門新的程式設計語言（Dart），熟悉一套新的佈局模式（Widgets）。

1.5 總結

- 雖然基於 B/S 架構的 Web 應用是現在網際網路的主流場景，但基於 C/S 架構的桌面應用因其具備前者所不具備的多項能力，仍然在很多應用場景中佔有一席之地。

- Electron 將 Chromium 和 Node.js 結合在一起，提供了一個能使用 Web 技術開發桌面用戶端的平台，Web 開發人員能沿用熟悉的技術堆疊來完成跨平台桌面用戶端應用的開發。

- 在 Electron 中，Chromium 主要負責繪製視窗 UI，Node.js 主要負責提供存取系統能力的 API。

- Electron 主要透過處理程序間通訊的方式整合 Chromium 和 Node.js，而 NW.js 則主要透過將 Node.js 的上下文複製到 Chromium 上下文中的方式進行整合。

- 在 Electron 中，Chromium 和 Node.js 的耦合度較低，這使得升級 Chromium 和 Node.js 是相對簡單的，並且在必要的情況下可以實現 Chromium 和 Node.js 的單獨升級。

- 在桌面端，Flutter 有可能在未來成為一款重要的跨平台開發框架。

- Flutter 桌面端目前的完成度較低，特別是在使用者量最多的 Windows 系統上。距離它被正式用於產品的開發還有較長的一段時間。

本章節的內容能讓你對使用 Electron 進行桌面應用程式開發有一個初步的了解。對於一個 Web 前端開發者而言，在 Electron 出現之前想要開發一款桌面應用是非常不容易的，不僅要學習 Native 的桌面應用程式開發語言和框架（C++ - QT 或 C# - WPF），還需要在開發的時候關注應用要執行在什麼平台上。每個平台都有它「奇特」的地方，如果你想開發一款適用於多個平台的應用，那你需要對這些「奇特」的地方非常了解才能在開發時得心應手。Electron 很大程度上幫開發者解決了這個問題。對於一個熟悉 Web 前端技術的開發人員，並且有開發跨平台桌面應用的需求，那麼選擇 Electron 框架更加合適。

嘗試建構第一個 Electron 程式

學習完第 1 章的內容,你應該對 Electron 的背景以及它的基本原理有了一個初步的了解,現在開始進入實戰環節了。在本章的內容中,我們會通過從 0 到 1 架設一個簡單的 Electron 應用,讓大家對 Electron 的開發環境、基本專案結構以及主處理程序與繪製處理程序的使用有一個基本的了解。我們期望你在學習完本章後,已經具備了開發一個 Electron 應用所需要的最小知識集合,從而有能力自己動手開發一個簡單的 Electron 應用。由於目前使用者量最大的作業系統還是微軟的 Windows 作業系統,所以後面所有的範例都是在 Windows 環境上開發和執行的。使用 Mac 或 Linux 作為開發環境的朋友不用擔心,得益於 Electron 的跨平台性,除了個別與作業系統特性強連結的介面外,本章節中的 Demo 程式原始程式都是可以完整在 Mac 或 Linux 上開發和執行的。

接下來我們就開始嘗試建構第一個 Electron 程式吧!在這之前,我們需要架設好開發 Electron 應用所需要的環境。

2.1 Node.js 環境架設

由於我們需要使用 npm 套件管理器來安裝 Electron，而 npm 依賴於 Node.js，所以我們需要先在電腦中安裝 Node.js 環境。

2.1.1 下載 Node.js

開啟 Node.js 的官網，我們可以看到官方提供了兩個版本，一個是 14.15.3 LTS，另一個是 15.5.0 Current，如圖 2-1 所示。這裡我們只需要下載 14.15.3 LTS 版本即可。

▲ 圖 2-1 Node.js 官網首頁

2.1.2 安裝 Node.js

當安裝套件下載完成後，按兩下安裝程式進入安裝介面，如圖 2-2 所示。

▲ 圖 2-2　Node.js 安裝介面

點擊 "Next" 按鈕，進入許可權許可確認的介面，如圖 2-3 所示。

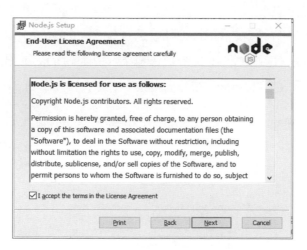

▲ 圖 2-3　許可權許可介面

此處閱讀完 Node.js 的許可權説明後，點選 "I accept the terms in the License Agreement" 核取方塊，然後繼續點擊 "Next" 按鈕進入安裝目錄選擇介面，如圖 2-4 所示。

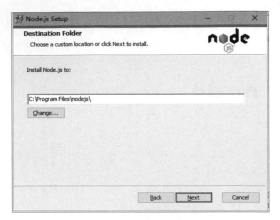

▲ 圖 2-4　選擇安裝路徑介面

預設情況下，Node.js 會安裝到電腦系統磁碟的 Program Files 資料夾下，並在該資料夾中建立一個檔案名稱為 nodejs 的目錄，Node.js 的所有檔案都會存放在這個目錄中。一般情況下，你無須更改這個預設路徑。如果你對安裝目錄有特殊的需求，可以透過點擊 "Change" 按鈕更改安裝路徑。筆者當前所使用的電腦的系統磁碟為 C 碟，所以我們能從圖中看到預設安裝目錄是 C:\Program Files\nodejs\。

點擊 "Next" 按鈕進入選擇安裝 Node.js 相關元件的介面，如圖 2-5 所示。

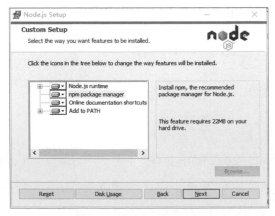

▲ 圖 2-5　選擇安裝元件介面

介面中提供了多個選項，分別如下。

- Node.js runtime 是 Node.js 執行時期所需要的核心元件。
- npm package manager 是我們準備用來安裝 Electron 及其他三方模組的套件管理元件。
- Add to Path 可以在 Node.js 安裝成功後，自動將 Node.js 和 npm 執行路徑增加到 Windows 系統的 Path 環境變數中，這樣我們就可以在安裝完成後直接開啟命令列工具執行 Node.js 和 npm 命令了。

當然，這些元件可以選擇不在當前安裝，而在真正用到它們的時候才自動安裝，如圖 2-6 所示。

▲ 圖 2-6　選擇元件安裝策略

為了保證日後開發時的連貫性，這裡建議在當前預設安裝完。點擊 "Next" 按鈕進入安裝原生模組工具集介面，如圖 2-7 所示。

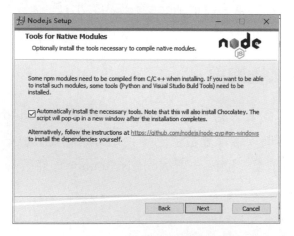

▲ 圖 2-7　原生模組安裝介面

許多 npm 模組需要在安裝的時候進行編譯，如果你的作業系統缺少這些對應的編譯環境或工具，那麼在執行 npm install 命令的過程中就會顯示出錯，導致無法成功安裝。此時點選圖 2-7 中的核取方塊，會自動安裝需要的編譯環境和工具。取消點選，則需要自己在用到時視情況安裝。如果你對這些編譯環境相關的知識不是很了解，那麼此處我們建議點選。

接下來點擊 "Finish" 按鈕完成安裝，如圖 2-8 所示。

▲ 圖 2-8 Node.js 安裝成功介面

2.1.3 設定環境變數

在上一小節講解的安裝過程中，如果預設選擇了 Add to Path，那麼在 Node.js 安裝完成時，環境變數就已經設定好了。此時我們開啟 Windows 的 CMD 命令列工具，測試一下 Node.js 和 npm 套件管理器是否設定成功。

在命令列中輸入 node -v 命令，如正確輸出 Node.js 的版本編號，說明 Node.js 已經安裝並設定成功，如圖 2-9 所示。

```
PowerShell 7.2.4
Copyright (c) Microsoft Corporation.

https://aka.ms/powershell
Type 'help' to get help.

PS C:\Users\joshhu> node -v
v16.14.0
PS C:\Users\joshhu>
```

▲ 圖 2-9　CMD 命令列中執行 node -v 的結果

在命令列中輸入 npm -v 命令，如正確輸出 npm 的版本編號，說明 npm 已經安裝並設定成功，如圖 2-10 所示。

```
PowerShell                    ×    +   ∨

PS C:\Users\joshhu> npm -v
8.3.1
PS C:\Users\joshhu> |
```

▲ 圖 2-10　CMD 中執行 npm -v 的結果

如果版本編號沒有顯示出來，而是提示找不到 node 或 npm 命令，則需要在系統的系統內容設定裡面，檢查一下 node 的環境變數是否增加。可以透過按右鍵「電腦→系統內容→環境變數」找到 Path 變數，確認 Path 變數中是否有 Node.js 的安裝路徑，如圖 2-11 所示。

▲ 圖 2-11 設定環境變數

如果 Path 變數中無 Node.js 的安裝路徑，只需要手動增加即可。在這之後，重新開啟 CMD 命令列工具，就能正常使用 node 和 npm 命令了。

2.2 Electron 環境架設

在 Node.js 的環境準備就緒後，我們接著開始準備 Electron 的環境。正如上一小節內容中所提到的，我們要透過 npm 來安裝 Electron。為了後續更方便地使用 Electron 的相關命令，我們現在準備使用下面的命令把 Electron 安裝在全域。

```
npm install electron -g
```

執行該命令後，npm 套件管理器會從 Electron 的官方來源位址下載
Electron 並安裝。但是由於網路的原因，有時使用官方來源下載 Electron
經常會遇到下載逾時或無故中斷的情況，所以這裡我們還需要設定一個
就近的鏡像來源來解決這個問題。要更改 Electron 的下載來源，需要安
裝前在 CMD 中執行下面這筆命令。

```
npm config set ELECTRON_MIRROR https://npm.taobao.org/mirrors/electron/
```

設定完 Electron 的下載來源之後，重新執行安裝命令進行安裝。安裝完
成後，我們同樣透過執行 electron -v 命令來判斷 Electron 是否安裝成功，
如圖 2-12 所示。

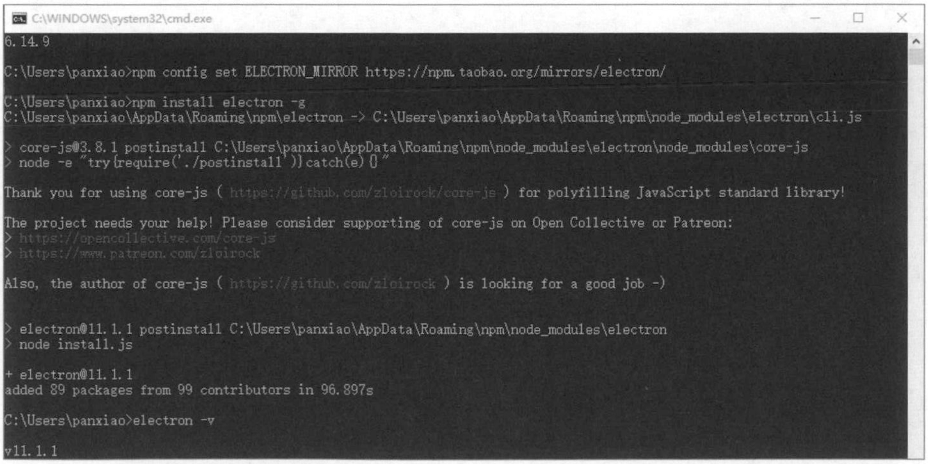

▲ 圖 2-12 CMD 中安裝 Electron 的介面

預設情況下，Electron 會安裝與你電腦處理器架構匹配的版本（例如在
X64 架構的電腦上會下載 X64 版本的 Electron）。如果你需要在 X64 架構
的電腦上安裝其他處理器架構的 Electron 版本，則需要在安裝命令中單
獨加上 --arch 參數。

```
npm install electron --arch=ia32 -g
```

在 Windows 作業系統中,可以透過「控制台→系統和安全→系統」路徑開啟系統資訊視窗,在這個視窗中看到電腦處理器的架構資訊,如圖 2-13 所示。

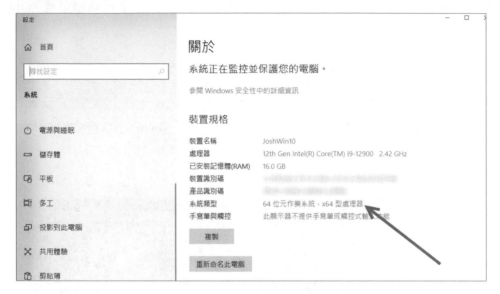

▲ 圖 2-13 電腦資訊查看視窗

2.3 實現一個系統資訊展示應用

在前兩節中,我們已經準備好了 Node.js 和 Electron 環境,那麼接下來可以開始動手建立一個簡單而又相對完整的 Electron 專案了。在這一小節中,我們準備透過從 0 開始實現一個用於展示系統資訊的桌面應用,來讓大家對 Electron 應用程式開發有一個相對全面的了解。在開始之前,我們還需要完成兩項工作。

- 在磁碟中建立一個名稱為 SystemInfoApp 的資料夾。
- 開啟一個程式編輯器,並在編輯器中開啟 SystemInfoApp 資料夾(推薦使用 Visual Studio Code,後續簡稱 VSCode)。

2.3.1 初始化專案

在 VSCode 的終端中,輸入 npm init 命令來建立一個基於 npm 套件管理的工作空間。執行該命令後,終端會提示需要輸入多個步驟的資訊。由於我們現在屬於 DEMO 專案,這些並不是重點,所以這裡可以透過一直按 Enter 鍵跳過。跳過所有步驟之後,在專案中產生了一個名為 package.json 的檔案。package.json 是存在於專案根目錄的 JSON 檔案,用於記錄和描述當前專案的基本資訊,如專案名稱、版本編號等。同時它也負責管理當前專案所依賴的協力廠商套件。這裡產生的 package.json 檔案內容如下。

```
{
    "name": "systeminfoapp",
    "version": "1.0.0",
    "description": "",
    "main": "index.js",
    "scripts": {
        "test": "echo \"Error: no test specified\" && exit 1"
    },
    "author": "",
    "license": "ISC"
}
```

name 屬性的值是在初始化專案時根據當前所在資料夾的名稱而定的,它用來表示當前專案的名稱。你可以將它改為其他任意的名字,但是要注意以下規則。

- 必須是一個單字且全部字母必須是小寫。
- 不能用底線（_）或點（.）開頭。
- 可以包含連字號以及底線（_）。

version 屬性工作表示當前專案的版本，往往在發佈該專案的時候用到。

scripts 屬性是一個 json 物件，用於自訂專案的指令碼命令。我們在命令列中進入專案根目錄，透過 npm run ××× 命令可以執行在 scripts 中自訂的指令碼命令。當前專案中自訂了一個 test 命令用於列印資訊，我們透過執行 npm run test 命令可以在命令列中看到對應的輸出，如圖 2-14 所示。

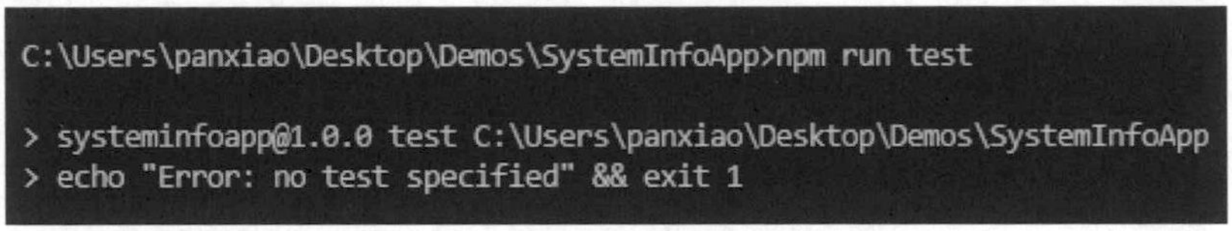

```
C:\Users\panxiao\Desktop\Demos\SystemInfoApp>npm run test

> systeminfoapp@1.0.0 test C:\Users\panxiao\Desktop\Demos\SystemInfoApp
> echo "Error: no test specified" && exit 1
```

▲ 圖 2-14　npm run test 命令執行結果

一般情況下，為了讓啟動命令標準化，我們期望團隊中每個專案使用統一命令來啟動程式，例如 npm run start。因此，在 scripts 屬性中我們需要增加如下程式來滿足這個要求。

```
"scripts": {
"start": "electron .",
"test": "echo \"Error: no test specified\" && exit 1"
},
```

main 屬性描述當前專案的程式入口，它的值為應用入口檔案相對於專案根目錄的路徑。在使用命令自動初始化的專案中，main 的預設值為根目錄下 index.js 檔案的相對路徑。使用 electron 命令啟動當前專案時，會從 main 屬性中讀取入口檔案並啟動。我們透過如下命令嘗試啟動應用：

```
electron.
```

或

```
npm run start
```

當我們執行上面的命令後,看到螢幕中彈出了錯誤訊息框,如圖 2-15 所示。不用擔心,由於目前專案根目錄下還沒有 index.js,所以這是正常現象。在後面的內容中,我們會重點補全 index.js 的程式並講解它。

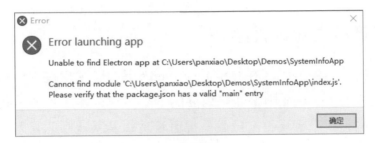

▲ 圖 2-15 啟動應用時的錯誤訊息

2.3.2 程式目錄結構

到目前為止,專案的資料夾中還只有一個 package.json 檔案。這顯然是不夠的,為了完成這個專案的需求,我們還需要在根目錄為專案建立如下幾個必要的檔案。

- index.js 檔案:整個程式的入口,也是 Electron 應用主處理程序(主處理程序的概念會在下一個章節中詳細講解)的程式所在。該檔案內容主要負責控制 Electron 程式的生命週期、視窗的建立等邏輯。
- index.html 檔案:視窗中頁面的 html 元素程式。
- window.js 檔案:視窗中頁面的 JavaScript 指令稿程式。
- index.css 檔案:視窗介面的 CSS 樣式程式。

補齊必要檔案後，專案目錄結構如圖 2-16 所示。

▲ 圖 2-16　專案目錄結構

2.3.3　應用主處理程序

在第 1 章的內容中，我們在介紹 Electron 時提到了主處理程序的概念。主處理程序在 Electron 中是非常重要的，應用程式需要透過執行在主處理程序中的程式來實現程式啟動、視窗管理以及系統呼叫。對於當前這個專案，index.js 就是執行在主處理程序中的程式。它負責控制 Electron 程式的生命週期以及視窗的建立。在這個檔案內容的開頭，我們先把需要使用到的模組引入，程式如下所示。

```
// Chapter2/index.js
const electron = require('electron');
const app = electron.app;
const url = require('url');
const path = require('path');
```

electron 模組套件包含 Electron 框架提供給開發人員在開發過程中所需要用到的 API。接下來我們需要透過 electron 模組來獲取到其中的 app 模組。

app 模組負責控制應用程式的生命週期，提供了各個生命週期的回呼來讓開發者在這些關鍵的時間點上實現業務邏輯。系統資訊展示應用將會用到其中的 "ready"、"window-all-closed" 等生命週期事件，在接下來的內容中會進行展示。

url 和 path 將來用來產生視窗需要載入的 html 檔案的本地路徑。

接下來我們在 index.js 檔案中加入建立視窗相關的程式，程式如下所示。

```js
// Chapter2/index.js
let window = null;

function createWindow() {

  window = new electron.BrowserWindow({
    width: 600,
    height: 400
  })

  const url = url.format({
    protocol: 'file',
    pathname: path.join( dirname, 'index.html')
  })

  window.loadURL(url)

  window.on('close', function(){
    window = null;
  })
}
```

這段程式首先宣告了一個預設值為 null 的變數 window。window 會在下面建立視窗的程式中被給予值為視窗的引用，用於後續對視窗進行操作。接著宣告了一個名為 createWindow 的函數，在該函數中，使用 electron.BrowserWindow 建立一個寬 600px、高 400px 的視窗，將 new 操作傳回的物件引用給予值給 window 變數。視窗建立完畢後，透過 window.loadURL 方法載入一個本地的 html 檔案，作為視窗內展示的內容。

loadURL 方法需要傳入一個本地 html 檔案的路徑。在當前專案中，該路徑為根目錄下的 index.html 檔案路徑。這裡我們並沒有直接傳入手動拼接的 index.html 檔案路徑，而是用 url 模組的 format 方法來產生檔案路徑。url 模組提供的 format 方法，能透過設定化的方式來產生一個完整的 url 路徑，比手動拼接更加方便，也更加標準化。我們在呼叫 format 方法時主要傳入如下兩個參數來產生 url 路徑。

- protocol：字串類型。protocol 屬性定義了產生 url 的協定。比較常見的協定有 "http"、"file"、"ftp" 等。由於我們此處要載入的是本地檔案，所以需要使用 "file" 協定。

- pathname：字串類型。pathname 屬性定義了 url 中的路徑部分。例如在 https://www.electronjs.org/docs/api 這個 url 中，pathname 為 /docs/api。由於在這個專案中使用的 url 協定為 file，所以 pathname 需要設定為 index.html 檔案的絕對路徑。為了能讓產生的路徑字串有更好的相容性，這裡透過 path.join(__dirname, 'index.html') 產生絕對路徑。在 Node.js 中，__dirname 總是指向被執行 JavaScript 檔案的絕對路徑，當前被執行的 js 檔案為根目錄中的 index.js，所以 __dirname 在這裡指向的是專案根路徑。format 方法在執行完後產生的 url 為 file://C:\Users\panxiao\Desktop\Demos\SystemInfoApp\index.html。

在程式的最後，我們透過 window 物件註冊了一個在視窗關閉時觸發 close 事件的回呼。當 close 事件觸發時，意味著視窗被銷毀，我們將儲存該視窗引用的 window 變數重新給予值為 null 值。

還記得前面提到的能控制 Electron 應用程式生命週期 app 模組嗎？接下來我們將使用到它。app 物件提供了一系列生命週期相關的事件，例如 "ready"、"active"、"will-quit" 以及 "quit" 等。透過註冊這些事件的回呼函數，我們可以在這些事件觸發時，執行對應的業務邏輯。在這個範例中，我們使用到了 app 模組提供的兩個重要事件，即 window- all-closed 和 ready，程式如下所示。

```
// Chapter2/index.js
...
app.on('window-all-closed', function () {
  app.quit();
})

app.on('ready', function () {
  if (window === null) {
    createWindow();
  }
})
...
```

我們來看看這兩個事件的定義。

■ window-all-closed：該事件在所有已建立的視窗全部關閉時觸發，此時意味著使用者已經關閉了應用的所有視窗。在大部分的場景中，當所有視窗都已被關閉時，應用的預設行為是退出。但不排除一些例外情況，例如，一些支援工作列執行的應用，即使視窗都關閉了，還是希望應用能繼續保持在後台執行，並在使用者需要使用的時候點擊工作列重新開啟視窗。值得注意的是，在主處理程序程式中顯示呼叫 app.quit() 方法之後，Electron 會自動關閉所有視窗，但並不會觸發 window- all-closed 事件。

■ ready：該事件的觸發表示 Electron 已經初始化完成。在 Electron 中，很多 API 是需要在 ready 事件觸發之後才能被正常呼叫的，例如，我們即將使用到的 BrowserWindow 物件，該物件用於建立一個視窗。

如果在 ready 事件的回呼之外呼叫 new BrowserWindow()，那麼應用程式將會無法啟動，並彈出如圖 2-17 所示的錯誤訊息。因此，在使用 Electron 提供的 API 時，需要注意它可以被正常呼叫的生命週期範圍是什麼。

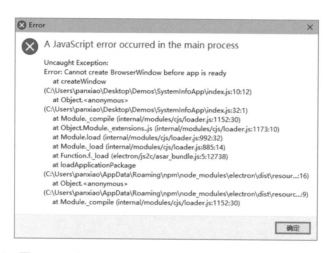

▲ 圖 2-17　在 ready 事件回呼之外建立視窗的錯誤訊息

我們不期望在這個範例中有兩個相同的視窗同時存在，因此當 Electron 初始化完成並觸發 ready 事件之後，我們需要在該事件的回呼函數中先對 window 變數進行判斷，確認視窗是否已經被建立。如果 window 變數為 null，說明該視窗尚未被建立，接著就可以開始透過上面提到過的 createWindow 方法建立視窗並顯示了。

在這個範例中，應用不需要在沒有視窗的情況下保持後台執行。如果視窗都被使用者手動關閉了，那麼我們認為使用者的意圖是想要完全退出這個應用。因此，當 window-all-closed 事件觸發時，我們呼叫 app.quit 方法讓整個應用退出。

現在主處理程序（index.js）所有的程式已經撰寫完成，程式如下所示。

```javascript
// Chapter2/index.js
const electron = require('electron');
const app = electron.app;
const url = require('url');
const path = require('path');

let window = null;

function createWindow() {

  window = new electron.BrowserWindow({
    width: 600,
    height: 400,
    webPreferences: {
      nodeIntegration: true
    }
  })

  const urls = url.format({
    protocol: 'file',
    pathname: path.join(__dirname, 'index.html')
  })


  window.loadURL(urls);

  window.on('close', function(){
    window = null;
  })
}

app.on('window-all-closed', function () {
  app.quit();
})
```

```
app.on('ready', function () {
  if (window === null) {
    createWindow();
  }
})
```

2.3.4 視窗頁面

在上一小節中我們主要實現了主處理程序的相關邏輯,接下來我們開始實現繪製處理程序的相關邏輯。在主處理程序中我們透過 new electron. BrowserWindow() 程式來建立了一個視窗,該視窗內頁面所在的處理程序就是繪製處理程序,每個繪製處理程序本質上是一個基於 Chromium 的瀏覽器。你會在接下來的學習過程中發現,在 Electron 視窗中實現介面跟在普通瀏覽器中沒有什麼太大的區別。本範例的視窗中將使用 index.html、window.js 以及 index.css 3 個檔案,它們的程式都執行在這個「瀏覽器」環境之內。

在開始開發之前,我們先來看看這個專案的視窗頁面,如圖 2-18 所示。

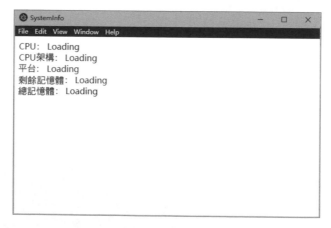

▲ 圖 2-18 系統資訊展示應用的介面

如圖 2-18 所示，我們需要在頁面中展示 5 個系統硬體相關的資訊，分別為 CPU 型號、CPU 架構、平台類型、當前剩餘記憶體及總記憶體。在系統資訊沒有獲取並顯示之前，統一用 Loading 字串做預留位置。

出於安全性的考慮，這些系統相關的資訊原本在瀏覽器的 Web 頁面中是無法獲取的，但是在 Electron 的視窗頁面中卻可以。在 Electron 中開發頁面與在瀏覽器中開發頁面的主要區別在於，Electron 頁面中的 JavaScript 指令稿可以使用 Node.js 的模組，例如，你可以在 JavaScript 指令稿中透過 require 引入 OS 模組來獲取系統相關的資料（這個模組也會在本專案中使用到），或者可以直接存取 process、__dirname 以及 global 等 Node.js 中才有的全域模組或變數。正如第 1 章所述，Electron 底層透過處理程序間通訊實現了這一切。因此，在 Electron 中開發頁面會比瀏覽器中開發頁面具有更高的自由度，這同時也使得開發者能在 Elcctron 的視窗頁面中，開發出原本在瀏覽器中很難實現甚至是無法實現的功能。

在主處理程序的程式中，我們在使用 BrowserWindow 物件建立視窗的時候，給建構函數傳入了一個特殊的參數 nodeIntegration，程式如下所示。

```
window = new electron.BrowserWindow({
  width: 600,
  height: 400,
  webPreferences: {
    nodeIntegration: true
  }
});
```

當 nodeIntegration 設定為 true 時，繪製處理程序中執行的 JavaScript 指令稿將允許引用 Node.js 中的模組來實現功能（這裡需要注意的是，在 Electron 5.0 版本之前，nodeIntegration 的預設值為 true。而在 Electron

5.0 版本之後，預設值變更為 false。如果開發者在程式中沒有指定它為 true 時，繪製處理程序將無法使用 Node.js 模組）。

視窗準備就緒，接下來我們開始撰寫頁面的 html 程式。首先，我們在 index.html 中增加一個基礎的範本框架，程式如下所示。

```html
// Chapter2/index.html
<!DOCTYPE html>
<html lang="en">
<head>
    <meta charset="UTF-8">
    <meta name="viewport" content="width=device-width, initial-scale=1.0">
    <title>SystemInfo</title>
    <link rel="stylesheet" href="./index.css">
</head>
<body>
...
    <script type="text/javascript" src="./window.js"></script>
</body>
</html>
```

在這段基礎的 html 程式中，我們在 head 標籤中透過 link 標籤來引入根目錄下的樣式檔案 index.css，同時在 body 標籤的結尾處透過 script 標籤引入根目錄下的指令檔 window.js。引入指令稿和樣式的方式與 Web 瀏覽器中是一樣的，只不過這裡所引用的資源都存在本地，而非在伺服器中。緊接著，我們需要根據頁面的佈局和資訊內容，在 body 中撰寫對應的 html 元素，程式如下所示。

```html
// Chapter2/index.html
    <div id='cpu'>
      CPU：
      <span>Loading</span>
    </div>
```

```
  <div id='cpu-arch'>
    CPU架構：
    <span>Loading</span>
  </div>
  <div id='platform'>
    平台：
    <span>Loading</span>
  </div>
  <div id='freemem'>
    剩餘記憶體：
    <span>Loading</span>
  </div>
  <div id='totalmem'>
    總記憶體：
    <span>Loading</span>
  </div>
</div>
```

在上面的程式中，我們給每一個 div 元素都根據內容特徵設定了一個唯一的 id 標識。例如，存放 CPU 資訊的外層 div 元素，我們給它定義了一個名為 "cpu" 的 id。這麼做的目的是便於在頁面的指令稿中透過 id 定位到對應的元素並填充內容。span 元素是最終顯示系統資訊的地方，在未被填充新內容前先使用 Loading 占位，等到指令稿獲取到對應的內容後就會將內容插入 span 元素中替換 Loading 預留位置。將以上兩部分程式整合後，透過 npm run start 命令執行程式，可以看到圖 2-18 的效果。

頁面基本的骨架已經架設完畢，接下來我們需要在 window.js 檔案中撰寫程式來獲取系統資訊填入對應的元素中。除了能在 window.js 中使用 Node.js 模組以外，撰寫 window.js 中的程式與撰寫普通 Web 前端頁面中的程式沒有本質上的區別。在 window.js 檔案開頭，我們透過如下程式引入 Node.js 的 OS 模組，它提供了一系列作業系統相關的方法和屬性，透過這些方法和屬性可以得到我們所需要的系統資訊。

```
const os = require('os');
```

接著我們定義一系列方法來獲取對應的系統資訊，程式如下所示。

```
// Chapter2/window.js
...
function getCpu() {
  const cpus = os.cpus();
  if (cpus.length > 0) {
    return cpus[0].model;
  } else {
    return '';
  }
}

function getFreemem() {
  return `${convert(os.freemem())}G`;
}

function getTotalmem(){
  return `${convert(os.totalmem())}G`;
}

function convert(bytes) {
  return (bytes/1024/1024/1024).toFixed(2);
}
...
```

getCpu 方法呼叫了 OS 模組的 cpus 方法來獲取當前電腦的 CPU 資訊。cpus 方法傳回的是一個陣列，該陣列的長度等於當前電腦所使用的 CPU 的核心數。以筆者的電腦為例，使用的是四核心 i5 的處理器，在呼叫 cpus 方法後，傳回了一個長度為 4 的陣列，如圖 2-19 所示。

```
▼Array(4) ℹ
  ▼0:
      model: "Intel(R) Core(TM) i5-7500 CPU @ 3.40GHz"
      speed: 3408
    ▶ times: {user: 72921640, nice: 0, sys: 36546375, idle: 309930343, irq: 6251234}
    ▶ __proto__: Object
  ▼1:
      model: "Intel(R) Core(TM) i5-7500 CPU @ 3.40GHz"
      speed: 3408
    ▶ times: {user: 87776125, nice: 0, sys: 30761875, idle: 300860390, irq: 508921}
    ▶ __proto__: Object
  ▼2:
      model: "Intel(R) Core(TM) i5-7500 CPU @ 3.40GHz"
      speed: 3408
    ▶ times: {user: 88263328, nice: 0, sys: 26464875, idle: 304669906, irq: 255812}
    ▶ __proto__: Object
  ▼3:
      model: "Intel(R) Core(TM) i5-7500 CPU @ 3.40GHz"
      speed: 3408
    ▶ times: {user: 96809859, nice: 0, sys: 30605875, idle: 291982390, irq: 245125}
    ▶ __proto__: Object
    length: 4
  ▶ __proto__: Array(0)
```

▲ 圖 2-19 CPU 資訊

陣列中每個元素都是一個物件，每個物件代表其中一個 CPU 核心的資訊。除了 CPU 型號和主頻率外，還能在 times 屬性中看到核心的使用情況。由於在本專案中只需要展示 CPU 的型號資訊，所以這裡只需要取陣列 0 號元素的 model 屬性值來進行展示即可。為了讓程式更加穩固，程式中在獲取陣列 0 號元素之前要先對陣列的長度進行判斷。當長度大於 0時，傳回 0 號元素的 model 屬性值；當長度小於 0 時，直接傳回字串。

getFreemem 和 getTotalmem 方法分別透過呼叫 os.freemem 與 os.totalmem 方法傳回當前記憶體的剩餘空間和總空間。需要注意的是，這兩個方法傳回的記憶體數值的單位是 bytes，為了更直觀地展示記憶體資訊，需要透過 convert 方法將單位 bytes 轉換成 GB，並透過 toFixed 方法保留兩位小數。

在檔案的最後，我們透過經典的 DOM 操作將系統資訊顯示在頁面中，程式如下所示。由於架構資訊與平台資訊可直接透過 os.platform 與 os.arch 直接獲取到，並且不需要進行特殊的處理，所以這裡並沒有將其單獨封裝成方法。

```
// Chapter2/window.js
…
document.querySelector('#cpu-arch span').innerHTML = os.arch();
document.querySelector('#cpu span').innerHTML = getCpu();
document.querySelector('#platform span').innerHTML = os.platform();
document.querySelector('#freemem span').innerHTML = getFreemem();
document.querySelector('#totalmem span').innerHTML = getTotalmem();
```

現在透過 npm run start 命令啟動應用，就可以看到我們想要的效果了，如圖 2-20 所示。

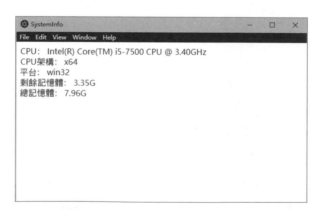

▲ 圖 2-20 展示系統資訊的介面

到目前為止，index.css 檔案的內容還空著。為了讓頁面更美觀一些，我們來增加一些簡單的樣式，使得系統資訊內容可以對齊並且有獨立的顏色。在撰寫樣式程式之前，我們需要稍微改造一下 index.html 檔案，給 body 中的元素增加如下所示的類別名稱和標籤。

```
<div id='cpu' class='info'>
    <label>CPU：</label>
    <span>Loading</span>
</div>
```

接著使用新增加的類別名稱來撰寫對應的 CSS 樣式，程式如下所示。

```
// Chapter2/index.css
.info{
  padding: 5px;
}

.info label{
  display: inline-block;
  width: 100px;
}

.info span{
  color: blue;
}
```

現在透過 npm run start 命令啟動應用，就可以看到帶樣式的頁面了，如圖 2-21 所示。

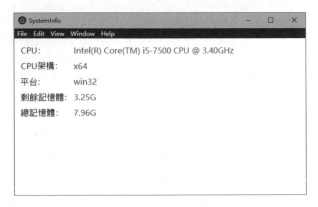

▲ 圖 2-21　增加樣式後的介面

2.4 總結

■ 在安裝 Electron 之前需要先安裝 Node.js 環境，並在安裝完成後透過 node -v 命令確認是否安裝成功。

■ Node.js 的安裝套件會在安裝完成後，自動設定 Windows 的環境變數。如果使用 node 或 npm 命令時提示無法找到該命令，需要去環境變數設定中檢查是否設定成功。

■ 透過設定就近的鏡像來源，可以加速 Electron 的下載。

■ Electron 會預設下載與當前電腦處理器架構匹配的版本，也可以在安裝命令中指定 arch 來下載調配其他處理器架構的 Electron 版本。

■ 在系統資訊展示專案中，主處理程序主要負責管理程式和視窗的生命週期。繪製處理程序負責顯示視窗頁面內容，執行頁面指令稿。

■ Electron 5.0 版本之後，透過將建立視窗時傳入的 webPreferences 物件內的 nodeIntegration 屬性設定為 true，可以讓在繪製處理程序中執行的指令稿有許可權使用 Node.js 模組。

■ Node.js 提供的 OS 模組能讓開發人員獲取到系統相關的資訊。

本章節的內容透過講解一個最簡單的 Electron 應用的開發過程，來幫助你入門 Electron。學習完這些內容，你已經可以自己架設並開發一個簡單的 Electron 應用了。為了內容上更關注 Electron 的相關知識，在系統資訊展示應用功能實現中，我們沒有使用在 Web 前端開發中常用的框架，而是使用最基礎的 Html、JavaScript 和 CSS 完成的。Electron 之外的內容，我們會儘量保持簡單，不希望在這些方面耗費你額外的學習精力。這個約定不僅適用於本章節,後續的章節也是如此。如果你已經完全掌握本章節內容,我們建議你可以在系統資訊展示應用原始程式碼的基礎上,按照 Electron 官方文件的說明,嘗試使用一下 Electron 其他模組的 API,為學習後面章節的內容打下基礎。

本章節中所提及的完整程式可以存取 https://github.com/ForeverPx/ElectronInAction/ tree/main/Chapter2。在學習本章的過程中,建議你下載原始程式碼,親手建構並執行,以達到最佳學習效果。

處理程序

系 統資訊展示應用是一個簡單且完整的 Electron 應用,透過對它的學
習,你應該已經掌握如何開發一個功能簡單的 Electron 應用了。在
本章中,我們將重點講解系統資訊展示應用中所包含的兩個重要的概念:
主處理程序和繪製處理程序。

3.1 主處理程序與繪製處理程序

在 Electron 應用啟動之後,我們能在系統的工作管理員中看到應用啟動
了至少兩個處理程序。現在以上一章中的系統資訊展示應用為例,在啟
動該應用之後,按右鍵 Windows 系統底部的工作列,出現如圖 3-1 所示
的選單。

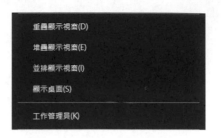

▲ 圖 3-1 工作列右鍵選單

選擇「工作管理員」選項開啟工作管理員視窗，然後在工作管理員視窗中的「處理程序」功能表列中找到 Electron 應用，如圖 3-2 所示。

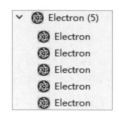

▲ 圖 3-2 Electron 應用啟動的處理程序

我們能從圖中觀察到，應用啟動後開啟了 5 個名為 Electron 的處理程序。這些處理程序在 Electron 中可以分為兩種類型，一類叫「主處理程序」，另一類叫「繪製處理程序」，我們接下來會對這兩類處理程序進行更詳細的講解。為了讓你更容易理解後面小節的內容，我們先來做個有趣的實驗：在工作管理員中尋找一下如圖 3-2 中顯示的處理程序中哪些是主處理程序，哪些是繪製處理程序。

結合第 1 章和第 2 章的內容，我們了解到 Electron 的主處理程序是程式的入口，並且控制著應用程式的生命週期。這意味著在程式啟動時它首先被建立，在退出時它最後被銷毀。如果我們在處理程序管理器中手動地將主處理程序殺死，那麼整個程式就會終止並退出。在圖 3-2 所示的

5 個處理程序中，我們無法直觀地看出哪個是主處理程序，因此我們將
嘗試一個一個終止處理程序，根據主處理程序的特性和處理程序結束後
的現象來尋找主處理程序。在一個一個排除的過程中，當我們透過按滑
鼠右鍵第 5 個處理程序並選擇結束處理程序時，發現整個應用退出了，
並且所有與 Electron 相關的處理程序也都消失了。那麼這時候可以判斷
出，第 5 個處理程序即為該應用的主處理程序。

接下來我們要在剩下的 4 個處理程序中尋找繪製處理程序。繪製處理程
序負責視窗內頁面的繪製，如果結束了繪製處理程序，那麼應用程式視
窗中的內容也將消失。在系統資訊展示應用中，我們只建立了一個視
窗，所以這 4 個處理程序中只有 1 個是繪製處理程序。現在我們依舊按
照上面的方法來依次結束處理程序，同時觀察現象。當我們結束掉第 1
個處理程序時，會發現視窗內變成了空白頁面，如圖 3-3 所示。這個時候
可以判斷出，第 1 個處理程序為繪製處理程序。

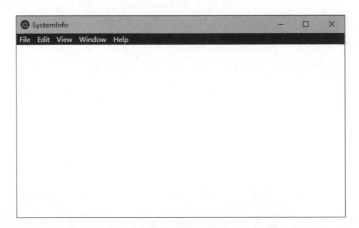

▲ 圖 3-3 結束繪製處理程序後的視窗效果

做完這個小實驗，你應該對主處理程序與繪製處理程序的概念有了一個
具象的了解。對於上文中頻繁提及的處理程序、主處理程序以及繪製處

理程序等概念，會在接下來的小節中進行更詳細的講解。另外，這裡引出一個問題：「我們常說的『繪製處理程序』，是指視窗處理程序還是指這個瀏覽器處理程序呢？」這個問題我們會在後面講解繪製處理程序的章節中進行解答。

3.1.1 處理程序與執行緒

1. 處理程序與執行緒的概念

關於處理程序的概念及其原理，在網際網路上已經有很多講得非常專業的文章，同時處理程序原理相關內容並不是本小節的重點，因此在接下來的內容中我們不會深入講解，而是透過一些舉例和類比的方式，讓你大概了解處理程序在應用程式中所扮演的角色以及它的作用。這樣便於你在閱讀主處理程序和繪製處理程序內容的小節時，能更容易地理解它們。如果你想了解更多與處理程序相關的深入內容，可以在網際網路上進行搜索。

應用是提供給使用者在作業系統中進行互動的程式，Chrome 瀏覽器、Visual Studio Code 以及 Office 和 Word 等都屬於應用。而處理程序是一個正在執行的應用的實例。一個應用可以包含一個處理程序實例，也可以包含多個處理程序實例。例如，很多現代的瀏覽器應用如 Chrome、Edge 等會在執行時期使用多個處理程序，每當在這些瀏覽器中開啟一個新 tab 頁面時，都有一個獨立的處理程序被建立出來，這個新的 tab 頁面將執行在這個新的處理程序中。除瀏覽器之外，一些功能複雜的應用也會在執行時期建立多個處理程序。例如 Visual Studio Code 這款應用，在執行時期將程式編輯的功能放在一個處理程序中處理，而同時會把編譯程式這種比較消耗資源的功能放在另一個處理程序中處理。

講處理程序的同時，我們不能不提及執行緒的概念。執行緒是在處理程序中實際執行程式邏輯的基本單位，它也是處理器分配計算時間的基本單位，一個處理程序可以包含一個或多個執行緒。這樣描述可能非常的抽象，容易混淆處理程序和執行緒的概念。接下來我們將處理程序和執行緒的概念與現實生活中具體的事物結合起來進行講解，也許能讓你對處理程序與執行緒的概念有更清晰的認識。

2. 處理程序與執行緒的關係

假設你現在開了一家電競俱樂部，你作為俱樂部的老闆兼教練請了五位職業選手備戰 LOL 比賽。我們把電競俱樂部的運作比作一個應用程式的執行。由於目前俱樂部還小，只需要參加一款遊戲的比賽，所以這個團隊作為這個「應用」中獨立的一個「處理程序」在執行。在這個「處理程序」中，每個人都有自己要執行的任務。例如職業選手，他們的主要工作是訓練和參加比賽，而你的工作是安排選手的工作並指揮比賽，如圖 3-4 所示。

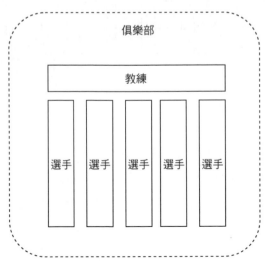

▲ 圖 3-4 俱樂部組織架構

在這個團隊中的每一個人都好比一個「執行緒」,因為「人」才是真正執行任務的基本單位。因此,在這個團隊中一共建立了 6 個「執行緒」來同時執行任務。作為老闆兼教練,你這個「執行緒」建立了另外 5 個「執行緒」,有決定這些「執行緒」做什麼任務的權利,因此你就是「主執行緒」,如圖 3-5 所示。由於俱樂部中的如食物、電腦等物資都是共用的,所以俱樂部中的每個人都可以使用。同樣地,一個處理程序中擁有的資源,該處理程序中的所有執行緒都有權利使用,這叫作「處理程序資源分享」。

▲ 圖 3-5　俱樂部處理程序架構

俱樂部經過一段時間的經營,在 LOL 比賽中取得了不錯的成績,俱樂部的資金也因此充裕了起來。這個時候你準備組建一個 DOTA 分部擴大俱樂部的業務範圍。由於精力有限,無法同時覆蓋兩個專案,同時不想因為這個分部未來可能存在的經營風險影響原來的 LOL 業務。因此,你聘請了一位 DOTA 經理兼教練成立了一個 DOTA 分部來進行運作,如圖 3-6 所示。

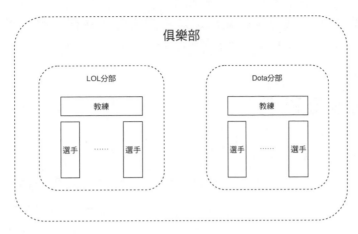

▲ 圖 3-6 新俱樂部組織架構 1

這種場景類似於在一個應用中建立了兩個獨立的處理程序,它們各自管理各自的業務範圍。它的好處是其中一個處理程序結束的時候,不會影響其他處理程序的正常執行,如圖 3-7 所示。但是,俱樂部與分俱樂部之間,食品、電腦等資源是不能共用的,相當於這兩個處理程序內的資源是無法直接共用的,如果一個處理程序想要使用另一個處理程序的資源,需要透過處理程序間通訊、記憶體共用以及管道等方式來實現。

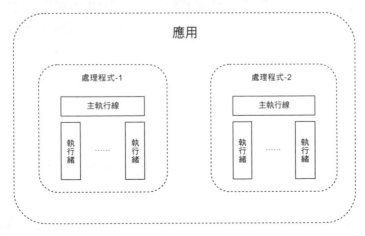

▲ 圖 3-7 新俱樂部處理程序架構 2

這就是處理程序、執行緒的概念以及它們之間的關係。理解了這部分內容，你就能更容易地掌握接下來要學習的知識。

3.1.2 主處理程序

1. 傳統 Web 頁面的限制

在瀏覽器中開發 Web 頁面時，我們所撰寫的程式無論是 HTML、CSS 還是 JavaScript，都是執行在瀏覽器的沙箱（Sandbox）機制中的。什麼是沙箱機制？沙箱機制是瀏覽器預設提供的一種安全機制，它使得在瀏覽器中開啟的頁面都執行在一個存取受限制的環境中。你可以把它想像成一個真實且封閉的房間，在這個房間中你可以很自由地亂塗亂畫，隨意置放物品。但是，由於房間是封閉的，沒有任何途徑能與外界接觸，所以你的行為只能影響這個房間內部的狀態。無論如何，你是無法影響到房間外部的。這跟執行在沙箱中的 JavaScript 指令稿很像，JavaScript 指令稿可以在沙箱內部操作 DOM 元素、讀寫 localstorage 儲存媒體，但無法存取本地的檔案內容。正是由於沙箱機制的存在，頁面指令稿無法越過瀏覽器的許可權存取系統本身的資源，程式的能力被限制在了瀏覽器中。而瀏覽器之所以這麼設計，是為了安全考慮。設想一下，我們在使用瀏覽器的時候，會開啟各式各樣不同來源的網站，如果 JavaScript 程式有能力存取並操作本地作業系統的資源，那將是多麼可怕的事情。

在常規瀏覽器中，這種安全保障機制是非常重要的。但是切換到桌面應用的場景中，指令稿無法存取到本地的資源肯定是不行的，這會導致很多的需求將會無法實現。例如，我們有一個需求是要實現一個本地的檔案管理員，或者是實現一個本地的視訊播放機，在受沙箱限制的情況下，程式讀取不到本地資源的內容，那麼這個需求也就無從實現了。

2. 主處理程序的能力與運用

為了既能保持原有的 Web 開發體驗，又能給頁面指令稿提供存取本地資源的能力，Electron 將 Node.js 巧妙地融合了進來，讓 Node.js 作為整個程式的「管家」。「管家」擁有較高的許可權，Electron 中的頁面可以借助「管家」的能力來存取和操作本地資源，使其具有原本在瀏覽器中不提供的高級 API。同時管家也「管理」著整個 Electron 應用程式的生命週期以及視窗的建立和銷毀。這個「管家」就是 Electron 應用程式中的主處理程序。在使用 Electron 開發的程式中，開發人員會指定一個 JavaScript 指令檔作為程式的主入口，該檔案內程式執行的邏輯就是主處理程序中執行的邏輯。

講到這裡，我們最後來列舉幾個主處理程序所擁有的功能。

- 管理 Electron 應用程式的生命週期。
- 存取檔案系統以及獲取作業系統資源。
- 處理作業系統發出的各種事件。
- 建立並管理功能表列。
- 建立並管理應用程式視窗。

回顧第 2 章節中我們開發過的系統資訊展示應用，它在主處理程序指令稿 index.js 中監聽了 Electron 生命週期中的 ready 事件，並在該事件回呼中建立了一個視窗。這基本上是最簡單的一個在主處理程序中執行的邏輯。那麼在正式的專案中，還有哪些邏輯也需要在主處理程序中進行處理呢？下面我們來看一個範例。

假設我們需要開發這樣一個功能：應用在同一個作業系統的同一時間只允許有一個實例存在，也就是說這個應用只能同時開啟一個。因此，當這個應用已經在系統中執行時期，如果透過按兩下應用圖示或者以右鍵開啟的方式試圖再次啟動這個應用，我們需要自動終止正在啟動的應用實例。分析這個需求，其本質上是一個基於 Electron 應用生命週期來控制應用行為的功能。我們在前面的內容提到過，Electron 應用的生命週期是在主處理程序中管理的，所以這個需求需要在主處理程序中實現。這裡我們基於第 2 章節中的主處理程序程式來做一些改造，程式如下所示。

```
// Chapter3-1-2/index.js
...

let window = null;

const winTheLock = app.requestSingleInstanceLock();
if(winTheLock){
  app.on('second-instance', (event, commandLine, workingDirectory) => {
    if (window) {
      if (window.isMinimized()){
        window.restore();
      }
      window.focus();
    }
  })

    ...

    function createWindow() {...}

    app.on('window-all-closed', function () {...})

    app.on('ready', function () {...})
}else{
  app.quit();
}
```

在上面的程式中，我們使用了 app 模組中提供的 requestSingleInstanceLock 方法來實現這個功能。requestSingleInstanceLock 方法執行後會傳回一個布林值（我們在程式中把這個值給予值給 winTheLock 變數），這個值表示當前正在啟動的應用實例是否成功地先佔到執行鎖。怎麼理解？我們現在假設把第一次、第二次啟動的應用實例分別稱為 A、B。由於 A 先啟動，所以 A 會先先佔到執行鎖，那麼在 A 中呼叫 requestSingleInstanceLock 方法的傳回值為 true。由於 B 是後於 A 啟動的，所以在 B 中呼叫該方法的傳回值為 false。按照需求，我們需要將後啟動的 B 實例退出，所以當判斷到 winTheLock 變數為 false 時，呼叫 app.quit() 方法退出當前實例（B 實例）。相對應地，在 A 實例啟動時，winTheLock 為 true，我們就按照正常流程繼續執行後續的程式即可。

為了讓應用的使用者體驗更好一些，我們期望在 B 實例啟動時，能把 A 實例中被最小化的視窗自動顯示出來，這個互動顯然是非常符合使用者預期的。否則在這種情況下，A 實例不會有任何回應，同時 B 實例也沒啟動成功，就會讓使用者感到困惑。因此，我們在 A 實例的正常啟動程式中，透過 app 提供的 second-instance 生命週期事件來實現這個互動。

當 second-instance 事件被觸發時，表示除自己之外還有另一個實例正在嘗試啟動。我們在這個事件的回呼函數中，判斷已經建立好的 window 實例是否被最小化了，如果是，則呼叫 window 實例的 restore 方法將視窗還原，使得視窗重新顯示出來，然後透過 focus 方法讓視窗獲得系統焦點。現在，使用者無須額外的操作就能直接使用該應用了。該功能完成後的主處理程序程式如下所示。

```
// Chapter3-1-2/index.js
const electron = require('electron');
const app = electron.app;
const url = require('url');
const path = require('path');

let window = null;
```

```
const winTheLock = app.requestSingleInstanceLock();
if(winTheLock){
  app.on('second-instance', (event, commandLine, workingDirectory) => {
    if (window) {
      if (window.isMinimized()){
        window.restore();
      }
      window.focus();
    }
  })


  function createWindow() {
    window = new electron.BrowserWindow({
      width: 600,
      height: 400,
      webPreferences: {
        nodeIntegration: true
      }
    })

    const urls = url.format({
      protocol: 'file',
      pathname: path.join(__dirname, 'index.html')
    })


    window.loadURL(urls)
    console.log(urls);

    window.on('close', function(){
      window = null;
    })
  }
```

```
app.on('window-all-closed', function () {
  app.quit();
})

app.on('ready', function () {
  if (window === null) {
    createWindow()
  }
})
}else{
  app.quit();
}
```

3.1.3 繪製處理程序

1. 真正的繪製處理程序

在 3.1.2 節講 Electron 主處理程序的內容中，我們提到了主處理程序的其中一項能力是建立、管理以及銷毀視窗，那麼這些視窗所執行的環境就是繪製處理程序嗎？在很多初學者的理解中，Electron 視窗所在的處理程序就是繪製處理程序。但實際上並不是，Electron 中的繪製處理程序其實另有所指，接下來我們一起來一探究竟。

還記得我們前面做的尋找 Electron 主處理程序和繪製處理程序的實驗嗎？當時在尋找的過程中，我們發現一個現象，即當我們一開始把第 1 個處理程序結束時，視窗並沒有被關閉，但是視窗中頁面的內容卻消失了，內容區域變成了一片空白。從這個現象中，其實可以推斷出被我們關閉的這個處理程序，是跟視窗中內容顯示區域有關的。其實，我們當時結束的這個處理程序是 Electron 中基於 Chromium 建立的內容頁面繪製處理程序，也就是我們常說的繪製處理程序。

在 Electron 中，繪製處理程序指的是真正載入並繪製頁面的那個處理程序。這些處理程序之間的關係如圖 3-8 所示。

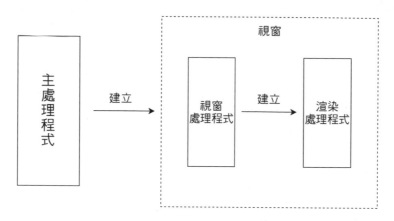

▲ 圖 3-8 繪製處理程序與其他處理程序之間的關係

結合之前我們撰寫過的主處理程序程式與圖 3-8，我們知道主處理程序在執行完 new electron.BrowserWindow 程式後，將會建立了一個視窗處理程序，該處理程序用於展示視窗框架、標題列以及功能表列等介面。此時繪製處理程序還未建立，所以你能看到內容區域還是一片空白，如圖 3-9 所示。

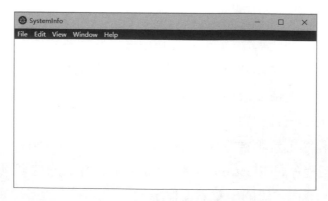

▲ 圖 3-9 未建立繪製處理程序時的視窗介面

當主處理程序執行完 window.loadURL(urls) 這行程式後，繪製處理程序被建立，隨後繪製處理程序開始載入 html 文件並進行繪製。等待繪製結束後，我們就能在視窗中看到對應的頁面內容，如圖 3-10 所示。

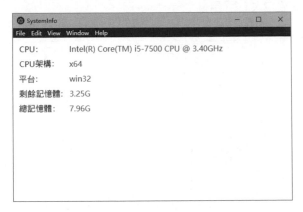

▲ 圖 3-10 繪製處理程序建立成功後的視窗介面

由於 Electron 基於 Chromium 來實現視窗頁面繪製，所以它在這方面的架構與正式發行版本的 Chrome 瀏覽器非常的相似。當我們開啟 Chrome 瀏覽器時，會發現它建立了 4 個處理程序。這 4 個處理程序分別為瀏覽器處理程序、繪製處理程序、GPU 處理程序和網路處理程序。

- 瀏覽器處理程序：顯示瀏覽器主介面，包括標題列、網址列以及我的最愛等。
- 繪製處理程序：繪製 HTML 實現的網頁，同時執行 JavaScript 指令稿讓頁面可互動。
- GPU 處理程序：利用 GPU 來讓繪製瀏覽器主介面和 HTML 頁面有更好的性能。

網路處理程序：處理網路請求相關的邏輯，負責遠端資源的載入。

將 Electron 視窗所包含的處理程序與 Chrome 瀏覽器一部分的處理程序進行對比,能看到它們是非常相似的。Electron 視窗處理程序對應於 Chrome 的瀏覽器處理程序,Electron 繪製處理程序對應於 Chrome 的繪製處理程序,如圖 3-11 所示。

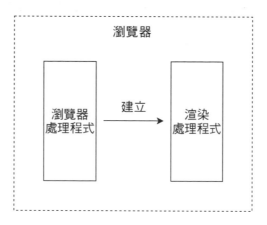

▲ 圖 3-11 瀏覽器中處理程序間的關係

每建立一個 Electron 的視窗,就相當於在 Chrome 瀏覽器中新建了一個 tab。在 Chrome 瀏覽器中,每次開啟一個新 tab 頁面,都會建立一個繪製處理程序來執行該 tab 頁面的內容,Electron 應用也是如此,這樣設計的初衷是為了防止其中一個 tab 頁面的崩潰導致其他 tab 頁面無法顯示。如果我們使用 Electron 建立多個視窗並載入不同的 HTML 頁面,那麼這些視窗都將會共用一個處理程序,這個處理程序在 Chrome 瀏覽器中相當於瀏覽器處理程序。與此同時,每一個視窗都會單獨建立繪製處理程序來繪製頁面,如圖 3-12 所示。得益於這些視窗頁面都是基於獨立的繪製處理程序執行的,所以它們之間互不干擾,即使其中一個崩潰了也不會影響其他視窗中頁面的正常顯示。

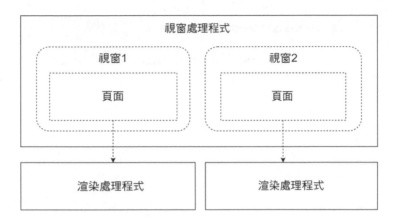

▲ 圖 3-12 多視窗應用中處理程序之間的關係

接下來我們繼續做一個試驗,看看多視窗場景下是否真的建立了多個繪製處理程序,並且這些繪製處理程序之間互不影響。這裡我們稍微改動了一下系統資訊展示應用的主處理程序程式,讓它仕 ready 之後同時建立兩個視窗,程式如下。

```
app.on('ready', function () {
  createWindow()  // 視窗1
  createWindow()  // 視窗2
})
```

等待視窗建立完畢並顯示,開啟工作管理員,找到其中一個視窗頁面的繪製處理程序並結束。結果只有被結束的這個處理程序所連結的頁面變為一片空白,而另一個視窗中的頁面還能正常顯示,符合我們的預期,如圖 3-13 所示。

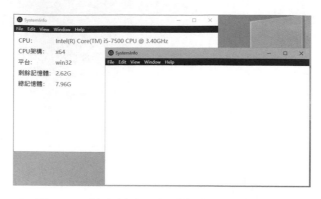

▲ 圖 3-13　結束其中一個繪製處理程序時的介面

2. 視窗與繪製處理程序的關係

在一個 Electron 視窗中，只能擁有一個繪製處理程序嗎？答案是否定的，因為一個視窗中可能不止一個 Web 頁面。Electron 提供了 <webview> 標籤來讓開發者能在視窗的 Web 頁面中同時載入其他的頁面，為了更好地理解這個場景，我們先來看下面的程式。

```
<body>
    <webview src="https://www.baidu.com/"
style="width:300px; height:200px;display:block">
    </webview>
    <div id='cpu' class='info'>
        <label>CPU：</label>
        <span>Loading</span>
    </div>
```

我們對第 2 章節系統資訊展示應用的 HTML 檔案進行一個小改動，在 body 標籤之後插入一個 Electron 提供的 webview 標籤。該標籤的 src 屬性指向百度的首頁，當 webview 初始化時將開啟並載入百度首頁的頁面。緊接著，我們給該 webview 設定固定的寬和高，使它能完整地顯示在我們建立的視窗中（這裡你需要注意你正在使用的 Electron 版本是多少。在 Electron V5 版本之後，需要在建立 BrowserWindow 時，把參數中的 webPreferences 物件中的 webviewTag 屬性設定為 true，視窗才能正常顯示 webview 的內容）。修改完畢後，重新執行應用，可以看到如圖 3-14 所示的效果。

▲ 圖 3-14 webview 標籤在視窗中的效果

這個時候我們開啟 Windows 的工作管理員，能看到該 Electron 應用建立了 6 個處理程序。回想我們在 3.1.1 小節中剛執行系統資訊展示應用時，Electron 應用建立了 5 個處理程序。我們加了 webview 標籤後，處理程序相比之前多出來了一個。我們使用與之前一樣的實驗方法，將多出來的這個處理程序結束之後，能看到如圖 3-15 所示的效果。

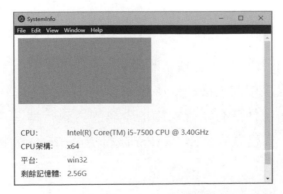

▲ 圖 3-15 結束 webview 處理程序後的效果

從圖中可見,結束的這個處理程序就是 webveiw 元件執行所在的繪製處
理程序。由於 webveiw 所在的繪製處理程序與其他處理程序是相互獨立
的,因此在這個繪製處理程序被結束之後,並沒有影響外部頁面的正常
顯示。由此可見,在 Electron 應用中視窗處理程序和繪製處理程序並不
是一對一的關係,每一個視窗都可以包含多個繪製處理程序。

3. 繪製處理程序的特殊能力

Electron 透過引入 Node.js 來讓原本受限於瀏覽器沙箱的 Web 頁面(繪製
處理程序)擁有了更多的本地能力,如存取本地檔案資源、讀取系統資
訊等,這些能力在前面的章節中也多次提到。另外,繪製處理程序不僅
能使用 Node.js 的模組,還能直接使用 require 引入 Electron 模組,呼叫
Electron 提供的部分功能,接下來我們將分別展示這兩個部分的內容。

首先,我們先來學習如何在繪製處理程序中使用 Node.js 的模組。在實現
系統資訊展示應用的過程中其實我們已經在繪製處理程序中使用過 Node.
js 模組了。Electron 在建立視窗時提供了名為 nodeIntegration 的參數來控
制是否啟用 Node.js 整合特性。當這個參數設定為 true 時,允許開發者在
對應視窗的指令稿中,透過 require 的方式引入 Node.js 的模組,如下面
程式所示。

```
const os = require('os');
const cpus = os.cpus();
```

os 原本是 Node.js 環境中才能使用的模組,但是在啟動該特性後,執行在
視窗繪製處理程序中的頁面指令稿也可以直接使用它了。這裡需要注意
的是,開啟這個特性只有執行視窗指令稿的主執行緒有這樣的能力。那
麼透過頁面指令稿建立的 Web Worker 執行緒、iframe 的指令稿該如何也
擁有這樣的能力呢?

我們都知道 Web 頁面指令稿（也就是 JavaScript）採用的是單執行緒模型，它在同一時間只能處理一件事情。如果在指令稿的邏輯中出現重計算等耗時較長的程式，會使得頁面在一定時間內無法及時回應使用者的操作。在如今電腦 CPU 核數越來越多的情況下，單執行緒無法充分地利用多核心的資源，因此瀏覽器中出現了 Web Worker 技術。它能讓開發人員在主執行緒之外，再建立 Worker 執行緒來處理一些耗時的任務，並透過事件機制將結果告知主執行緒，以此來充分發揮多核心 CPU 的優勢。

在開發應用的時候我們不可避免地要在 Worker 執行緒中使用 require 引入 Node.js 的模組，為此 Electron 也允許透過設定的方式開啟這個功能。與開啟主執行緒 Node.js 整合的方式類似，我們需要在建立視窗時，將 nodeIntegrationInWorker 參數設定為 true，以允許在 Worker 執行緒中使用 Node.js 模組。

同理，Electron 也提供了 nodeIntegrationInSubFrames 參數來設定是否允許視窗中 iframe 頁面的指令稿使用 Node.js 模組，程式如下所示。

```
window = new electron.BrowserWindow({
  width: 600,
  height: 400,
  webPreferences: {
    nodeIntegration: true,
    nodeIntegrationInWorker: true,
    nodeIntegrationInSubFrames: true
  }
})
```

接著我們來學習如何在繪製處理程序中使用 Electron 提供的模組，我們將借助 Electron 模組中比較有代表性的 ipcMain 和 ipcRenderer 模組來輔助講解。IPC 通訊相關的內容我們會在後續的章節中進行詳細講解，現在只需要知道它是一種在主處理程序和繪製處理程序之間進行資料交換的方式即可。

在主處理程序指令稿的開頭引入 ipcMain 模組，然後透過 ipcMain 的 on 方法註冊一個名為 "system-message" 的事件回呼，在該回呼中列印 "I am from Renderer"，程式如下所示。

```
//主處理程序
const { ipcMain } = require('electron')

ipcMain.on(system-message', (event, arg) => {
  console.log('I am from Renderer');
})
```

在繪製處理程序指令稿的開頭引入 ipcRenderer 模組，然後透過 ipcRenderer 的 send 方法給主處理程序發一個對應名為 "system-message" 的訊息，程式如下所示。

```
//繪製處理程序
import { ipcRenderer } from 'electron'
ipcRenderer.send('system-message', '');
```

透過 npm run start 啟動應用，我們能在控制台中看到列印出來的 "I am from Renderer" 字串，說明繪製處理程序的 IPC 訊息發送到了主處理程序。

除此之外，繪製處理程序還能使用諸如 desktopCapturer、remote 以及 webFrame 等 Electron 模組提供的功能，這些功能會在後面的章節中進行講解。最後，我們透過一張直觀表現主處理程序和繪製處理程序能力範圍的示意圖來結束本節內容，如圖 3-16 所示，希望此圖對你學習本節內容有一定的幫助。

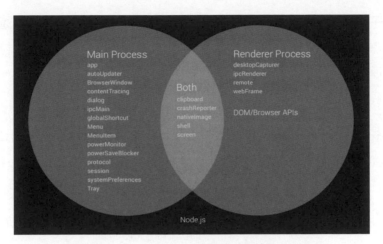

▲ 圖 3-16 Electron 模組適用範圍示意圖

3.2 處理程序間通訊

隨著應用功能的複雜度日益增加,單處理程序的應用在很多場景下已經無法滿足使用要求,基於多處理程序架構的應用逐步成為主流。在多處理程序架構的應用中,處理程序間的通訊機制是必不可少的。

處理程序間通訊(interprocess communication,簡稱 IPC)不是 Electron 中才有的概念,而是由作業系統提供的允許應用中各處理程序間進行交流的機制,這種交流機制能讓一個處理程序將資料傳輸到其他處理程序。處理程序間通訊的示意圖如圖 3-17 所示。

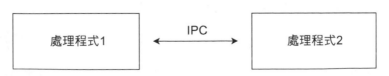

▲ 圖 3-17 處理程序間通訊

處理程序間通訊是一類機制的集合，其中包含記憶體共用、管道、通訊端以及檔案等機制。在本節內容中，我們只需要了解處理程序間通訊是不同處理程序間資料共用和交換的方式。如果你對它們感興趣，可以在各作業系統的官方文件中查詢相關資料進行學習。

在 Electron 中，我們主要關注的是兩類處理程序：主處理程序和繪製處理程序。Electron 為這兩類處理程序分別提供了名為 ipcMain 和 ipcRenderer 的模組來實現這兩類處理程序之間的通訊。

1. 主處理程序中的 ipcMain

ipcMain 模組需要在主處理程序中使用，這個模組負責發送訊息到繪製處理程序以及處理從繪製處理程序發送過來的訊息。從繪製處理程序發出對應的訊息，會在 ipcMain 提供的事件中得到回應。ipcMain 模組常用的方法如下。

- ipcMain.on(channel, listener)：on 方法用於監聽某個頻道發送過來的訊息。該方法第一個參數 channel 是一個自訂字串，用於指定當前需要監聽的是哪個頻道的訊息。第二個參數 listener 是一個回呼函數，在當前頻道有新訊息抵達時，執行該函數。listener 被呼叫時將會以 listener(event, args...) 的形式被呼叫。其中 event 參數會包含當前事件的一些原始資訊，發送訊息時自訂傳入的參數將會跟隨 event 參數在後面傳入。

- ipcMain.once(channel, listener)：once 方法與 on 方法非常類似，唯一的區別在於 on 方法呼叫後會一直監聽 channel 的訊息，而 once 方法只監聽一次，在收到訊息後該監聽器將被去掉。

- ipcMain.removeListener(channel, listener)：removeListener 方法用於將 on 方法建立的監聽器刪除。在此方法被呼叫之前，透過 on 方法建立的監聽器將一直監聽對應頻道的訊息，直到應用程式退出。

2. 繪製處理程序中的 ipcRenderer

ipcRenderer 模組需要在繪製處理程序中使用，這個模組提供了一些方法讓開發人員可以發送訊息到主處理程序，同時也可以回應主處理程序發送過來的訊息，在事件回呼中得到對應的資料。ipcRenderer 模組常用的方法如下（ipcRenderer 模組中的 on、once 以及 removeListener 方法的參數及其使用方式與 ipcMain 模組幾乎一樣，下面不重複進行講解）。

- ipcRenderer.send(channel, ...args)：在繪製處理程序中，開發人員可以用 send 方法給自訂頻道發送訊息，主處理程序中該頻道對應的監聽器會收到該訊息。send 方法傳遞的訊息內容將被 "structured clone algorithm" 序列化，所以並不是所有的資料型態都支援，開發人員可以存取 https://developer.mozilla.org/en-US/docs/Web/ API/Web_Workers_API/Structured_clone algorithm 查看資料型態的支援情況。

- ipcRenderer.sendTo(webContentsId, channel, ...args)：sendTo 方法與 send 方法的區別是，send 方法是往主處理程序發訊息，而 sendTo 方法是往繪製處理程序發送訊息。sendTo 方法的第一個參數 webContentsId 為視窗中某個繪製處理程序的 id，指定該 id 後訊息將會發送到 id 對應的繪製處理程序中。

ipcMain 與 ipcRenderer 其實是 Node.js 中 EventEmitter 模組的實例，所以這兩個模組的使用方式與 EventEmitter 非常類似。EventEmitter 允許開發者在一個訊息頻道中監聽事件，同時也允許開發者往一個訊息頻道中發送事件。這個訊息頻道可以透過一個自訂的字串來指定，如下面程式所示。

```
// event.js
const EventEmitter = require('events').EventEmitter;
const event = new EventEmitter();
event.on('customEvent', function() {
```

```
   console.log('自訂觸發事件');
});
module.exports = event;

//index.js
var event = require('./event.js');
event.emit('some_event');

//bash
$ node index.js  // console.log('自訂觸發事件');
```

在上面的程式中，我們透過 EventEmitter 物件實例監聽了名為 customEvent
的自訂頻道，在收到訊息的回呼中列印「自訂觸發事件」字串。然後在
index.js 中向該頻道發送訊息，控制台中將會輸出對應的日誌內容。可以
看到的是，EventEmitter 的 API 是基於發佈訂閱模式實現的，ipcMain 與
ipcRenderer 也是如此。

3.2.1　主處理程序與繪製處理程序通訊

下面我們將透過實現一個簡單的網路資料快取功能來講解主處理程序與
繪製處理程序間通訊的實現方式。

1. 應用場景

透過網路請求資料在傳統 Web 應用中是很常見的場景，而對於一款桌面
應用來説，離線使用也是一個重要的特性。要實現在沒有網路的情況下
應用依然能在介面中正常顯示內容，其中非常重要的一步是需要在有網
路情況下將請求到的資料快取在本地。等到無網路時，直接讀取本地的
資料以供介面進行展示。接下來我們將展示如何實現這一步。

在該場景中，我們在視窗的繪製處理程序中透過 HTTP 請求獲取資料，在請求成功時將傳回的資料透過處理程序間通訊的方式發送給主處理程序。主處理程序收到訊息後，將資料寫入本地檔案中。該功能的資料流程如圖 3-18 所示。

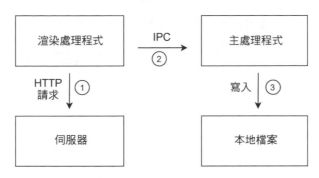

▲ 圖 3-18 離線功能流程示意圖

2. 功能實現

由於我們沒有正式的伺服器，這裡將使用開放原始碼的 "mocker-api（ https://github.com/ jaywcjlove/mocker-api/blob/master/README-zh.md ） " 專案來模擬一個可以傳回資料的 HTTP 伺服器。

首先我們透過如下命令將 mocker-api 安裝到全域。

```
npm install mocker-api -g
```

接著在專案根目錄下新建一個 api.js 檔案，用於定義我們想要模擬的請求以及傳回的資料，檔案內容程式如下所示。

```
// Chapter3-2-1/api.js
const proxy = {
  '/api/user': {
    id: 1,
    username: 'kenny',
```

```
    sex: 6
  },
}

module.exports = proxy;
```

接著執行如下命令啟動 HTTP 服務。

```
mocker ./api.js --host localhost --port 8000
```

最後在瀏覽器網址列中輸入 http://localhost:8000/api/user，查看是否傳回
我們預期 mock 的資料，如圖 3-19 所示。

▲ 圖 3-19 mocker-api 的請求結果

接下來是本小節的重點內容，我們將建立繪製處理程序指令稿 window.
js，在該指令稿中實現 HTTP 請求並將資料發送給主處理程序。window.js
的內容程式如下所示。

```
// Chapter3-2-1/window.js
const http = require('http');
const { ipcRenderer } = require("electron");

//http請求相關設定
const options = {
  hostname : 'localhost' ,
  port : 8000 ,
  path : '/api/user' ,
  method : 'GET' ,
  headers : {
    'Content-Type' : 'application/x-www-form-urlencoded'
```

```
  }
};

const req = http.request(options, function (res) {
  res.setEncoding('utf8');
  res.on('data', (data) => {
    console.log(`資料: ${data}`);
    try {
      //透過ipc將資料發送給主處理程序
      ipcRenderer.send('data', JSON.stringify(data));
    } catch (error) {
      console.log(error);
    }
  });
})

req.write('');
req.end();
```

在 window.js 指令稿中,引入了 Node.js 內建的 http 模組來向 mock server
發送 http 請求,並在該請求的回呼函數中,註冊 "data" 事件等待資料傳
回。隨後透過 ipcRenderer.send 方法將傳回的資料發送給主處理程序。在
發送之前,我們將資料透過 JSON.stringify 方法轉換成 JSON 字串,以字
串的形式給到主處理程序。

接下來我們實現在主處理程序中接收訊息的邏輯,程式如下所示。

```
// Chapter3-2-1/index.js
const { ipcMain } = require('electron')

ipcMain.on('data', (event, data) => {
  console.log('收到繪製處理程序資料:',data)
// 列印 "{\"id\":1,\"username\":\"kenny\",\"sex\":6}"
})
...
```

利用 ipcMain 模組的 on 方法在主處理程序中監聽 "data" 頻道，就可以在
回呼函數中收到繪製處理程序向 data 頻道發送的資料並列印出來。在確
認收到資料後，接下來我們需要實現將資料快取到檔案系統中的功能。
這裡我們直接使用一個協力廠商模組 electron-store（https://github.com/
sindresorhus/electron-store）來實現，程式如下所示。

```
// Chapter3-2-1/index.js
const { ipcMain } = require('electron')
const Store = require('electron-store');
const store = new Store();

ipcMain.on('data', (event, data) => {
  try {
    store.set('cache-data',data);
    console.log('cache-data', store.get('cache-data'));
  } catch (error) {
    console.log(error);
  }
})
```

我們先在檔案開頭處引入了 electron-store 模組並建立 store 物件，在接收
到資料後將資料透過 store 提供的 set 方法寫入快取。為了驗證是否寫入
成功，在寫入之後立刻從 store 中將值取出進行驗證。除此之外，你也可
以去 app.getPath('userData') 傳回的路徑中，尋找 config.json 檔案並查看
其中的內容來驗證是否成功寫入資料。

到這裡我們已經實現了從繪製處理程序請求資料，然後將資料發送到主處
理程序進行快取的邏輯了。但是目前在邏輯上還會有一個不足，那就是在
繪製處理程序中給主處理程序發送完訊息後，無法得知主處理程序是否收
到訊息並快取資料成功了，沒辦法對成功或失敗進行提示。因此，接下來
我們需要實現在主處理程序快取資料成功後，將結果發送回繪製處理程序

進行提示的功能。有兩種方式可以實現主處理程序往繪製處理程序發送資料：一種是透過 ipcMain.on 方法參數中 event 物件的 reply 方法將訊息發送給發送者（繪製處理程序）；另一種是拿到視窗的引用，透過引用中的 window.webContents.send 方法給對應的繪製處理程序發送訊息。

下面先來看第一種方式的實現，程式如下所示。

```
// Chapter3-2-1/index.js
…
ipcMain.on('data', (event, data) => {
  try {
    store.set('cache-data',data);
    event.reply('data-res', 'success');
  } catch (error) {
    event.reply('data-res', 'fail');
  }
})
…


// Chapter3-2-1/window.js
…
ipcRenderer.on('data-res', function(event, data){
  console.log('收到回復：', data)
});
…
```

我們首先在主處理程序收到資料的回呼中透過 event.reply 方法往 "data-res" 頻道發送訊息，如果設定快取資料成功則發送 "success" 字串，如果出現異常則發送 "fail" 字串。接著在繪製處理程序中監聽 "data-res" 頻道訊息並在控制台將訊息列印出來。透過 npm run start 啟動應用，我們能在視窗偵錯工具的 Console 面板中看到主處理程序發送過來的訊息，如圖 3-20 所示。

▲ 圖 3-20 繪製處理程序列印主處理程序發送來的訊息

接下來是第二種實現方式。由於我們在主處理程序中透過 window 變數儲存了視窗引用，所以可以直接透過 window.webContents.send 方法給繪製處理程序發送訊息，程式如下所示。

```
// Chapter3-2-1/index.js
let window = null;
ipcMain.on('data', (event, data) => {
  try {
    store.set('cache-data',data);
    window.webContents.send('data-res', 'success');
  } catch (error) {
    window.webContents.send('data-res', 'fail');
  }
})
...
app.on('ready', function () {
  window = createWindow();
})
```

透過 npm run start 啟動應用後，可以看到如圖 3-20 所示的效果。主處理程序與繪製處理程序完整的程式如下所示。

```javascript
// Chapter3-2-1/index.js
const electron = require('electron');
const app = electron.app;
const url = require('url');
const path = require('path');

const { ipcMain } = require('electron')
const Store = require('electron-store');
const store = new Store();

let window = null;

ipcMain.on('data', (event, data) => {
  try {
    store.set('cache-data',data);
    window.webContents.send('data-res', 'success');
  } catch (error) {
    window.webContents.send('data-res', 'fail');
  }
})

function createWindow() {
  window = new electron.BrowserWindow({
    width: 600,
    height: 400,
    webPreferences: {
      nodeIntegration: true
    }
  })

  const urls = url.format({
    protocol: 'file',
    pathname: path.join(__dirname, 'index.html')
  })
```

```
  window.loadURL(urls);

  window.on('close', function(){
    window = null;
  })
}

app.on('window-all-closed', function () {
  app.quit();
})

app.on('ready', function () {
  if(!window){
    window = createWindow();
  }
})

// window.js
const http = require('http');
const { ipcRenderer } = require("electron");

const options = {
  hostname: 'localhost',
  port: 8000,
  path: '/api/user',
  method: 'GET',
  headers: {
    'Content-Type': 'application/x-www-form-urlencoded'
  }
};

const req = http.request(options, function (res) {
  res.setEncoding('utf8');
  res.on('data', (data) => {
    try {
```

```
    //透過ipc將資料發送給主處理程序
    ipcRenderer.send('data',JSON.stringify(data));
  } catch (error) {
    console.log(error);
  }
 });
})

ipcRenderer.on('data-res', function(event, data){
  console.log('收到回復：', data);
});

req.write('');
req.end();
```

3. remote 呼叫

在一些場景中，如果我們的應用只需要在繪製處理程序中單向地存取主
處理程序，從而獲取一些資料或通知主處理程序完成某個任務，可以用
Electron 提供的 remote（遠端呼叫）模組來完成，這種方式跟 Java 中的
JMI 比較類似。remote 模組本質上是 Electron 在底層替你完成了 IPC 的
過程，這樣使得開發者在呼叫主處理程序的方法時，不需要使用 ipcMain
和 ipcRenderer 去實現它們之間的通訊。接下來我們使用 Remote 模組對
上面實現的快取資料的功能進行改寫，來展示 remote 模組的使用方法，
程式如下所示。

```
// Chapter3-2-1/window.js
...
// 透過remote引入electron-store模組
const Store = require("electron").remote.require('electron-store');

...
const req = http.request(options, function (res) {
```

```
res.setEncoding('utf8');
res.on('data', (data) => {
  try {
    // 直接使用electron-store模組快取資料
    const store = new Store();
    store.set('cache-data', JSON.stringify(data));
  } catch (error) {
    console.log(error);
  }
});
})
...
```

除此之外,我們還需要在建立視窗的時候,將 webPreferences 的
enableRemoteModule 設定為 true,該設定決定 Electron 是否允許繪製處
理程序使用 remote 模組,程式如下所示。

```
// Chapter3-2-1/index.js
...
window = new electron.BrowserWindow({
  width: 600,
  height: 400,
  webPreferences: {
    nodeIntegration: true,
    enableRemoteModule: true    // 允許繪製處理程序使用remote模組
  }
})
...
```

我們把原本在請求回呼中使用 IPC 通訊相關的程式替換成直接呼叫
remote 引入 electron-store 模組來實現資料的快取,使用這樣的實現方式
可以讓我們的程式更加簡潔。在使用 remote 引入 electron-store 模組並建
立 store 物件時,這個 store 物件其實是存在於主處理程序中的,一般我

們稱它為遠端物件。在使用 store 物件時，其實是 Electron 在底層幫我們實現了從繪製處理程序往主處理程序發送同步的訊息。由於 store 物件存在於主處理程序，那麼它的生命週期也由主處理程序來管理，如果主處理程序將物件回收，那麼繪製處理程序將無法存取到該物件。這裡需要注意的是，如果 store 物件一直在繪製處理程序中被引用，將會導致在主處理程序中無法回收該物件，進而造成記憶體洩漏。

另外，在 Electron 的官方文件中提到，如果透過 remote 存取的是 String、Number、Arrays 或者 Buffers 等類型，Electron 將會透過 IPC 在主處理程序和繪製處理程序中分別複製一份。在這種機制下，你在繪製處理程序中改變它們將不會同步到主處理程序中，反之亦然。

在本範例中，我們傳遞給主處理程序的是 String 類型的資料，但是在某些場景下你想要將繪製處理程序的一個 function 當作回呼傳遞給主處理程序，那麼就需要謹慎一些了。因為傳遞給主處理程序的回呼將會被主處理程序引用，除非你手動地去解除引用並回收它，否則直到主處理程序退出之前它都會存在於記憶體中。如果你的繪製處理程序邏輯被重複執行（例如反覆關閉建立視窗），將會導致主處理程序中該回呼函數的引用越來越多，也進而存在記憶體洩漏的風險。

3.2.2 繪製處理程序互相通訊

繪製處理程序間通訊一般分為兩種場景，一種相對簡單，另一種相對複雜。

相對簡單的場景是，我們在某個繪製處理程序中已經明確的知道想要往哪個繪製處理程序發送訊息，並且知道目標繪製處理程序的 webContentsId。在這種場景中，你只需要在繪製處理程序中使用 ipcRenderer 模組的

sendTo 方法來向目標繪製處理程序發訊息即可,如圖 3-21 所示。

▲ 圖 3-21 使用 sendTo 發送訊息的示意圖

相對複雜的場景是,某個繪製處理程序只負責發出某類訊息,但具體由哪些繪製處理程序來接收訊息是不確定的,只有顯示的宣告需要接收此類訊息的繪製處理程序才能收到。在這種場景中,我們需要借助主處理程序來完成訊息的註冊、中轉。這種場景的實現方式一般也分為兩種。

1. 主處理程序註冊頻道

主處理程序只負責訊息頻道的註冊,接收訊息的繪製處理程序把想要接收到的訊息頻道告訴主處理程序,發送訊息的繪製處理程序在發送前詢問主處理程序有哪些繪製處理程序想要接收這個頻道的訊息。得到接收繪製進行列表後,透過 sendTo 方法逐一發送,如圖 3-22 所示。

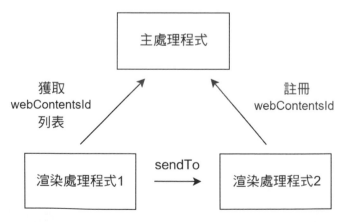

▲ 圖 3-22 主處理程序負責註冊頻道的示意圖

接下來我們將透過一個範例來展示這種實現方式。

首先，我們需要在主處理程序中定義一個名為 messageChannelMap 的 Map 資料結構來儲存註冊的 channel 資訊。messageChannelMap 的 key 為 channel 名，value 為想要收到該 channel 訊息的繪製處理程序 webContentsId 清單。

接著定義兩個方法，分別為 registMessageChannel 和 getMessageChannel。registMessageChannel 方法用於註冊 channel 資訊，getMessageChannel 方法用於在 message- ChannelMap 中獲取 channel 對應的繪製處理程序 webContentsId 列表，程式如下所示。

```javascript
// Chapter3-2-2-1/index.js
const messageChannelMap = {};

function registMessageChannel(channel, webContentsId){
  if(messageChannelMap[channel] !== undefined){
    let alreadyHas = false;
    for(let i = 0; i < messageChannelMap[channel].length; i++){
      if(messageChannelMap[channel][i] === webContentsId){
        alreadyHas = true;
      }
    }
    if(!alreadyHas){
      messageChannelMap[channel].push(webContentsId);
    }
  }else{
    messageChannelMap[channel] = [webContentsId];
  }
}

function getMessageChannel(channel){
  return messageChannelMap[channel] || [];
}
```

registMessageChannel 方法會在主處理程序中監聽的 registMessage 訊息回呼中被呼叫。registMessage 訊息由繪製處理程序發出，告訴主處理程序想要收到哪個 channel 的訊息。getMessageChannel 方法會在主處理程序中監聽的 getRegistedMessage 訊息回呼中被呼叫。getRegistedMessage 訊息也是由繪製處理程序發出，發送者透過該訊息拿到誰想收到這個 channel 的資料，程式如下所示。

```
// Chapter3-2-2-1/index.js
...
ipcMain.on('registMessage', (event, data) => {
  try {
    registMessageChannel(data, event.sender.id); // 註冊
  } catch (error) {
    console.log(error)
  }
})

ipcMain.on('getRegistedMessage', (event, data) => {
  try {
    event.reply('registedMessage', JSON.stringify(getMessageChannel(data)))
;
  } catch (error) {
    console.log(error)
  }
})
...
```

接下來我們要實現兩個視窗，在其中一個視窗的繪製處理程序中向主處理程序註冊某個 channel 的訊息，在另一個視窗的繪製處理程序中往這個 channel 發訊息。我們需要將視窗之間的主處理程序程式改造一下，給 createWindow 新增一個 url 參數，然後在 Electron 的 ready 事件中，透過

兩次呼叫 createWindow 方法並傳入不同的 url 來建立兩個視窗，程式如
下所示。

```js
// Chapter3-2-2-1/index.js
...
function createWindow(url) {
  let window = new electron.BrowserWindow({
    width: 600,
    height: 400,
    webPreferences: {
      nodeIntegration: true,
      enableRemoteModule: true
    }
  })

  window.loadURL(url);

  window.on('close', function(){
    window = null;
  })
}

app.on('window-all-closed', function () {
  app.quit();
})

app.on('ready', function () {
  const url1 = url.format({
    protocol: 'file',
    pathname: path.join(__dirname, 'window1/index.html')
  })
  const url2 = url.format({
    protocol: 'file',
    pathname: path.join(__dirname, 'window2/index.html')
  })
```

```
createWindow(url1);
setTimeout(()=>{
  createWindow(url2);
}, 2000);
})
```

雖然在程式中呼叫 createWindow 函數有先後之分，但是兩個視窗最終啟動完畢的順序是不確定的。為了保障註冊 channel 行為與獲取註冊資訊的行為的先後順序，這裡使用 setTimeout 方法延遲 window2 的建立。

對於負責註冊 channel 的 window1，我們在它的繪製處理程序程式中透過 ipcRenderer 向主處理程序發送 registMessage 訊息去註冊一個名為 "action" 的頻道，同時監聽 "action" 頻道的訊息，在收到訊息之後將訊息內容顯示在頁面中，程式如下所示。

```
// Chapter3-2-2-1/window1/window.js
const { ipcRenderer } = require("electron");

ipcRenderer.send('registMessage', 'action');

ipcRenderer.on('action', function(event, data){
  document.body.innerHTML = data;
})
```

對於負責發送 channel 訊息的 window2，我們在它的繪製處理程序程式中首先透過 ipcRenderer 向主處理程序發送 getRegistedMessage 訊息，獲取都有哪些繪製處理程序需要收到 "action" 頻道的訊息。然後監聽主處理程序發送過來的 registedMessage 訊息，該訊息將傳回註冊 channel 的 webCotentsIds 列表。最後遍歷傳回的 webCotentsIds 列表，使用 sendTo 方法一個一個發送 IPC 訊息，程式如下所示。

```javascript
// Chapter3-2-2-1/window2/window.js
const { ipcRenderer } = require("electron");

ipcRenderer.send('getRegistedMessage', 'action');

ipcRenderer.on('registedMessage', function (event, data) {
  try {
    let webContentIds = JSON.parse(data);
    for (let i = 0; i < webContentIds.length; i++) {
      ipcRenderer.sendTo(webContentIds[i], 'action', 'Hello World')
    }
  } catch (error) {
    console.log(error)
  }
})
```

現在透過 npm run start 啟動應用，等待第 2 個 window 建立並載入完畢，我們能在 window1 的介面中看到往 "action" 頻道發送的訊息 "Hello World"，如圖 3-23 所示。

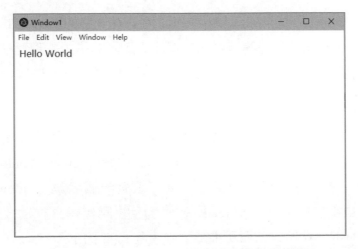

▲ 圖 3-23 window1 接收到訊息後的介面

2. 主處理程序註冊頻道與訊息轉發

在這種方式中，主處理程序既負責訊息頻道的註冊，也負責訊息的轉發。繪製處理程序之間不會直接進行通訊，而是統一將訊息發送給主處理程序，由主處理程序來判斷並轉發給需要的繪製處理程序，如圖 3-24 所示。

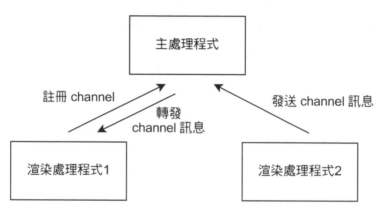

▲ 圖 3-24 主處理程序註冊頻道與訊息轉發

雖然與方式一有所不同，但也能重複使用方式一中的部分程式，例如註冊 channel、channel 管理等邏輯。這裡需要改動的是主處理程序轉發訊息以及繪製處理程序 2 中發送訊息的邏輯。接下來我們先來實現主處理程序轉發邏輯。

為了讓主處理程序能將訊息發送到繪製處理程序，主處理程序的程式需要將所有視窗的引用儲存起來。這裡我們改造了 createWindow 函數，在它執行完畢後傳回視窗的引用，接著定義一個名為 windows 的陣列來儲存這些視窗的引用。當 ready 事件觸發後開始建立視窗，同時使用 windows.Push 方法將視窗引用進陣列中，程式如下所示。

```
// Chapter3-2-2-2/index.js
const windows = [];        //儲存視窗引用，用於發送訊息到對應的繪製處理程序

function createWindow(url) {
  let window = new electron.BrowserWindow({…})
  …
  return window;           //新增傳回視窗引用程式
}
app.on('ready', function () {
  …
  windows.push(createWindow(url1));
  setTimeout(()=>{
    windows.push(createWindow(url2));
  }, 2000);
})
```

由於 window2 不需要拿到 channel 的訂閱資料親自發送給另外的繪製處
理程序，所以主處理程序中的 getRegistedMessage 以及 window2 繪製處
理程序中收到 registedMessage 發送訊息的邏輯也就不需要了。在主處理
程序中，取而代之的是 transMessage 事件。該事件由 window2 的繪製處
理程序發出並透過主處理程序中轉指定 channel 的訊息。transMessage 事
件觸發後，主處理程序需要將視窗繪製處理程序的 id 與註冊的 id 進行匹
配。如果匹配成功，則發送訊息到對應 id 的繪製處理程序中，程式如下
所示。

```
// Chapter3-2-2-2/index.js
…
ipcMain.on('transMessage', (event, channel, data) => {
  try {
    transMessage(getMessageChannel(channel), channel, data);
  } catch (error) {
    console.log(error)
  }
```

```
})

function transMessage(webContentsIds, channel, data){
  for(let i=0; i<webContentsIds.length; i++){
    for(let j=0; j<windows.length; j++){
      if(webContentsIds[i] === windows[j].webContents.id){
        windows[j].webContents.send(channel, data);
      }
    }
  }
}
...


// Chapter3-2-2-2/window2/window.js
const { ipcRenderer } = require("electron");

ipcRenderer.send('transMessage', 'action', 'Hello World Too');
```

現在透過 npm run start 啟動應用,我們能在 window1 的頁面中看到訊息文字 "Hello World Too",如圖 3-25 所示。

▲ 圖 3-25 window1 接收到訊息後的介面

3.3 總結

- 處理程序是作業系統進行資源配置和排程的基本單位,執行緒是作業系統進行運算排程的最小單位。一個處理程序至少包含一個執行緒,在同一個處理程序內的執行緒可以共用該處理程序內的資源。處理程序間無法直接共用資源,需要借助 IPC(IPC 為處理程序間通訊的英文簡寫)技術來實現。

- Electron 引入 Node.js 來擴充傳統 Web 頁面的能力,它能讓應用視窗中的頁面突破瀏覽器限制。開發者可以透過 API 實現存取本地檔案以及控制功能表列等功能。

- 在 Electron 中,視窗處理程序與繪製處理程序是不同的概念。應用程式的視窗本身執行在視窗處理程序中,視窗中具體顯示介面的頁面執行在繪製處理程序中。繪製處理程序指的是真正載入並繪製頁面的那個處理程序。一個視窗可以包含多個繪製處理程序,這些繪製處理程序之間獨立執行,互不影響。

- 建立視窗時手動設定 webPreferences 中的相關參數,可以讓繪製處理程序能直接使用 Electorn 中的部分模組,同時也可以透過 require 引入協力廠商模組。

- 在 Electron 中可以使用 ipcMain 和 ipcRenderer 實現主處理程序與繪製處理程序之間的資料交換。某些場景下,你可以使用寫法上更簡潔的 remote 模組來完成繪製處理程序與主處理程序之間的單向呼叫或單向資料傳輸。

■ remote 呼叫的底層是用同步 IPC 實現的，Electron 將 IPC 過程封裝起來使得開發者可以很方便地在繪製處理程序實現與主處理程序間的互動。

■ 繪製處理程序間的通訊有三種實現方式：第一種是繪製間直接通訊；第二種是繪製處理程序透過主處理程序獲取監聽 channel 的繪製處理程序 id 列表，然後向這些 id 對應的繪製處理程序直接發送訊息；第三種是完全透過主處理程序來轉發訊息，繪製處理程序間不直接進行通訊。

Electron 中 IPC 相關的 API 雖然並不多，但是在實際的應用程式開發中，處理程序間通訊是一個高頻次的場景，ipcMain 和 ipcRenderer 兩個模組將會被頻繁使用，掌握這兩個模組，你就能應對絕大多數需要實現處理程序間通訊的場景。另外，理解不同處理程序間的通訊實現方式也是非常重要的，它能幫助你在開發應用時根據應用場景更合理地劃分主處理程序和繪製處理程序的邏輯，降低邏輯耦合，從而提升程式的可維護性。

在前面兩個章節的範例中，我們都用 BrowserWindow 建立了一些視窗來顯示內容，在建立時使用的參數不多，只有如 width、height、webPreferences 等參數。實際上 BrowserWindow 物件可以設定的參數遠遠不止這些，在下一章中我們將學習 BrowserWindow 更加詳細的參數設定，利用這些參數的組合實現更多不同形態的視窗。

本章節中所提及的完整程式可以存取 https://github.com/ForeverPx/ElectronInAction/ tree/main/Chapter3-*。在學習本章的過程中，建議你下載原始程式，親手建構並執行，以達到最佳學習效果。

視窗

桌面應用程式的視窗是應用的門面,它也是直接與使用者進行互動的模組。在應用研發的過程中,產品經理、互動設計師以及視覺設計師會投入相當一部分精力來設計一個符合產品使用場景的介面,在互動和視覺上期望給使用者帶來最好的體驗。開發人員想要高度還原這些設計,就需要對視窗的特性非常了解,知道哪些設定的組合可以實現設計師們想要達到的效果。Electron 中視窗由 BrowserWindow 物件來建立,但 BrowserWindow 可以設定的屬性多達幾十個,一開始就將它們全部學習並理解顯然是不現實的。所以在本章中,我們先會挑選出部分我們認為非常重要的屬性進行逐一講解,然後將應用常見的幾種視窗形態抽象出來,以案例的方式來進行講解。期望你在學完本章後,可以掌握視窗基本的實現方法。

4.1 視窗的基礎知識

4.1.1 視窗的結構

雖然前面章節的範例中都有提及視窗相關的內容,但是在深入學習視窗知識之前,我們還是先來回顧一下建立一個最簡單視窗的程式,程式如下所示。

```
// index.js
function createWindow() {
  window = new electron.BrowserWindow({
    width: 600,
    height: 400
  })

  const urls = url.format({
    protocol: 'file',
    pathname: path.join(__dirname, 'index.html')
  })

  window.loadURL(urls)
  console.log(urls);

  window.on('close', function(){
    window = null;
  })
}
```

這裡我們使用 BrowserWindow 物件建立了一個寬 600px、高 400px 的視窗。這個視窗中包含幾個重要的組成部分,分別是標題列、功能表列以及頁面,如圖 4-1 所示。

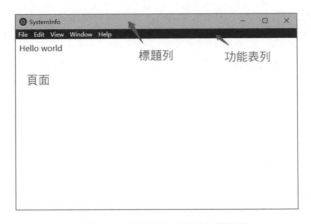

▲ 圖 4-1　視窗的各個組成部分

標題列用於顯示視窗的標識。例如，在系統資訊展示應用中，我們把視窗的標題列設定為 SystemInfo，可以讓使用者快速了解當前視窗的功能。在處理程序間通訊的例子中，我們分別把兩個視窗標題列設定為 window1 和 window2，用於快速區分兩個視窗。

功能表列用於控制視窗的特徵和行為。例如，在 View 選項中，可以進行頁面刷新、縮放頁面、調起頁面偵錯控制台等操作。在 Window 選項中，可以將視窗最小化以及關閉當前視窗。

頁面區域是一個 Chromium 容器，透過 loadURL 載入後的 html 檔案將會被繪製在該區域內。由於在上面建立視窗的程式中指定了載入同一個目錄的 index.html 檔案，所以我們在頁面區域看到了被繪製出來的 "Hello world" 字串。

在一些場景中出於設計上的考慮，你的視窗可能不需要標題列和功能表列，或者想要以更美觀的方式實現，可以透過在建立視窗時設定對應的參數實現。在下一小節的內容中，我們會講解 BrowserWindow 提供的一系列重要設定。

4.1.2 重要的視窗設定

由於 BrowserWindow 提供的設定非常多,並且部分設定為物件類型,物件中又嵌套了一系列的子設定(如 webPreferences 設定)。對這些設定一一講解會使得篇幅過長,不利於吸收理解。因此,本節不會展開講解 BrowserWindow 提供的每一個參數,僅挑選出我們認為重要或閱讀文件的過程中相對難於理解的設定進行講解。

1. 基礎屬性

我們對前面範例中建立視窗的程式稍作修改,除了 width 和 height 之外給視窗再加上一些基礎屬性,程式如下所示。

```
window = new electron.BrowserWindow({
  width: 600,
  height: 400,
  minWidth: 600,          //最小寬度
  maxWidth: 800,          //最大寬度
  minHeight: 400,         //最小高度
  maxHeight: 600,         //最大高度
  resizable: true,        //是否可改變大小
  movable: false          //是否可移動
})
```

透過 npm run start 命令啟動應用,來看看這些新增的參數是如何作用於視窗的。

在視窗建立成功後,雖然看起來跟之前的樣子沒什麼不同,但是當透過滑鼠拖曳視窗邊緣進行視窗縮放時,你會發現它縮小到 600px×400px 的尺寸就無法繼續縮小了,同理放大到 800px×600px 的尺寸就無法繼續變大了。這是因為我們給視窗設定了最大、最小的高度和寬度的原因,視窗的大小被限制在了這個範圍內。如果你不期望視窗能被使用者改變

大小，那麼可以將 resizable 設定的值設定為 false（resizable 預設值為
true）。

除此之外，原來的視窗是可以透過滑鼠拖曳標題列進行移動的，但這裡
我們將 movable 參數設定為 false 後，這一操作行為將被禁止。雖然這裡
透過參數在建立視窗時對視窗的縮放大小做了限制，但是你仍然可以在
程式中透過 setSize 等方法來突破這個限制，因為這些限制僅對使用者的
操作行為生效。

2. 視窗位置

預設情況下，Electron 會將視窗顯示在螢幕的正中間。如果應用的需求正
好如此，那麼在建立視窗時就不需要關心如何定義視窗的位置。但是如
果我們有特殊的需求，要將視窗建立在一個自訂的位置，則需要在建立
視窗時，手動給 BrowserWindow 傳入 x 和 y 參數。x 控制視窗在螢幕中
的橫向座標，y 控制視窗在螢幕中的縱向座標，程式如下所示。

```
window = new electron.BrowserWindow({
  width: 600,
  height: 400,
  minWidth: 600,          //最小寬度
  maxWidth: 800,          //最大寬度
  minHeight: 400,         //最小高度
  maxHeight: 600,         //最大高度
  resizable: true,        //是否可改變大小
  movable: false          //是否可移動
  x:0,
  y:0
})
```

在上面的程式中，我們在建立視窗時傳入 x 和 y 設定來讓視窗初始化後
顯示在螢幕左上角的位置。

3. 標題列文字

BrowserWindow 提供了 title 設定項來設定視窗標題列的內容，這看起來非常簡單，但是背後的機制時常會讓剛接觸它的開發人員感到疑惑。官方文件中説道：「視窗的預設標題為 Electron，如果使用 loadURL 方法載入的 HTML 檔案中含有 title 標籤，BrowserWindow 中指定的 title 設定將被忽略，用 title 標籤中的內容取而代之。」為了驗證這個規則，我們在HTML 檔案中加入 title 標籤並將標籤的內容改為 "HTML Title"，接著在建立視窗時，將 title 設定為 "Param Title"，程式如下所示。

```
// index.html
<head>
    <title>HTML Title</title>
</head>

// index.js
window = new electron.BrowserWindow({
  width: 600,
  height: 400,
  minWidth: 600,          //最小寬度
  maxWidth: 800,          //最大寬度
  minHeight: 400,         //最小高度
  maxHeight: 600,         //最大高度
  resizable: true,        //是否可改變大小
  movable: false          //是否可移動
  x: 0,
  y : 0,
  title: 'Param Title'
})
```

透過 npm run start 命令啟動程式，可以看到如圖 4-2 所示的標題內容。

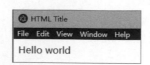

▲ 圖 4-2 設定 HTML title 標籤後的視窗標題內容

正如文件所描述的那樣，HTML 中 title 標籤的內容覆蓋了 BrowserWindow
參數中的 title 標籤的內容。接下來我們將 HTML 中的 title 標籤註釋，驗
證視窗的標題是否會顯示成 "Param Title"，程式如下所示。

```
// index.html
<head>
    <!-- <title>HTML Title</title> -->
</head>
```

透過 npm run start 命令啟動應用，可以看到如圖 4-3 所示的標題內容。

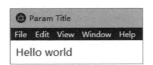

▲ 圖 4-3　去掉 HTML 中 title 標籤後視窗標題的內容

依然如文件所描述的那樣，在 HTML 沒有定義 title 標籤時，使用的是參
數中的 title 作為視窗的標題，所以視窗的標題現在變成 "Param Title"。
到這裡還沒有結束，我們繼續深挖一下這個規則，你會發現存在不符合
預期的地方。文件中提到視窗的預設標題為 "Electron"，那是不是意味
著在 HTML 的 title 標籤和 BrowserWindow 的 title 參數都不設定的情況
下，視窗的標題顯示為 "Electron" 呢？按照這個思路我們將 title 參數也註
釋，然後執行程式觀察視窗的標題，如圖 4-4 所示。

▲ 圖 4-4　HTML title 和 BrowserWindow title 都不設定時視窗標題的內容

視窗的標題變成了 "WindowSample"，而非 "Electron"。我們好像沒有在
主處理程序或者繪製處理程序中寫過 "WindowSample" 等字樣，那它是哪

裡來的呢？全域搜索 "WindowSample" 字串，結果發現它是 package.json 中 name 屬性的值，程式如下所示。

```
{
  "name": "WindowSample",
  "version": "1.0.0",
  "description": "",
  "main": "index.js",
  "scripts": {
    "start": "electron .",
    "test": "echo \"Error: no test specified\" && exit 1"
  },
  "author": "",
  "license": "ISC"
}
```

如果繼續將 package.json 中的 name 屬性註釋起來，那麼視窗的標題將會顯示文件中預設所寫的 "Electron"。由此我們可以得出一個關於 title 設定優先順序的結論：HTML title 標籤 > BrowserWindow title 屬性 > package.json name 屬性 > Electron 預設。在日常開發中，為了可以更加靈活地設定每個視窗的 title，我們建議使用 HTML title 標籤進行設定。除此之外，我們還可以使用視窗提供的 setTitle 方法來在程式執行的過程中動態改變視窗的標題。以 VSCode 應用為例，使用者在 VSCode 左側的檔案列表中切換檔案時，VSCode 的標題列會切換成當前點選的檔案名稱，並且在該檔案編輯未儲存的狀態下，在標題開頭加上小數點標識來提醒使用者該檔案未被儲存，如圖 4-5 所示。

▲ 圖 4-5 VSCode 動態設定視窗標題的範例

4. 標題列圖示

應用在不設定標題列圖示的情況下，Electron 將會使用應用可執行檔的圖片作為標題列圖示，如圖 4-6 所示。

▲ 圖 4-6 預設的標題列圖示

BrowserWindow 提 供 了 icon 設 定 來 讓 開 發 者 自 訂 標 題 列 圖 示。 在 Windows 系統中，我們建議使用 ico 格式的檔案作為標題列圖示，因為 ico 檔案是多種尺寸圖片的集合，Windows 系統會結合當前顯示裝置的解析度以及具體的顯示尺寸挑選其中一張最合適的圖片來作為應用的圖示，這樣能使圖示在不用場景下的顯示效果更好。

接下來我們準備一個 ico 格式的圖示，將其命名為 logo.ico 並放置於專案的根目錄中。然後在建立視窗的程式中，將 icon 屬性給予值為該 ico 檔案的路徑，程式如下所示。

```
window = new electron.BrowserWindow({
  width: 600,
  height: 400,
  minWidth: 600,
  maxWidth: 800,
  minHeight: 400,
  maxHeight: 600,
  resizable: true,
  movable: true,
  x:0,
  y:0,
  title: 'Param Title',
  icon: path.join(__dirname, 'logo.ico')
})
```

透過 npm run start 命令啟動程式,將會看到視窗標題列的圖示以及系統底部工作列的圖示變成了我們新設定的圖示,如圖 4-7 和圖 4-8 所示。

▲ 圖 4-7 視窗標題列自訂圖示　　　　　▲ 圖 4-8 工作列自訂圖示

4.2 組合視窗

桌面應用程式中多個視窗之間預設是沒有聯繫的,它們彼此獨立,互不干擾。但是在一些場景中,應用互動的實現需要在多個視窗之間進行一定程度的聯動。我們先來看一個實際的例子,如圖 4-9 所示。

▲ 圖 4-9 多視窗聯動的應用實例

我們在圖中看到了兩個視窗，分別在圖中的左側和右側。為了更好地區分它們，我們將左側的視窗命名為「互動視窗」，因為它是在點擊右側「互動」按鈕後顯示出來的；將右側的視窗命名為「工具列」。在這個場景中，我們需要實現在工具列關閉時，互動視窗也將跟著關閉的互動。如果手動來實現這個互動，邏輯上會在關閉工具列視窗時，回應工具列視窗關閉的事件，並在事件回呼中獲取互動視窗的視窗引用，然後呼叫 close 方法關閉互動視窗。

如果我們的應用中有很多需要這樣處理的視窗，就需要在關閉視窗時找到每一個需要跟隨關閉的視窗並將它們一一關閉。這將是一件非常煩瑣的事情，有沒有一種方式可以讓工具列和互動視窗產生連結，從而自動地實現這種帶有關係的互動呢？

其實 Electron 提供的組合視窗（又稱為父子視窗）概念可以很方便地實現這樣的互動。當一個視窗被建立時，我們可以透過它提供的 parent 參數來指定它的父視窗。當視窗之間形成父子關係後，它們在行為上就會產生一定的聯繫。例如，子視窗可以相對父視窗的位置來定位自己的位置、父視窗在移動時子視窗也會自動跟隨著移動，以及當父視窗被關閉時子視窗也會同時被關閉等。可以看到，組合視窗天然地實現了我們所需要的功能。接下來我們將上面所描述的互動進行簡化，來實現一個可以同時移動且同時關閉的多視窗範例。

首先，我們在主處理程序中透過熟悉的方法建立兩個視窗，並將它們分別命名為 parentWin 和 childWin，程式如下所示。

```
// index.js
let parentWin = null;
let childWin = null;

app.on('ready', function () {
```

```
  const url1 = url.format({
    protocol: 'file',
    pathname: path.join(__dirname, 'window1/index.html')
  })
  const url2 = url.format({
    protocol: 'file',
    pathname: path.join(__dirname, 'window2/index.html')
  })
  parentWin = createWindow(url1);
  childWin = createWindow(url2, parentWin);
})
```

這裡我們在用 createWindow 方法建立 childWin 時，將 parentWin 作為第二個參數傳入，該參數用於在 createWindow 方法中給 childWin 指定它的父視窗。createWindow 的內部實現程式如下所示。

```
// index.js
function createWindow(url, parent) {

  let window = new electron.BrowserWindow({
    width: 600,
    height: 400,
    parent: parent ? parent : null,
    webPreferences: {
      nodeIntegration: true,
      enableRemoteModule: true
    }
  })

  window.loadURL(url)

  window.on('close', function(){
    window = null;
  })
}
```

parent 設定的值為 createWindow 方法傳入的第二個參數，當不傳第二個
參數時，parent 設定將被設定為 null。parent 設定在 Electron 中用於給某
個視窗指定它的父視窗，從而實現組合視窗。設定該參數後，parentWin
變為 childWin 的父視窗。

透過 npm run start 命令啟動應用，等到兩個視窗建立完成後，我們點擊
parentWin 的關閉按鈕，能看到 childWin 也同時被關閉了。如果應用中有
更多其他的視窗將 parentWin 設定為父視窗，那麼它們也將一同被關閉，
因此你不需要去一一關閉它們。

本小節中所提及的完整程式可以存取 https://github.com/ForeverPx/
ElectronInAction/tree/main/Chapter4-2。在學習本章的過程中，建議你下
載原始程式，親手建構並執行，以達到最佳學習效果。

4.3 特殊形態的視窗

到目前為止，範例中的視窗樣式都是系統預設的，它們都帶有標題列、
功能表列以及邊框，形狀都是矩形。這種預設的樣式目前在真實的應用
介面設計中已經逐步被淘汰，取而代之的是一些經過精心設計的視窗樣
式，如圖 4-10 所示。

▲ 圖 4-10 非預設樣式的視窗介面範例

圖 4-10 中的視窗在設計上有 3 個特徵。

- 沒有標題列、功能表列以及邊框。
- 視窗四個角為圓角。
- 視窗周圍帶有陰影。

下面我們將分別講解如何在 Electron 應用中實現它們。

4.3.1　無標題列、功能表列及邊框

這裡我們重複使用第 2 章節中系統資訊展示應用的程式，透過 BrowserWindow 提供的 frame 設定將該應用視窗的標題列、功能表列以及邊框去掉，程式如下所示。

```
// Chapter4-3/index.js
...
window = new electron.BrowserWindow({
  width: 600,
  height: 400,
  frame: false,
  webPreferences: {
    nodeIntegration: true,
    webviewTag: true
  }
});
...
```

透過 npm run start 啟動應用，我們可以看到系統資訊展示應用的視窗除頁面本身之外的元件已經不在了，如圖 4-11 所示。

CPU:	Intel(R) Core(TM) i5-7500 CPU @ 3.40GHz
CPU架構:	x64
平台:	win32
剩餘記憶體:	1.97G
總記憶體:	7.96G

▲ 圖 4-11　將 frame 設定為 false 時的視窗樣式

4.3.2　圓角與陰影

查看 Electron 的官網文件，我們會發現在 Electron 中建立的視窗本身是
不支持設定圓角和邊框陰影的。既然 BrowserWindow 沒有設定能直接使
用，那麼我們能否在視窗的頁面中模擬圓角和陰影呢？答案是肯定的。
這個方案的前提是，我們需要透過 BrowserWindow 的 transparent 設定將
視窗本身設定為透明，讓整個視窗看上去跟不存在一樣，如圖 4-12 所示。

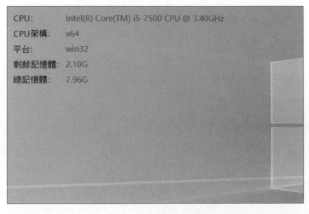

▲ 圖 4-12　透明視窗範例

接著在視窗的繪製處理程序頁面中，透過 HTML+CSS 來模擬實現圓角和陰影。我們根據上面的思路來撰寫程式，程式如下所示。

```javascript
// Chapter4-3/index.js
…
window = new electron.BrowserWindow({
  width: 600,
  height: 400,
  frame: false,
  transparent:true,
  webPreferences: {
    nodeIntegration: true
  }
});
…
```

```html
// Chapter4-3/index.html
…
<div class='container'>
  <div id='cpu' class='info'>
    <label>CPU：</label>
    <span>Loading</span>
  </div>
  <div id='cpu-arch' class='info'>
    <label>CPU架構：</label>
    <span>Loading</span>
  </div>
  <div id='platform' class='info'>
    <label>平台：</label>
    <span>Loading</span>
  </div>
  <div id='freemem' class='info'>
    <label>剩餘記憶體：</label>
    <span>Loading</span>
  </div>
  <div id='totalmem' class='info'>
    <label>總記憶體：</label>
    <span>Loading</span>
```

```
    </div>
</div>
...
```

與之前不同的是，我們給一系列類別名稱為 info 的 div 元素加上了一個父元素，並設定其 class 屬性為 container。該元素的作用是模擬視窗的形狀以及在它之上實現圓角和陰影的效果。接來下是最後一步，給 container 元素加上對應的 CSS。這裡將使用到 Web 前端開發人員比較熟悉的 border-radius 和 box-shadow 屬性來實現，程式如下所示。

```
// Chapter4-3/index.css
...
.container{
  padding: 10px;
  width: 560px;
  height: 360px;
  background: #fff;
  border-radius: 40px;
  box-shadow:5px 5px 5px grey;
}
...
```

透過 npm run start 啟動應用，我們可以看到應用視窗的四個角有了一定的弧度，並且在周圍帶有陰影效果，如圖 4-13 所示。

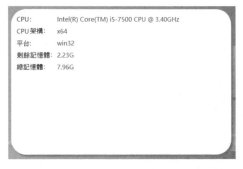

▲ 圖 4-13 帶有圓角和陰影的視窗

為了讓大家更了解現在視窗的內部結構，我們給 HTML 的 body 加上一個
黃色的背景色，如圖 4-14 所示。

CPU:	Intel(R) Core(TM) i5-7500 CPU @ 3.40GHz
CPU 架構	x64
平台	win32
剩餘記憶體	2.07G
總記憶體	7.96G

▲ 圖 4-14 帶有背景色的透明視窗

可以從圖上看到，這個視窗本身依然是矩形的，而且視窗的四個邊角也
是方的，我們只是在視窗的內部用頁面元素模擬了圓角和陰影效果。如
果我們將邊框陰影的偏移量設定得更大些，大到超出了視窗本身，將會
看到陰影被視窗截斷，因為頁面的可視範圍只能在視窗內部。

值得注意的是，如果視窗黃色區域背後有其他可以互動的內容（例如其
他視窗），點擊該區域時背後的內容是無法得到回應的。雖然我們看到
這塊區域是透明的，但是點擊的還是這個視窗，滑鼠點擊事件將會被前
面的視窗所攔截。在使用者的感知中，透明的區域應該不屬於視窗本
身，點擊之後是應該穿透下去的。要實現這樣的效果，我們就需要用到
BrowserWindow 的 setIgnoreMouseEvents 方法，如果給該方法的 ignore
參數傳入 true 值，視窗將無法觸發任何滑鼠事件。這顯然會導致使用者
點擊整個視窗都沒有回應。實際上我們只是期望在點擊透明區域時不回
應，而在可見區域需要回應滑鼠事件。因此，我們需要額外實現一段邏
輯程式來控制滑鼠在不同區域的表現，程式如下所示。

```
// Chapter4-3/index.html
...
<body>
  <div id='con' class='container'>
...
</div>
</body>
...


// Chapter4-3/window.js
...
const win = require('electron').remote.getCurrentWindow();
const el = document.getElementById('con');
el.addEventListener('mouseenter', () => {
  win.setIgnoreMouseEvents(false,)
});
el.addEventListener('mouseleave', () => {
  win.setIgnoreMouseEvents(true, { forward: true })
});
...
```

在上面的程式中，我們沒有直接給整個視窗設定「不回應滑鼠事件」，而是給可視區域元素綁定了 mouseenter 和 mouseleave 兩個滑鼠事件。當滑鼠進入可視區域觸發 mouseenter 事件時，視窗被設定為「回應滑鼠事件」。當滑鼠離開可視區域觸發 mouseleave 事件時，視窗被設定為「不回應滑鼠事件」。此時滑鼠的位置處於透明區域，點擊事件將穿透該視窗，這就實現了我們想要的效果。另外可以看到，setIgnoreMouseEvents 方法在 mouseleave 事件回呼中被呼叫時，多傳入了一個 forward 參數，如果它的值為 true（預設為 false），視窗會保留回應滑鼠的部分事件，例如 mouseenter 和 mouseleave 等。否則，滑鼠在離開可視區域後，視窗後續將無法再回應任何滑鼠事件，包括我們給可視區域註冊的 mouseenter 事件。對於使用者來說，視窗在滑鼠離開可視區域後就永遠地失控了。

本小節中所提及的完整程式可以存取 https://github.com/ForeverPx/ ElectronInAction/ tree/main/Chapter4-3。在學習本章的過程中,建議你下載原始程式,親手建構並執行,以達到最佳學習效果。

4.4 視窗的層級

4.4.1 Windows 視窗層級規則

由於 Electron 中的視窗本質上是系統的視窗,因此下面我們將直接講解 Windows 系統中視窗的層級規則。

Windows 系統,顧名思義就是「視窗系統」。在這個系統中,視窗是給使用者展示資訊和進行互動的基本元件。當 Windows 系統開始啟動到顯示系統桌面時,整個桌面就是我們看到的第一個視窗。在沒有建立任何其他的視窗時,桌面視窗位於視窗層次中的頂層,我們暫時將桌面視窗命名為 TopWindow。

假設我們在啟動 Electron 應用之後,先後建立兩個一級視窗 Window1 和 Window2,由於 Windows 系統將應用程式建立的一級視窗統一設定為 TopWindow 的子視窗,所以這兩個視窗與 TopWindow 都是父子關係。 Windows 系統將透過鏈結串列的方式來管理同級的視窗,自然這兩個視窗也是透過鏈結串列的方式來管理的。由於 Window1 先被建立,所以在鏈結串列中 Window1 的 Next 指標將指向 Window2,此時 Window1 為鏈結串列的標頭。如果此後有更多的一級視窗被建立,那麼將被一個一個增加到鏈結串列尾部。

這個鏈結串列的前後順序不僅代表了建立順序，而且還決定了視窗離頂級視窗 TopWindow 的遠近。越靠近標頭的視窗離 TopWindow 越近，反之則越遠。如果我們從鏈結串列尾部以俯視的角度看下去，那麼離我們最近的視窗就是鏈結串列尾部的視窗，而其他視窗將被它擋住。在一定程度上，建立的順序也決定了視窗的層級順序，當同一個層級中新的視窗被建立時，系統將會把它增加到鏈結串列尾部，使得它能被使用者看到。TopWindow、Window1、Window2 與視窗鏈結串列的關係如圖 4-15 所示。

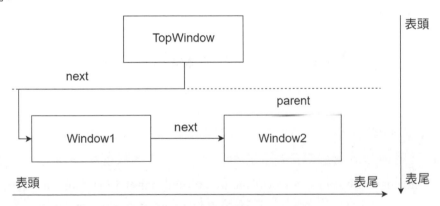

▲ 圖 4-15 視窗之間的層級關係

4.4.2 置頂視窗

在一些場景中，應用的需求可能需要將某個視窗置頂，讓它能顯示在所有視窗最前面。這種場景下我們可以透過在建立視窗時設定 alwaysOnTop 或者透過 setAlwaysOnTop 方法來實現。由於這兩種方式在 Windows 系統中都是透過設定 Window.Topmost 屬性實現的，所以這兩種方式並不能應對所有情況。例如，在 Windows 10 系統的工作管理員中選擇一個視窗，並在選項中將它設定為「置於頂層」，這種情況下該視窗的層級將會高於我們透過 alwaysOnTop 設定或 setAlwaysOnTop 方法置頂的視窗。

在使用 alwaysOnTop 設定或者在呼叫 setAlwaysOnTop 方法時,如果只傳第一個參數,視窗的層級將會低於 Windows 的工作列,當視窗移動到與工作列位置部分重疊時,可以看到視窗的一部分被擋住了,如圖 4-16 所示。

▲ 圖 4-16 視窗被工作列遮擋

如果要求視窗不被工作列遮擋,則需要使用 setAlwaysOnTop 的第二個參數 level 將視窗的層級調高到工作列之上。level 參數為字串類型,可選的值 有 normal、floating、torn-off-menu、modal-panel、main-menu、status、pop-up-menu 以及 screen-saver,它用於設定被置頂的視窗允許在哪些系統元件的上方。Windows 系統中只有當 level 參數的值為 pop-up-menu 或 screen-saver 時,視窗才能顯示在系統工作列的上方,如圖 4-17 所示。

▲ 圖 4-17 level 設定為 pop-up-menu 時的效果

4.5 多視窗管理

4.5.1 使用 Map 管理視窗

隨著應用的功能越來越複雜，單一視窗勢必無法滿足這些應用場景複雜的需求，一個應用具有多個視窗將成為一種普遍的現象。如果在程式中對這些視窗沒有合理的管理方式，隨著時間的演進將會導致視窗越來越多而無法維護。因此，我們需要透過一些方式來對多視窗進行管理。接下來，我們基於 4.3 節中的範例來實現一個多視窗應用，展示視窗的管理方式。

範例中將會建立包含兩個視窗的應用。與之前我們對視窗的命名方式一樣，它們分別被命名為 window1 和 window2。由於視窗的顯示內容並不是重點，所以這裡不會展示內容顯示上的程式。但是為了讓視窗都有內容可以顯示，我們會將原來視窗的部分內容遷移到新視窗中。

我們都知道，視窗都是在主處理程序建立的，所以管理視窗的職責自然落到了主處理程序身上。那具體管理什麼呢？最簡單的管理，我們需要它能實現以下兩點功能：① 應用程式開發人員能透過視窗的某種標識快速地找到視窗的引用。② 應用程式開發人員能夠很方便地獲取所有視窗的集合，對視窗進行批次性地操作。為了實現這些功能，這裡將引入 JavaScript 語言中的 Map。

Map 用於儲存鍵值對資訊，其內容是鍵值對的集合。Map 中的鍵和值可以是任意類型的資料，它提供了很多便於使用的方法來對自身的內容進行操作。例如，我們可以透過 Map.prototype.set(key, value) 方法來設定 Map 物件中指定鍵的值，還可以透過 Map.prototype.get(key) 方法來獲取 Map 物件中指定鍵的值。如果你想刪除指定的鍵值對,可以使用 Map.
prototype.delete(key) 方法將其從 Map 物件中刪除。下面我們先來看看簡
單使用 Map 物件的 Demo,程式如下所示。

```
const map = new Map();
class Key {
  constructor() {}
}
const key = new Key();
map.set(key, 'my key is keyObj');
console.log(map.get(key)); //'my key is keyObj'
```

在上面的程式中,我們先建立了一個 Map 物件,然後自訂了一個 key
類別並將它實例化成 key 物件。我們將 key 物件作為鍵透過 Map 物件
的 set 方法設定進去,同時將 key 物件對應的值設定為字串 "my key is
keyObj"。最後我們透過 get 方法以 key 為鍵獲取它的值並輸出到控制
台,可以看到在控制台中輸出的 "my key is keyObj" 字串。

如果你之前對 Map 的使用方法不熟悉,那麼看完上面的範例後應該對
Map 的使用有了一定的了解。接下來,我們將透過 Map 來管理我們應用
的多個視窗。在這之前,需要先建立兩個 html 檔案用於視窗內容展示,
此處將重複使用 4.3 節中的 html 檔案並將它拆分成兩個 html 檔案,一份
顯示 CPU 型號與 CPU 架構資訊,另一份顯示平台、剩餘記憶體以及總記
憶體資訊,程式如下所示。

```
// Chapter4-5/window1/index.html
......
<body>
  <div class='container'>
    <div id='cpu' class='info'>
      <label>CPU:</label>
      <span>Loading</span>
```

```
      </div>
      <div id='cpu-arch' class='info'>
        <label>CPU架構：</label>
        <span>Loading</span>
      </div>
    </div>
    <script type="text/javascript" src="./window.js"></script>
</body>

// Chapter4-5/window2/index.html
<body>
    <div class='container'>
      <div id='platform' class='info'>
        <label>平台：</label>
        <span>Loading</span>
      </div>
      <div id='freemem' class='info'>
        <label>剩餘記憶體：</label>
        <span>Loading</span>
      </div>
      <div id='totalmem' class='info'>
        <label>總記憶體：</label>
        <span>Loading</span>
      </div>
    </div>
    <script type="text/javascript" src="./window.js"></script>
</body>
```

在 html 檔案的程式撰寫完成後，接著在主處理程序中增加多視窗管理的
相關程式，程式如下所示。

```
// Chapter4-5/index.js
const electron = require('electron');
const app = electron.app;
const url = require('url');
```

```
const path = require('path');

//用於管理視窗的map
const winsMap = new Map();

function createWindow(windowName, htmlPath) {
  let window = new electron.BrowserWindow({
    width: 600,
    height: 400,
    frame: false,
    transparent:true,
    webPreferences: {
      nodeIntegration: true
    }
  })

  const urls = url.format({
    protocol: 'file',
    pathname: htmlPath
  })


  window.loadURL(urls)

  window.on('close', function(){
    window = null;
  })

  winsMap.set(windowName, window);
}

function closeWindowByName(windowName){
  const window = winsMap.get(windowName);
  if(window){
    window.close();
```

```
  }else{
    console.log(`${windowName} not existed` );
  }
}

function closeAllWindows(){
  winsMap.forEach(function(value){
    value.close();
  })
}

app.on('window-all-closed', function () {
  app.quit();
})

app.on('ready', function () {
  createWindow('window1', path.join(__dirname, './window1/index.html'));
  createWindow('window2', path.join(__dirname, './window2/index.html'));
})
```

在上面的程式中，我們首先建立了一個名為 winsMap 的 Map 物件來儲存視窗名稱與視窗引用的鍵值對，其中，鍵為視窗名稱，值為視窗引用。設定這樣的儲存關係便於我們後續透過視窗名稱來找到對應的視窗引用，進而對視窗進行操作。我們對熟悉的 createWindow 函數進行了改造，在原來的基礎上增加了兩個需要傳入的參數，分別為 windowName 和 htmlPath。windowName 為前面提到的視窗名稱，在建立視窗時，我們可以給視窗指定一個名字。htmlPath 為視窗中需要載入的 html 頁面，這裡需要手工傳入是為了讓 createWindow 函數可以重複使用。在 createWindow 函數的結尾，我們透過 winsMap.set 方法將 windowName 與 window 匹配起來存入 map 中。在每次呼叫完 createWindow 函數後，winsMap 中都會多一對鍵值對，它會在後續需要尋找視窗的邏輯中被使用到。

closeWindowByName 函數利用參數傳入的 windowName 從 winsMap 中找到對應視窗引用，然後呼叫視窗引用的 close 方法將該視窗關閉。我們可以使用這個方法來將指定名稱的視窗關閉。

closeAllWindows 的作用與 closeWindowByName 相似，同樣是用來關閉視窗的。不同的是，closeAllWindows 內部邏輯會關閉當前應用建立的所有視窗。在呼叫 closeAllWindows 方法時，它會從 winsMap 中遍歷出所有的視窗引用，呼叫 close 方法將它一個一個關閉。

在 app 的 ready 事件觸發後，透過 createWindow 函數先後建立了 window1 和 window2。當 createWindow 函數執行完畢後，winsMap 中會包含這兩個視窗的名稱與引用的鍵值對。

透過 npm run start 命令啟動應用，可以看到如圖 4-18 所示的效果。

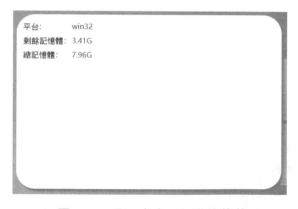

▲ 圖 4-18 多視窗應用啟動後的效果

從圖中能看到，由於視窗建立的預設位置是固定且相同的，所以 window2 建立完成並顯示出來後將 window1 完全遮擋住了，我們無法看到 window1 的介面。一般情況下，開發者會透過設定視窗位置來避免這種情況，但這裡為了方便演示，我們僅需要將 window2 關閉即可。

此處我們不額外增加按鈕之類的互動來讓使用者主動觸發關閉，而是在 window2 建立完畢後，透過計時器在 3 s 之後呼叫 closeWindowByName 方法關閉 window2，程式如下所示。

```
// Chapter4-5/index.js
…
app.on('ready', function () {
  createWindow('window1', path.join(__dirname, './window1/index.html'));
  createWindow('window2', path.join(__dirname, './window2/index.html'));

  setTimeout(function(){
    closeWindowByName('window2');
  }, 3000);
});
…
```

window2 視窗在被建立約 3 s 後被關閉，此時我們就能看到 window2 消失後 window1 的內容顯示了出來。

本 小 節 中 所 提 及 的 完 整 程 式 可 以 存 取 https://github.com/ForeverPx/ElectronInAction/tree/main/Chapter4-5。在學習本章的過程中，建議你下載原始程式，親手建構並執行，以達到最佳學習效果。

4.5.2 關閉所有視窗

在一些場景中，我們可能需要將所有已建立的視窗同時關閉。如果透過視窗名稱一個一個去尋找視窗引用是非常煩瑣的，因此需要實現一個方法來幫助我們便捷地完成這個任務，程式如下所示。

```
// Chapter4-5/index.js
…
function closeAllWindows(){
```

```
  winsMap.forEach(function(value){
    value.close();
  })
}
...
```

closeAllWindows 方法的作用與 closeWindowByName 相似，都是用來關閉視窗的。不同的是，closeAllWindows 內部邏輯會關閉當前應用建立的所有視窗。closeAllWindows 方法會從 winsMap 中遍歷出所有的視窗引用，呼叫 close 方法將它一個一個關閉。

我們在前面程式的基礎上，將定時 3 s 關閉 window2 視窗的 closeWindowByName 方法替換成 closeAllWindows 方法將所有視窗關閉，程式如下所示。

```
// Chapter4-5/index.js
...
app.on('ready', function () {
  createWindow('window1', path.join(__dirname, './window1/index.html'));
  createWindow('window2', path.join(__dirname, './window2/index.html'));

  setTimeout(function(){
    closeAllWindows();
  }, 3000);
});
...
```

透過 npm run start 啟動應用後，我們可以看到視窗 window1 和 window2 都被建立了出來，但是約 3 s 後這兩個視窗都被關閉了。

本小節中所提及的完整程式可以存取 https://github.com/ForeverPx/ElectronInAction/tree/main/Chapter4-5。在學習本章的過程中，建議你下載原始程式，親手建構並執行，以達到最佳學習效果。

4.5.3 視窗分組管理

應用內部需要對多視窗進行分組管理也是經常遇到的場景。如果我們期望將視窗進行分組,並且後續對多視窗大部分的操作都是基於組來進行的,那麼上面透過建立視窗名稱與視窗引用之間映射關係的設計就不符合這個場景的需求,因為你無法透過組來找到對應的視窗。因此,針對這個場景更為合理的做法是將組名作為鍵,同時將該組對應的視窗引用集合作為值,建立它們之間的映射關係,程式如下所示。

```javascript
// Chapter4-5-3/index.js
const electron = require('electron');
const app = electron.app;
const url = require('url');
const path = require('path');

const winsMap = new Map();

// 新增group參數,標識視窗分組
function createWindow(windowName, group, htmlPath) {

  let window = new electron.BrowserWindow({
    width: 600,
    height: 400,
    frame: false,
    transparent:true,
    webPreferences: {
      nodeIntegration: true
    }
  })

  const urls = url.format({
    protocol: 'file',
    pathname: htmlPath
```

```
  })


  window.loadURL(urls)

  window.on('close', function(){
    window = null;
  })

  const windowObj = {
    windowName: windowName,
    window: window
  }

  let groupWindows = winsMap.get(group);
  if(groupWindows){
    groupWindows.push(windowObj);
  }else{
    groupWindows = [windowObj];
  }
  winsMap.set(group, groupWindows);
}

function closeWindowByGroup(group){
  const windows = winsMap.get(group);
  if(windows){
    for(let i=0; i<windows.length; i++){
      windows[i].window.close();
    }
  }else{
    console.log(`${group} not existed` );
  }
}

app.on('window-all-closed', function () {
```

```
  app.quit();
})

app.on('ready', function () {
  createWindow('window1', 'group1', path.join(__dirname, './window1/index.
html'));
  createWindow('window2', 'group2', path.join(__dirname, './window2/index.
html'));
  createWindow('window3', 'group2', path.join(__dirname, './window2/index.
html'));

  setTimeout(function(){
    closeWindowByGroup('group2');
  }, 3000)
})
```

上面的這段程式在前面範例的基礎上做了一些修改，主要有以下幾點。

（1）createWindow 函數新增了第二個字串類型的參數 group，它用於標識當前視窗是屬於哪個分組的。由於需要按分組來重新設計映射關係，所以對 createWindow 函數內部原本透過 windowName 映射 window 引用的邏輯進行了修改。現將 group 作為 winsMap 的 key 值，將 windowName 和 window 引用封裝到一個新的物件 windowObj 中，然後將 windowObj 插入視窗陣列的尾端，將這個視窗陣列作為 winsMap 的 value 值。如果 winsMap 中已經存在 group 對應的視窗陣列，那麼在建立同個 group 的視窗時先將陣列取出，把 windowObj 插入尾端後再把視窗陣列重新設定為對應 group 的 value 值。

（2）在 ready 事件回呼中，同時建立了 3 個視窗，分別為 window1、window2 和 window3。接著對它們進行分組，將 window1 歸入 group1，window2 和 window3 歸入 group2。

刪除 closeAllWindows 和 closeWindowByName 函數，新增 closeWindow
ByGroup 方法。closeWindowByGroup 方法透過 group 參數找到對應組的
所有視窗，遍歷這些視窗呼叫 close 方法將它們關閉。

（3）同樣地，為了驗證我們是否能透過分組名找到對應分組的所有視窗，
我們在建立視窗後設定了一個 3 s 的計時器，呼叫 closeWindowByGroup
方法將組名為 "group2" 的所有視窗關閉。

在程式修改完成後，透過 npm run start 命令啟動應用，可以看到應用同
時建立了上述的 3 個視窗。由於它們的位置重疊在一起，當前只能看到
顯示在最頂層的 window3。在 3 s 之後歸屬於 group2 的視窗（window2
與 window3）會被 closeWindowByGroup 方法關閉，window1 的介面將
顯示出來。

本 小 節 中 所 提 及 的 完 整 程 式 可 以 存 取 https://github.com/ForeverPx/
ElectronInAction/tree/main/Chapter4-5-3。在學習本章的過程中，建議你
下載原始程式，親手建構並執行，以達到最佳學習效果。

4.6 可伸縮視窗

還記得 4.2 節中圖 4-9 所示的工具列嗎？在本節中，我們將展示如何實現
它。這個工具列除了圖上看到的樣式以外，還有一個比較重要的特性，就
是點擊最下方的圓形小蜜蜂區域時可以將工具列收起來，再次點擊該區域
可以將工具列重新展開。收起與展開的效果如圖 4-19 和圖 4-20 所示。

▲ 圖 4-19 工具列收起後的效果　　▲ 圖 4-20 工具列展開後的效果

實現這種互動的方式有很多，它們各有利弊。下面我們將主要介紹其中
最常見的兩種實現方式。這兩種實現方式最大的區別在於是用單一視窗
實現，還是用多個視窗實現。

4.6.1 單視窗方案

我們先來看用單一視窗來實現的方案。跟開發普通的視窗一樣，首先需
要撰寫工具列收起和展開樣式的 HTML 和 CSS。本範例不會百分百還原
圖 4-19 和圖 4-20 所示的工具列樣式，只會用色塊來展示大致的形狀，
HTML 檔案內容程式如下所示。

```
// Chpter4-6-1/window/index.html
...
<body>
```

```
  <div class='container'>
    <div id='bar'>
    </div>
    <div id='icon'>
    </div>
  </div>
  <script>window.$ = window.jQuery = require('jquery');</script>
  <script type="text/javascript" src="./window.js"></script>
</body>
...
```

在 HTML 程式中，我們給 class 為 container 的 div 元素增加了兩個子元素，並將它們 id 屬性的值分別設定為 bar 和 icon。bar 元素用於展示工具列可以被收起和展開的部分，而 icon 元素用於展示工具列底部的圓形 icon，點擊這個 icon 元素可以觸發工具列的收起和展開動作。接下來開始給它們加上樣式，程式如下所示。

```
// Chapter4-6-1/window/index.css
...
container{
  position: relative;
  height: 700px;
  width: 100px;
}

#bar{
  border-radius: 50px;
  background-color: #fff;
  width: 100%;
  height: 100%;
  position: absolute;
  top: 0px;
  left: 0px;
}
```

```
#icon{
  border-radius: 50px;
  width: 100px;
  height: 100px;
  background-color: blue;
  position: absolute;
  bottom: 0px;
  left: 0px;
  cursor: pointer;
}
```

在對應的樣式中，我們先給容器 container 設定了固定的高度和寬度以及相對定位規則，然後透過絕對定位的方式，把 bar 和 icon 定位到我們期望的位置。此時透過 npm run start 執行程式，我們可以看到工具列介面的雛形，如圖 4-21 所示。

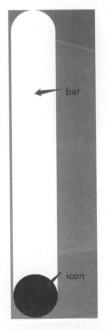

▲ 圖 4-21　工具列介面雛形

在 4.6.1 節最開始的程式中，我們在 body 的底部引入了 jquery，用於方便後續對 DOM 進行操作（這裡你可能會疑問為什麼 jquery 不是透過連結引入，而是要透過 require 並手動給予值的方式引入。這是因為 jquery 為了相容 commonJs，在全域變數 window 中有 require 函數的情況下會採用 require 的方式來匯入 jquery，而我們在建立視窗時為了讓繪製處理程序程式可以引入 node 模組，開啟了 node 整合選項導致 window 中會存在 require 函數，所以直接在繪製處理程序中使用 $ 呼叫 jquery 會報 Uncaught ReferenceError: $ is not defined 的錯誤）。接下來實現工具列收起和展開的邏輯，程式如下所示。

```
// Chapter4-6-1/window/window.js
$(function(){
  const HIDDEN = 0;
  const AMIMATING = 1;
  const SHOWED = 2;
  let staus = SHOWED;
  const iconElem = $('#icon');
  const barElem = $('#bar');

  function onIconClick(){
    if(staus === SHOWED){
// 收起
      barElem.animate({
        top: '600px',
        height: '100px'
      },'fast', function(){
        staus = HIDDEN
      });
      staus = AMIMATING;
    }else if(staus === HIDDEN){
// 展開
      barElem.animate({
        top: '0px',
```

```
        height: '700px'
    },'fast', function(){
        staus = SHOWED
    });
    staus = AMIMATING;
  }
}

iconElem.click(onIconClick);
});
```

在上面的程式中，我們首先定義 3 個常數 HIDDEN、AMIMATING、SHOWED 分別表示工具列的 3 種狀態：已收起、收起或展開中以及已展開，並在不同階段將這 3 個常數設定值，表示當前工具列狀態 status 的變數。當 icon 點擊事件觸發時，使用 staus 的值判斷當前工具列的狀態，以決策接下來需要進行的操作。為了實現過渡動畫，我們利用 jquery 提供的 animate 方法來改變元素的樣式，這樣收起和展開的過程就可以被使用者感知到。

當工具列為展開狀態時，工具列 bar 元素的樣式中 top 為 0px，height 為 700px，點擊 icon 區域我們需要將 bar 元素收起。實現工具列向下收起的原理是，將 bar 元素的位置和高度設定成與 icon 元素一樣，讓 icon 元素擋住它。基於這個原理，我們只需要配合 animate 方法，將 bar 元素 top 的最終值設定到 600px，height 的最終值設定到 100px 即可，這個過程的中間值設定交由 animate 處理，這樣從視覺效果上來看，工具列就會慢慢向下收起來。同理，當工具列為收起狀態時，我們只需要利用 animate 將 bar 元素的 top 與 height 值設定成最初的值即可。

到這裡為止，工具列已經實現收起和展開效果了。但是我們在實際使用中會發現一個問題，那就是 bar 元素所在的位置無法點擊穿透。這是因為工具列雖然收起來了，但視窗本身還在那個位置，只是因為視窗被設定成了透明狀態，我們無法看見而已。要解決這個問題，我們需要在工具列收起後以及展開前，將視窗的位置和大小設定成與可視區域一模一樣，程式如下所示。

```
// Chapter4-6-1/window/window.js
…
function onIconClick(){
  const curWin = remote.getCurrentWindow();
  if(staus === SHOWED){
    barElem.animate({
      top: '600px',
      height: '100px'
    },'fast', function(){
      staus = HIDDEN;
      // 收起動畫結束後，重新設定視窗的大小和位置
      const position = curWin.getPosition();
      curWin.setSize(100,100);
      curWin.setPosition(position[0],position[1]+600);
      iconElem.css({
        bottom: 'auto',
        top: '0px'
      });
    })
    staus = AMIMATING;
  }else if(staus === HIDDEN){
    // 展開動畫開始前，重新設定視窗的大小和位置
    const position = curWin.getPosition();
    curWin.setSize(100,700);
    curWin.setPosition(position[0],position[1]-600);
    iconElem.css({
      bottom: '0px',
      top: 'auto'
    });
```

```
    barElem.animate({
      top: '0px',
      height: '700px'
    },'fast', function(){
      staus = SHOWED
    });
    staus = AMIMATING;
  }
}
...
```

這裡透過動態改變視窗的位置和大小的方式來解決點擊穿透問題確實是個不錯的方法，但這個方法也天生帶有一個缺陷：Electron 在改變視窗大小和位置時，會造成視窗有很高的機率發生閃爍現象。執行上面的程式，你會發現在 setSize 和 setPosition 方法被呼叫時，視窗會消失並在極短的時間內重新顯示出來。大部分使用者可以察覺出這種異樣的情況，雖然功能都正常，但使用體驗大打折扣。這裡無法使用圖片來展示這種現象，你可以存取 https://github.com/ForeverPx/ElectronInAction/tree/main/Chapter4-6-1 下載範例程式並執行體驗。

為了進一步最佳化產品的使用者體驗，接下來我們需要使用多視窗方案來實現工具列以及它的互動功能。

4.6.2 多視窗方案

既然是用多個視窗來實現工具列，那麼首先我們看一下各個視窗都負責哪部分的內容，如圖 4-22 所示。

▲ 圖 4-22 多視窗方案下工具列的視窗結構

從圖中可以看到，我們使用了兩個視窗來實現，視窗 1 負責 icon 區域，視窗 2 負責 bar 區域，後面為了便於理解，我們將它們分別命名為「icon 視窗」和「bar 視窗」。該方案的大部分邏輯與前面的實現方式相同，唯一的區別是將原來的 icon 區域和 bar 區域拆分到了兩個獨立的視窗中，這樣做的目的是控制因視窗變化而導致閃爍的範圍。在這個方案中，我們依舊會使用 setSize 和 setPosition 來改變視窗大小和位置以解決點擊穿透問題，但這只作用於 bar 所在視窗，所以這兩個方法帶來的閃爍問題只會發生在 bar 視窗上。閱讀程式時你會發現，呼叫這兩個方法的時機是在工具列已經完全收起之後，此時 bar 視窗的可視內容已經被 icon 擋住了，即使發生閃爍使用者也是無法感知到的，也因此避開了這個問題。由於將原本在一個視窗的邏輯拆分到了兩個視窗中，所以需要在單視窗方案程式的基礎上進行如下一些修改。

我們依舊先來展示介面部分的程式實現。要在兩個視窗中實現之前同樣的介面結構，需要將原來 HTML 中的 bar 元素和 icon 元素拆分到兩個獨立視窗的 HTML 中，程式如下所示。

```
// Chapter4-6-2/barWindow/window.js
...
<body>
  <div id='bar'>
  </div>
  <script>window.$ = window.jQuery = require('jquery');</script>
  <script type="text/Java Script" src="./window.js"></script>
</body>
...
// Chapter4-6-2/iconWindow/window.js
...
<body>
  <div id='icon'>
  </div>
  <script>window.$ = window.jQuery = require('jquery');</script>
  <script type="text/javascript" src="./window.js"></script>
</body>
...
```

原本兩個元素對應的 CSS 也需要拆成兩個 CSS 檔案，程式如下所示。

```
// Chapter4-6-2/barWindow/index.css
#bar{
  border-radius: 50px;
  background-color: #fff;
  width: 100px;
  height: 700px;
  position: absolute;
  left: 0px;
```

```
    top: 0px;
}

// Chapter4-6-2/iconWindow/index.css
#icon{
    border-radius: 50px;
    width: 100px;
    height: 100px;
    background-color: blue;
    cursor: pointer;
    position: absolute;
    left: 0px;
    top: 0px;
}
```

為了便於在建立視窗時傳入自訂的設定，我們給 createWindow 函數增加
了 options 參數，該參數會直接傳遞給 BrowserWindow 來建立視窗。在
Electron 的 ready 事件中，透過新的 createWindow 函數建立 barWindow
和 iconWindow，程式如下所示。

```
// Chapter4-6-2/index.js
...
function createWindow(windowName, options, htmlPath)
  let window = new electron.BrowserWindow(options)
  const urls = url.format({
    protocol: 'file',
    pathname: htmlPath
  });
  window.loadURL(urls);
  window.on('close', function(){
    window = null;
  });
  winsMap.set(windowName, window);
}
```

...

```
app.on('ready', function () {
  createWindow('barWindow', {
    width: 100,
    height: 700,
    frame: false,
    transparent:true,
    webPreferences: {
      nodeIntegration: true,
      enableRemoteModule: true
    }
  }, path.join(__dirname, './barWindow/index.html'));

  createWindow('iconWindow',
  {
    width: 100,
    height: 100,
    x: winsMap.get('barWindow').getPosition()[0],
    y: (winsMap.get('barWindow').getPosition()[1] + 600),
    frame: false,
    transparent:true,
    webPreferences: {
      nodeIntegration: true,
      enableRemoteModule: true
    }
  },path.join(__dirname, './iconWindow/index.html'));
  // 透過設定不同置頂層級的方式，確保iconWindow永遠在barWindow之上
  winsMap.get('barWindow').setAlwaysOnTop(true, 'modal-panel');
  winsMap.get('iconWindow').setAlwaysOnTop(true, 'main-menu');
})
```
...

由於需要在多視窗下模擬單視窗方案中使用 CSS 定位 bar 元素和 icon 元素位置的邏輯，這裡我們在建立 iconWindow 時，根據 barWindow 的 x

和 y 來計算 iconWindow 的座標，並傳入 iconWindow 的 options 來定位它的位置使其處於 barWindow 的底部。

在互動上我們期望 iconWindow 永遠在 barWindow 之上，不能因為 barWindow 獲取系統焦點導致層級提升等問題將 iconWindow 擋住。前面的小節講到，Electron 除了 setAlwaysOnTop 方法之外沒有提供單獨設定視窗 level 的方法，因此這裡我們也將使用該方法給這兩個視窗設定不同的層級，保證任何情況下 iconWindow 都位於 barWindow 之上。

接下來還需要實現視窗之間的通訊。在原來的單視窗方案中，icon 元素點擊後可以直接透過指令稿控制 bar 元素的樣式。但是在多視窗方案中，兩個元素分別位於不同的視窗中，需要透過處理程序間通訊的方式將 iconWindow 的點擊事件告訴 barWindow，程式如下所示。

```
// Chapter4-6-2/index.js
…
ipcMain.on('toggleBar', (event) => {
winsMap.get('barWindow').webContents.send('toggleBar');
})
…
// Chapter4-6-2/iconWindow/window.js
const { ipcRenderer } = require("electron");
$(function(){
const iconElem = $('#icon');

//將點擊事件發送出去
function onIconClick(){
   ipcRenderer.send('toggleBar');
}
iconElem.click(onIconClick);
});

// Chapter4-6-2/barWindow/window.js
```

```
const { ipcRenderer,remote} = require("electron");
const HIDDEN = 0;
const AMIMATING = 1;
const SHOWED = 2;
let status = SHOWED;
const barElem = $('#bar');
const curWin = remote.getCurrentWindow();

// 接收點擊事件
ipcRenderer.on('toggleBar', function(event){
  if(status === SHOWED){
    barElem.animate({
      top: '600px',
      height: '100px'
    },'fast', function(){
      status = HIDDEN;
      const position = curWin.getPosition();
      curWin.setSize(100,100);
      curWin.setPosition(position[0],position[1]+600);
    })
    status = AMIMATING;
  }else if(status === HIDDEN){
    const position = curWin.getPosition();
    curWin.setSize(100,700);
    curWin.setPosition(position[0],position[1]-600);
    barElem.animate({
      top: '0px',
      height: '700px'
    },'fast', function(){
      status = SHOWED
    })
    status = AMIMATING;
  }
})
```

到此為止，多視窗方案的程式已經撰寫完成了，我們可以透過 npm run
start 啟動應用來體驗一下效果。在體驗的過程中，我們會發現原本單視窗
方案的閃爍問題已經不存在了。由於在該方案中使用了 setAlwaysOnTop
來設定視窗層級，會導致工具列比其他沒有設定 alwaysOnTop 的視窗層
級更高，工具列將會一直顯示在它們上面。

當前工具列僅有收起和展開功能，如果再加上可滑動功能，可以讓工具
列更加靈活。如果你有時間繼續探索，可以在本節程式的基礎上，嘗試
自己實現工具列的滑動互動。

本節中所提及的完整程式可以存取 https://github.com/ForeverPx/
ElectronInAction/tree/main/Chapter4-6-2。在學習本章的過程中，建議你
下載原始程式，親手建構並執行，以達到最佳學習效果。

4.7 總結

- BrowserWindow 用於建立應用視窗，它具有非常豐富的設定，能滿足
  絕大多數應用在視窗方面的功能需求。

- Electorn 中的視窗預設由標題列、功能表列以及頁面組成，在一些場
  景中如果不需要標題列或功能表列，可以在建立視窗時透過設定將它
  們去掉。

- 視窗標題列的標題文字有設定的優先順序：HTML title 標籤 >
  BrowserWindow title 屬性 > package.json name 屬性 > Electron 預設。
  如果開發時設定標題後沒有生效，原因很有可能是被某處高優先順序
  的設定覆蓋了，可以嘗試按照這個優先順序進行檢查。

- 標題列、工作列的 logo 儘量使用 ico 格式的檔案，因為 ico 檔案是由多個解析度的圖片組成的，Windows 系統會根據當前使用者顯示器的解析度來選擇其中一張最合適的圖片，使得 logo 看起來更加清晰。

- 組合視窗可以很方便地讓多個視窗聯繫在一起，當應用需要關閉一系列有連結關係的視窗時，只需要關閉它們的父視窗即可。

- 透過將視窗設定成無邊框且透明色，可以在 HTML 中模擬實現任意形狀的視窗。

- Windows 透過鏈結串列的方式管理同等級視窗的顯示層級，越靠近鏈結串列的尾部顯示的層級越高。從鏈結串列尾部以俯視的角度看下去，離我們最近的視窗應該就是鏈結串列尾部的視窗，其他的視窗將被遮擋。

- Electron 提供了 setAlwaysOnTop 方法讓視窗置頂，使其永遠顯示在其他非置頂的視窗之上。在使用該方法時，可以透過 level 參數指定置頂後的層級。如果你想讓視窗置頂於工作列之上，需要將 level 的值設定成 pop-up-menu 或 screen-saver。

視窗是桌面應用的核心組成部分，也是使用者直接與應用「打交道」的地方。開發人員對視窗的結構和設定項目瞭若指掌可以在開發應用時快速地實現需求描述的視窗效果。本章節前半部分展示的視窗組成和重要設定參數僅僅只滿足於入門的需求，官方文件中 BrowserWindow 還有大量的內容沒有在本文中提到。因此，建議你閱讀完本章節後，在官方文件中仔細閱讀和研究 BrowserWindow 的各項設定，在本章範例的基礎上進行修改和實踐。本章節後半部分展示了如何使用 BrowserWindow 實現各類視窗效果，目的在於將設定項與實際結合起來，希望有助於大家更好地學習如何運用它們。

如果你想了解更多關於 Windows 應用視窗的細節，這裡向大家推薦一個名為 WindowDebugger 的工具（可以造訪 https://github.com/kkwpsv/WindowDebugger 進行下載）。這個工具可以查看當前正在執行的視窗的詳細資訊，例如處理程序號、樣式、父視窗資訊等，如圖 4-23 所示。

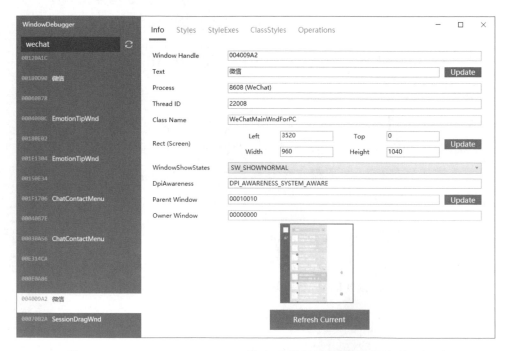

▲ 圖 4-23　WindowDebugger 工具查看當前正在執行視窗的詳細資訊

這個工具不僅能查看視窗資訊，還可以用來修改視窗的屬性。例如，在 StyleExes 標籤中，選擇 WS_EX_TOPMOST 選項可以將對應視窗置頂。推薦你在給 BrowserWindow 設定不同的值後，透過這個工具觀察視窗資訊的變化，能讓你更直接地了解 BrowserWindow 參數設定與 Windows 視窗屬性的連結性，加深對 BrowserWindow 設定的理解。

應用啟動

本章將講解與應用啟動過程相關的基礎知識。啟動過程是應用最先經歷的階段，這個階段允許開發者根據當前執行環境的條件來改變應用程式啟動後執行的邏輯，讓應用的功能更符合當前執行環境的需求。在某些場景中，需求方可能希望應用在系統啟動完畢後能夠自動啟動，或者是當使用者在網頁中點擊一個按鈕時能直接喚起應用。這些場景很常見，因此我們非常有必要學習它們是如何實現的。另外，對於一款桌面應用來說，從按兩下圖示啟動應用程式到使用者看到第一個介面，再到真正能回應使用者操作的這段時間的長短，一定程度上決定了應用使用體驗的好壞，也決定了使用者對應用的第一印象。所以，最佳化桌面應用的啟動時間也是非常重要的。接下來我們將從應用的啟動參數開始講起。

5.1 啟動參數

5.1.1 命令列參數

命令列參數用於在透過命令列啟動應用程式時向應用程式傳遞資料。在
大部分場景中，參數將會包含應用程式設定等資訊並跟在輸入的啟動命
令之後傳遞過去，程式如下所示。

```
$ [node]  [script]  [arguments]
```

對 Node.js 比較熟悉的開發人員應該知道在 Node.js 中有一個 process 模
組，它的 argv 屬性會傳回一個陣列，其中存放了啟動 Node.js 處理程序時
被傳入的命令列參數。該模組是一個全域的模組，無須使用 require 引入
即可使用。在一些場景中，開發人員會透過這些傳入的參數來改變 Node.
js 程式執行的邏輯。

process.argv 陣列第一個元素的值是 Node.js 的路徑，第二個元素的值是
命令列中指定的指令稿路徑，從第三個元素開始是自訂傳入的命令列參
數。我們現在寫一個簡單的命令來執行指令稿，將 process.argv 陣列的內
容輸出來看看其中的結構，程式如下所示。

```
// temp.js
for (let i = 0; i < process.argv.length; i++) {
  console.log('${i}: ${process.argv[i]}');
}
```

在命令列中，透過 $ node temp.js env=dev 執行該指令稿，我們可以看到
如圖 5-1 所示的結果。

```
C:\Users\panxiao\Desktop\Demos\ElectronInAction>node temp.js env=dev
0: C:\Program Files\nodejs\node.exe
1: C:\Users\panxiao\Desktop\Demos\ElectronInAction\temp.js
2: env=dev
```

▲ 圖 5-1　process.argv 中的資料

圖中的結果正如前面所說，0 號元素的值為當前 Node.js 在系統中的安裝路徑，1 號元素的值為被執行的 temp.js 指令稿的檔案路徑，從 2 號元素開始是我們傳入的自訂參數 env=dev。

由於 Electron 是基於 Node.js 的，因此它同樣可以使用 process 模組來獲取命令列中傳入的參數。下面，我們將透過一個實際的場景來展示在 Electron 中是如何獲取並使用命令列參數的。

5.1.2　根據命令列參數變更應用設定

一款桌面應用少不了與後台伺服器進行資料互動的環節。一般情況下，後台服務會有多個環境，如開發環境、測試環境以及生產環境等。不同環境之間的邏輯和資料相互隔離，分別服務於特定的場景。在應用程式開發的過程中，使用的是開發環境，這個環境允許功能和資料都不太完整，但能滿足你臨時偵錯的需要。等到應用程式開發完成之後到達送測階段時，要求使用測試環境，需要後台服務提供完整的功能和資料，並且最好與線上環境保持一致。應用測試通過後，發佈出去的應用將使用正式環境的後台服務。測試環境和正式環境的區別在於，測試環境只有內部測試階段的應用能存取。嚴格區分不同的環境可以讓開發者更高效率地開發和偵錯，並且不會因為誤操作在開發或測試階段影響到使用者使用的正式環境。

在前面所有的範例中，我們都是透過執行 npm run start 命令來執行程式
的。這個命令實際上執行的是 package.json 中定義的 "electron ." 命令，
程式如下所示。

```
// package.json
...
"scripts": {
  "start": "electron.",
  "test": "echo \"Error: no test specified\" && exit 1"
},
...
```

為了能給應用傳遞不同的參數，使得應用可以透過參數選擇要使用的後
台服務環境，我們需要對 package.json 檔案中 scripts 的內容進行改造，
程式如下所示。

```
// package.json
...
"scripts": {
  "start:dev": "electron.env=dev",
  "start:test": "electron.env=test",
  "start:prod": "electron.env=prod"
},
...
```

我們在 package.json 檔案中給原來 scripts 的 start 命令增加了環境的標
識，並在對應命令的尾端增加了對應環境的命令列參數。透過使用帶有
環境標識的命令啟動應用，就能在程式中獲取到環境相關的資訊。接下
來我們將進入應用的主處理程序中，去看看如何在程式中實現根據環境
變數選擇不同設定的功能。

首先，我們新建一個 base.config.json 檔案，該檔案用於儲存各環境公共
的設定，接著，給 dev、test 和 prod 環境分別建立一個 [env].config.json

檔案，用於儲存對應環境的設定，檔案目錄結構如圖 5-2 所示。

▲ 圖 5-2 設定檔目錄結構

設定檔建立完成後，自然少不了設定其中的內容。我們給 base.config.json 檔案增加一些通用的設定，程式如下所示。

```
// base.config.json
{
  "serverProto": "https",
  "serverBasePath": "/server/v1/",
  "clientVersion": "1.0.0"
}
```

然後我們給 [env].config.json 檔案增加設定。一般情況下，開發人員會使用不同域名的方式來區分環境，因此 [env].config.json 檔案中需要有不同伺服器環境的域名資訊。下面以測試環境的設定 test.config.json 為例，程式如下所示。

```
// test.config.json
{
  "serverHost": "test.api.com"
}
```

serverHost 表示應用將要請求的伺服器域名資訊。在本範例中，測試環境伺服器的域名為 test.api.com。當應用啟動之後，先將 base.config.json 與 test.config.json 檔案的內容進行合併得到最終完整的應用設定，然後把設定中 "serverProto"、"serverHost" 以及 "serverBasePath" 的值拼接起來得到當前環境伺服器的完整 URL 位址,整體流程如圖 5-3 所示。

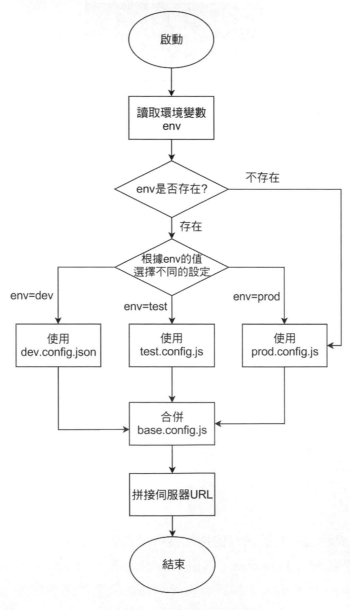

▲ 圖 5-3 設定合併流程圖

圖 5-3 展示了自應用啟動後從獲取命令列參數到產生當前環境伺服器 URL 的整個流程。仔細閱讀並熟悉其中的邏輯後，接下來我們開始撰寫 這部分邏輯的程式。首先，在主處理程序程式中定義一個專門用來獲取 命令列參數的方法 getProcessArgv，程式如下所示。

```javascript
// Chapter5-1/index.js
…
function getProcessArgv() {
  const argv = {};
  process.argv.forEach(function (item, i) {
    if (i > 1) {
      const res = item.split('=');
      if (res.length === 2) {
        argv[res[0]] = res[1];
      }
    }
  });
  return argv;
}
…
```

getProcessArgv 方法從 process.argv 陣列中的第 3 個元素開始進行判斷， 如果參數符合我們約定的 XX=XX 的形式，則將該參數透過 "=" 號進行拆 分，以鍵值對的方式存入 argv 物件。等到所有傳入的命令列參數處理完 成後，getProcessArgv 方法將包含符合約定的參數鍵值對物件 argv 傳回。

我們使用 npm run start:dev 命令來測試這個方法，可以在命令列的結果中 看到輸出的結果。有了命令列參數對應的環境資訊之後，我們就可以開 始根據環境資訊實現載入對應設定檔的邏輯了，程式如下所示。

```javascript
// Chapter5-1/index.js
…
function getConfig(){
```

```
  const argv = getProcessArgv();
  let configName = 'base.config.json';
  switch(argv.env){
    case 'dev':
      configName = 'dev.config.json';
      break;
    case 'test':
      configName = 'test.config.json';
      break;
    case 'prod':
    default:
      configName = 'prod.config.json';
      break;
  }
  let baseConfig = require(path.join(__dirname, 'config' ,'base.config.
json'));
  let curEnvConfig = require(path.join(__dirname, 'config' ,configName));
  return Object.assign(baseConfig, curEnvConfig);
}
...
```

在 getConfig 方法中,我們首先透過前面實現的 getProcessArgv 方法獲
取命令列參數物件 argv,然後對 argv 物件中 env 屬性的值進行判斷,進
而載入對應的設定檔。如果 env 屬性的值為 dev,那麼 curEnvConfig 載
入的設定檔為 dev.config.json,值為 test 或 prod 時依此類推。如果參數
中 env 屬性不存在或者 env 屬性的值不是 dev、test 以及 prod,那麼這裡
邏輯上預設使用 prod.config.json 作為當前的設定檔。在 getConfig 方法
最後,透過 Object.assign 方法將 baseConfig 與 curEnvConfig 進行合併,
合併的規則是以 baseConfig 作為基礎設定,讓 curEnvConfig 去覆蓋這個
設定。如果 curEnvConfig 設定中存在 baseConfig 已有的屬性,則直接覆
蓋。如果不存在,則增加到最終產生的設定檔中。

現在我們已經獲得了命令列參數中指定環境的設定資訊，最後一步就是把其中伺服器相關的資訊拼接起來組成伺服器的 URL，程式如下所示。

```
// Chapter5-1/index.js
function getServerUrlPrefix(){
  const config = getConfig();
  return `${config.serverProto}://${config.serverHost}${config.
serverBasePath}`;
}
console.log(getServerUrlPrefix())
```

透過 npm run start:dev 命令啟動應用，可以在控制台中看到輸出的伺服器 URL 首碼，如圖 5-4 所示。

```
> Capture4-6@1.0.0 start:dev C:\Users\panxiao\Desktop\Demos\ElectronInAction\Capture5-1
> electron . env=dev


https://dev.api.com/server/v1/
```

▲ 圖 5-4 開發環境伺服器 URL

使用 npm run start:test 命名切換到測試環境再看一下效果，如圖 5-5 所示。

```
> Capture4-6@1.0.0 start:test C:\Users\panxiao\Desktop\Demos\ElectronInAction\Capture5-1
> electron . env=test


https://test.api.com/server/v1/
```

▲ 圖 5-5 測試環境伺服器 URL

5.1.3 給可執行檔加上啟動參數

在命令列中啟動應用只是應用啟動的其中一種方式,另一種常見的啟動
方式是按兩下應用的圖示來啟動應用。在這種場景下,如何將參數傳遞
給應用呢?其實很簡單,我們只需要按右鍵應用的圖示,點擊「屬性」
按鈕開啟應用屬性設定視窗,找到「目標」一欄,我們能看到當前應用
可執行檔的完整路徑。給應用傳遞的參數需要追加在這個完整路徑的後
面,如圖 5-6 所示。需要注意的是,參數需要增加到路徑最後的雙引號外
才會生效。

▲ 圖 5-6 在「目標」一欄增加啟動參數

當一個正式發佈的應用出現問題時,這是一個不錯的偵錯手段。透過修
改環境設定,可以讓開發者在不改變應用程式的情況下更換設定中定義
好的參數,將應用的環境更改為內部環境,嘗試在內部環境中複現問
題。由於不用修改原始程式碼,因此省去了再次打包的時間,這對解決
問題的效率提升帶來不小的幫助。

5.2 Chromium 設定開關

本節內容將講解一種特殊的命令列參數，它用於控制 Electron 中 Chromium 的表現和行為。與上節中講到的參數有一定的相似之處，它們都是透過在命令列或圖示啟動時，在啟動命令後面加上參數使得程式能夠獲得它們。但不同的是，前面的參數都是由應用程式開發人員自己定義的，即在程式中獲取參數後要執行什麼邏輯，由開發者自行設計並實現。而 Chromium 設定開關這種特殊的命令列參數是在 Chromium 中已經定義好的，開發人員可以透過傳入對應的參數來改變 Chromium 的預設表現和行為，至於怎麼改變無須開發人員關心，只需要關注想透過什麼參數讓 Chromium 達到想要的效果。

在 Electron 中，我們不僅可以透過在命令後追加參數的方式來改變 Chromium 的行為，還可以使用 app 模組的 CommandLine 屬性的實例化方法在程式啟動過程中通超強編碼的方式改變 Chromium 的行為。接下來將展示如何使用上述兩種方法，這部分內容相關的範例將在 3.1 節範例的基礎上進行修改。

5.2.1 在命令列後追加參數

為了演示改變 Chromium 預設行為之後的效果，我們現在準備透過在啟動命令中追加參數的方式來把 Chromium 輸出網路日誌的預設檔案路徑修改成我們自己建立的一個檔案所在的路徑。首先，在系統資訊展示應用的專案中，新建一個用於儲存 Chromium 日誌的檔案，將它命名為 chromium-net-log.txt，如圖 5-7 所示。

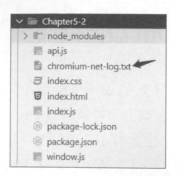

▲ 圖 5-7 專案根目錄下新增的 chromium-net-log.txt 檔案

接著，在使用 --log-net-log=path 參數告訴 Chromium 將網路相關的日誌
輸出到我們剛才新建的 chromium-net-log.txt 檔案中。我們將這個參數追
加到 package.json 中 scripts 的啟動命令中，程式如下所示。

```
// Chapter5-2/package.json
"scripts": {
    "start": "electron.--log-net-log=./chromium-net-log.txt"
},
```

透過 npm run start 命令啟動應用並等待應用啟動完成。開啟 chromium-
net-log.txt 檔案可以看到網路相關的日誌已經被輸出到該檔案中，如圖
5-8 所示。

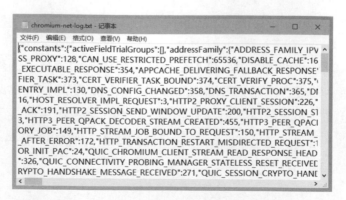

▲ 圖 5-8 chromium-net-log.txt 檔案中的內容

5.2.2 使用 commandLine

除了在命令列後追加參數的方法外，還可以使用 app 模組中 commandLine 提供的方法來設定 Chromium 參數。我們在主處理程序程式中加入如下程式，並去掉 package.json 中啟動命令後面的 --log-net-log=./chromium-net-log.txt。

```
app.commandLine.appendSwitch("log-net-log", "./chromium-net-log.txt");
```

透過 npm run start 命令啟動應用，可以看到與圖 5-8 相同的效果。這裡需要注意的是，給 Chromium 設定任何參數的程式都需要確保在 ready 事件觸發之前執行完畢，否則將不會生效。

上面程式只用到了 commandLine 提供的其中一個方法 appendSwitch，但其實它還提供了一系列跟設定 Chromium 參數有關的方法，下面將一個一個對它們進行講解。

（1）commandLine.appendSwitch(switch, value)：該方法用於給 Chromium 設定一個帶值的開關，它沒有任何傳回值。我們在上面的程式中使用它來改變 Chromium 網路日誌預設的輸出檔案。它接收兩個參數，分別為 switch 和 value。如果你期望在啟動命令中加上 switch 開關，那麼可以透過該方法在 ready 事件之前增加。

- switch: 字串類型，在呼叫該方法時 switch 的值不能為空。switch 的值是 Chromium 預設提供的，你可以在 Chromium 的官方文件中找到它們。比較常用的一些參數除了剛才我們使用到的 "--log-net-log" 之外，還有如 "--js-flags"、"--host-rules" 以及 "--enable-logging" 等。

- value：字串類型，不同的 switch 要求傳入對應的 value 值才能生效。當 switch 被設定為某些值時，value 需要設定為預先定義好的字串，

例如 "--js-flags"，它的值不能由開發人員自己定義，而是需要傳入如 "--harmony_proxies" 等提前定義好的內容。另外，部分 switch 的 value 值支援自訂，例如我們在上面使用到的 "--log-net-log"。

（2）commandLine.getSwitchValue(switch)：該方法用於獲取命令列參數中 switch 對應的值。呼叫它之後會傳回一個字串類型的資料。如果 switch 本身不存在，或者是 switch 對應的值不存在，該方法將傳回空字串。開發人員可以在 ready 事件觸發之前檢查參數中 switch 的值是否符合要求來決定後續需要執行的邏輯。

- switch：字串類型，Chromium 指定的開關，如上面的 "log-net-log"。

（3）commandLine.hasSwitch(switch)：該方法用於檢查在當前程式中是否存在方法中傳入的 switch。無論是在啟動命令中加入的 switch，還是透過 appendSwitch 方法加入的 switch，都可以被檢查出來。該方法將傳回一個 Boolean 值，如果 switch 存在則傳回 true，否則傳回 false。開發人員可以在 ready 事件觸發之前檢查參數中 switch 是否存在來決定後續需要執行的邏輯。

- switch：字串類型，Chromium 指定的開關，如上面的 "log-net-log"。

（4）commandLine.appendArgument(argument)：該方法與 appendSwitch 的作用是一樣的，只是傳入的參數形式與 appendSwitch 不同。appendSwitch 要求將 switch 和對應的值 value 分開為兩個參數傳入，例如 appendSwitch ("log-net-log", "./chromium-net-log.txt")；而 appendArgument 需要傳入的是一個與命令列類似的完整字串，例如 appendArgument ("--log-net-log=./chromium-net-log.txt")。

- argument：字串類型，它的值與在命令列傳入 Chromium 設定的值相同。

5.3 透過協定啟動應用

5.3.1 應用場景

在我們日常瀏覽網頁的過程中，應該遇到過點擊網頁中的一個按鈕之後，瀏覽器彈出一個對話方塊詢問是否要開啟本地應用的情況。現如今，很多廠商開發的應用會同時支援 Web 端和桌面端：Web 端不需要額外進行下載和安裝就可以直接使用，它能讓產品更快速地觸達使用者；桌面端雖然要經過下載並安裝這麼一個相對煩瑣的過程，但是它具備很多 Web 端不具備的能力，在功能上可能會更加完整和強大。作為使用者，我們可能在一些場景下需要快速開啟瀏覽器來使用相對較簡單的功能，但是在另一些的場景中又需要使用功能更強大的用戶端所提供的完整功能。

對於同時支援這兩端的產品來說，為了帶來更好的使用者體驗，需要提供一個能在兩種產品形態之間快速切換的方式。例如，當使用者在 Web 端上準備使用某個在桌面端才支持的功能時，我們肯定不期望使用者自行去系統中找到桌面端並啟動，然後再找到準備使用的那個功能。在支援無縫切換的情況下，在 Web 端點擊該功能就能自動開啟桌面端並繼續自動跳躍到對應的功能上，將會讓使用者有非常好的體驗。因此，這樣無縫切換的功能是非常重要的。接下來我們將展示在使用 Electron 開發桌面用戶端時，如何實現這個功能。

仔細觀察現有的能從網頁調起桌面端的應用可以發現，它們都是透過一個自訂的協定路徑來請求開啟應用的。不同的作業系統在處理自訂協定的方式上有所不同，在 Windows 中，如果想要增加自訂協定，需要在登錄檔中找到 HKEY_CLASSES_ROOT 資料夾，在該資料夾中增加登錄檔項來完成協定的註冊。HKEY_CLASSES_ROOT 用於管理所有檔案的擴充以及可執行檔的相關資訊，我們可以透過以下步驟找到它。

（1）在鍵盤上同時按 win+R 快速鍵，開啟執行視窗，並在「開啟」輸入框中輸入 "regedit"，如圖 5-9 所示。

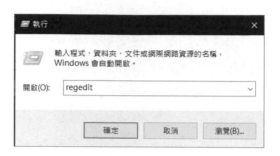

▲ 圖 5-9　執行視窗介面

（2）點擊「確定」按鈕之後，「登錄編輯程式」視窗將被開啟，HKEY_CLASSES_ROOT 資料夾就位於電腦目錄下第一個，如圖 5-10 所示。

▲ 圖 5-10　HKEY_CLASSES_ROOT 在登錄編輯程式中的位置

由於 Electron 提供 app.setAsDefaultProtocolClient 方法讓我們自訂開啟應用的協定，所以開發者在實現這個功能時，無須寫程式去操作登錄檔，只需要呼叫該方法即可。

setAsDefaultProtocolClient(protocol[, path, args])：該方法允許開發者將
協定參數 protocol 註冊到作業系統中，並將該協定與當前應用的可執
行檔連結起來。每當存取以 protocol:// 開頭的 URL 時，連結的可執行
檔將被執行。完整的 URL 包括其中的參數，也將傳遞給啟動的應用。
setAsDefaultProtocolClient 接收如下參數。

- protocol：字串類型，自訂協定的名稱。如果我們想使用 myapp:// 這個
  協定開啟應用，那麼此處 protocol 參數需要傳入 myapp。
- path：字串類型（可選），可執行檔的路徑。預設情況下為 process.
  execPath 的值。
- args：字串陣列類型（可選），表示需要傳遞給可執行檔的參數。

5.3.2 實現自訂協定

接下來我們在 2-1 節範例的基礎上進行修改來演示如何使用該
方法完成功能。首先，我們在主處理程序 index.js 的程式中，將
setAsDefaultProtocolClient 方法的呼叫增加到 ready 事件執行之前，程式
如下所示。

```js
// Chapter5-3/index.js
const electron = require('electron');
const app = electron.app;
const url = require('url');
const path = require('path');

// 自訂sysInfoApp協定
app.setAsDefaultProtocolClient('sysInfoApp');

let window = null;
...
```

透過 npm run start 啟動應用，在瀏覽器的網址列輸入 sysInfoApp://
infoPage 就能看到瀏覽器在詢問我們是否要開啟該應用，如圖 5-11 所示。

▲ 圖 5-11　瀏覽器詢問是否開啟應用介面

對話方塊中不僅顯示了在網址列中輸入的自訂協定 URL，同時也能看到
即將開啟的應用名稱。如果點擊「取消」按鈕，除了關閉對話方塊以外
不會有任何回應。如果點擊「允許」按鈕，那麼系統將執行這個程式的
可執行檔。我們此處點擊「允許」按鈕來讓流程繼續，接著會發現系統
彈出了錯誤訊息框，如圖 5-12 所示。

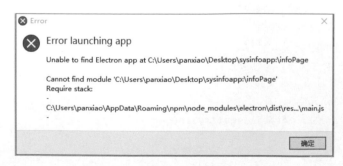

▲ 圖 5-12　啟動應用時的顯示出錯資訊

出現錯誤的原因是，當前我們程式所使用的可執行檔是全域的 Electron. exe，而系統在調起 Electron.exe 時，無法找到指定的入口檔案，所以此處會進行對應的錯誤訊息。因此，此時 setAsDefaultProtocolClient 方法的第三個參數就派上用場了。我們在前面介紹它的第三個參數時提及這個參數的內容將傳遞給可執行檔，這裡我們可以利用這個參數來指定程式的入口檔案，程式如下所示。

```
// Chapter5-3/index.js
const electron = require('electron');
const app = electron.app;
const url = require('url');
const path = require('path');
// 透過傳入第三個參數，來指定Electron的入口檔案
app.setAsDefaultProtocolClient('sysInfoApp'
  ,process.execPath
  ,['C:\\Users\\panxiao\\Desktop\\Demos\\ElectronInAction\\Capture5-3\\
index.js']);

let window = null;
...
```

透過 npm run start 啟動應用，然後重複上面在瀏覽器中進行的步驟直到出現詢問是否開啟應用的視窗。此時點擊「允許」按鈕之後將不會顯示出錯，應用可以正常地被啟動起來。這時我們在登錄檔管理器中搜索 "sysInfoApp"，可以看到在 HKEY_CLASSES_ROOT 中新增了如圖 5-13 所示的登錄檔項。

▲ 圖 5-13 新增的 sysInfoApp 登錄檔項

5.3.3 透過自訂協定啟動時的事件

在本節內容的開頭，我們提到在網頁中點擊進入某個功能的按鈕時，需要跳躍到本地桌面應用中的對應功能介面的功能。要實現這個功能，應用需要知道自己當前是否被自訂協定開啟。這裡分兩種情況，一種情況是應用已經啟動，另一種情況是應用還未啟動。

在 Windows 平台中，如果應用已經啟動，那麼此時再透過自訂協定喚起該應用，Electron 是沒有提供專門的事件來對此做出回應的。但是這種情況符合第 1 章中我們講到的單實例應用場景，所以 "second-instance" 事件會被觸發。開發人員可以在 "second- instance" 事件中做處理來判斷當前是否是被自訂協定喚起的，程式如下所示。

```
// Chapter5-3/index.js
...
const winTheLock = app.requestSingleInstanceLock();
if(winTheLock){
  // 獲取啟動參數列表中的schemeUrl
  function getSchemeUrl(argv){
    for(let i=0; i<argv.length;i++){
      if(argv[i].indexOf('sysinfoapp') === 0){
        return argv[i];
      }
    }
    return null;
  }

  // 當有第二個實例準備啟動時
  app.on('second-instance', (event, commandLine, workingDirectory) => {
    const schemeUrl = getSchemeUrl(commandLine);
    if(schemeUrl){
      // 本次啟動是透過自訂協定啟動的
    }else{
      // 非自訂協定啟動
```

```
}
  })
}
…
```

首先，我們在程式中實現了一個 getSchemeUrl 方法，該方法用於從應用啟動的命令列參數中拿到傳入的自訂協定 URL。在 "second-instance" 事件觸發時，呼叫 getSchemeUrl 方法嘗試獲取啟動命令中的 URL，並將它給予值給 schemeUrl 變數。然後對 schemeUrl 變數進行判斷，如果存在我們自訂協定的 URL，則說明本次啟動是透過自訂協定的 URL 啟動的，否則就是透過其他方式啟動的。

對於應用尚未啟動的情況，開發人員只能對應用啟動時對啟動命令攜帶的參數進行判斷來實現。由於絕大多數情況下，使用者透過按兩下圖示啟動應用的方式是不帶參數的，因此我們可以在應用啟動完成的 ready 事件中，透過判斷 process.argv 的長度是否大於 1 來區分是否是常規的啟動方式（process.argv 的 0 號元素為啟動命令）。如果是，則表示當前是被自訂協定喚起的，然後透過手動的方式觸發 "second-instance" 事件，執行前面已經實現好的邏輯，程式如下所示。

```
// Chapter5-3/index.js
…
app.on('ready', function (){
  if (process.argv.length > 1) {
    app.emit("second-instance", null, process.argv);
  }
})
…
```

在 process.argv.length 長度大於 1 的情況，不一定就是透過自訂協定 URL 啟動的。但是不用擔心，因為在觸發 "second-instance" 事件後，在該事件回呼內部會對啟動參數進行進一步判斷。

5.3.4 應用第一次啟動前註冊自訂協定

有時候使用者在安裝完桌面應用後，可能不會馬上啟動應用，這會導致應用中註冊自訂協定的程式沒有被及時執行，從而導致在應用第一次啟動前無法透過自訂協定啟動應用。如果想要在這種情況下也能在瀏覽器中透過自訂協定調起應用，那就必須在安裝階段完成自訂協定註冊的流程。對於 Windows 應用，在這種情況下需要在 package.json 中新增 nsis 欄位，在該欄位中透過 include 欄位指定安裝時執行的指令稿，程式如下所示。

```
// package.json
...
"nsis": {
    "include": "build/script/installer.nsh"
},
...
```

.nsh 是被 NSIS 安裝程式使用的指令檔，它的作用是幫助安裝程式設定程式執行依賴的一些環境變數。在 NSIS 設定中可以選擇 include 或 scripts 來設定 installer 指令稿，其中 include 可以包含只需要修改的設定部分，而 scripts 要求書寫完整的設定。這裡面可以設定的項目非常多，我們這裡只想對安裝過程做一些修改，所以此處 include 是比較適合我們的。如果你的應用需要完整的訂製安裝過程，那麼 scripts 會更加合適。開發人員可以在這個指令檔中寫入註冊自訂協定的指令稿，程式如下所示。

```
// Chapter5-3/installer.nsh
!macro customInstall
  WriteRegStr HKCR "sysInfoApp" "URL Protocol" ""
  WriteRegStr HKCR "sysInfoApp" "" "URL:sysInfoApp Protocol Handler"
  WriteRegStr HKCR "sysInfoApp\shell\open\command" "" '"$INSTDIR\
SysInfoApp.exe" "%1"'
!macroend
```

程式中的 macro 表示定義巨集，它後面跟著的是安裝生命週期的名稱，HKCR 為 HKEY_CLASSES_ROOT 的縮寫。NSIS 安裝程式定義了一系列生命週期鉤子，提供給開發者自訂開發過程的行為，如 customHeader、preInit、customInit、customUnInit、customInstall、customUnInstall、customRemoveFiles、customInstallMode。上面程式用的是 customInstall 鉤子，我們利用它在安裝時向登錄檔寫入資料。

既然有寫入，那麼必然就對應有刪除。當應用移除後，我們也不期望自訂的協定還殘留在登錄檔中，所以我們需要在應用刪除時，將登錄檔中的相關內容刪除，程式如下所示。

```
// Chapter5-3/installer.nsh
!macro customUninstall
  DeleteRegKey HKCR "sysInfoApp"
  DeleteRegKey HKCR "sysInfoApp\shell\open\command"
!macroend
```

透過 electron-builder 製作安裝套件後，在安裝或移除的過程中就會執行上面我們預先定義的指令稿。

以下是 installer.nsh 完整的程式。

```
// installer.nsh
!macro customInstall
  WriteRegStr HKCR "sysInfoApp" "URL Protocol" ""
  WriteRegStr HKCR "sysInfoApp" "" "URL:sysInfoApp Protocol Handler"
  WriteRegStr HKCR "sysInfoApp\shell\open\command" "" '"$INSTDIR\
SysInfoApp.exe" "%1"'
!macroend
!macro customUninstall
  DeleteRegKey HKCR "sysInfoApp"
  DeleteRegKey HKCR "sysInfoApp\shell\open\command"
!macroend
```

如果你想學習更多關於 NSIS 指令稿的知識，可前往網址 https://www.electron.build/ configuration/nsis#custom-nsis-script 進行學習。

本小節中所提及的完整程式可以存取 https://github.com/ForeverPx/ElectronInAction/tree/main/Chapter5-3。在學習本章的過程中，建議你下載原始程式，親手建構並執行，以達到最佳學習效果。

5.4 開機啟動

應用開機自啟動在一些場景下對使用者來說是一個很方便的功能，Electron 也為此專門提供了一個名為 setLoginItemSettings 的 API，允許開發者將自己開發的桌面應用設定成為開機自動啟動，它的使用方法如下。

（1）app.setLoginItemSettings(settings)：設定當前應用開機自啟動。
（2）settings：物件類型。

與自啟動相關的設定如下。

- openAtLogin：布林類型。當設定為 true 時，當前應用會在開機登入後啟動。當設定為 false 時，去掉開機啟動設定。
- openAsHidden：布林類型。此設定只在 macOS 中生效，可以讓應用以隱藏的方式自啟動。
- path：字串類型，表示當前應用的啟動程式路徑，預設情況下為 process.execPath 的值。
- args：字串陣列類型，表示傳入當前應用的命令列參數。
- enabled：布林類型，表示是否在工作管理員和系統設定中禁用該應用。

■ name：字串類型，表示寫入登錄檔的名稱，預設為 AppUserModelId 方法傳回的值。

我們在 5.3 節範例的基礎上，加上呼叫該方法的程式來讓應用實現開機自啟動功能，程式如下所示。

```
// Chapter5-4/index.js
…
app.setLoginItemSettings({
  openAtLogin: true,
  name: 'sysInfoApp',
  args: ['C:\\Users\\panxiao\\Desktop\\Demos\\ElectronInAction\\
Capture5-3\\']
});
…
```

透過 npm run start 啟用應用，然後將作業系統重新開機，就可以看到在系統啟動並登入後 sysInfoApp 應用自動完成啟動。

Electron 提供的 setLoginItemSettings 方法本質上是透過寫入 Windows 系統登錄的方式實現應用開機自啟動的。我們開啟登錄編輯程式，搜索 sysInfoApp，就能在 HKEY_CURRENT_USER\Software\Microsoft\Windows\CurrentVersion\Run 路徑下看到對應的登錄檔項，如圖 5-14 所示。

在 Windows 作業系統中，有 8 個登錄檔項控制著應用程式的自啟動時機。setLoginItemSettings 方法只能設定當前使用者登入後，在「啟動」資料夾中的應用啟動之前的時機將應用啟動起來。如果你對應用自啟動時機有更多的需求，可以自行實現操作登錄檔的方法並在對應的登錄檔中增加註冊項。

▲ 圖 5-14 應用開機自啟動登錄檔項

上面的實現方式有一個不足之處,那就是只有應用執行過一次才能寫入登錄檔。如果想要在應用未使用之前就能在登錄檔中寫入自啟動設定,且在移除的時候刪除該設定,就需要用到與 5.3.4 節相同的方法,即透過 NSIS 指令稿來實現。我們直接來看完整的指令稿實現,程式如下所示。

```
// Chapter5-4/installer.nsh
!macro customInstall
  WriteRegStr HKCU "Software\Microsoft\Windows\CurrentVersion\Run"
"SysInfoApp" '"$INSTDIR\SysInfoApp.exe" "%1"'
!macroend
!macro customUninstall
  DeleteRegValue HKCR "Software\Microsoft\Windows\CurrentVersion\Run"
"SysInfoApp"
!macroend
```

本小節中所提及的完整程式可以存取 https://github.com/ForeverPx/ElectronInAction/tree/main/Chapter5-4。在學習本章的過程中,建議你下載原始程式,親手建構並執行,以達到最佳學習效果。

5.5 啟動速度最佳化

5.5.1 最佳化的重要性

無論對於 Web 應用還是桌面應用來說,啟動速度都是一個繞不開的重要話題,它的快慢直接決定了使用者對產品第一印象的好壞。從許多對使用者研究的結果來看,使用者都是缺乏耐心的,如果你的應用啟動速度很慢,將會導致使用者在使用到它真正的功能之前就對它失去耐心,進而轉向使用體驗更勝一籌的競品。因此,我們需要掌握最佳化啟動速度的方法並持續地進行實踐,讓啟動時間不斷降低。

如果你是一個 Web 前端開發人員,想必你已經對在瀏覽器中如何最佳化頁面的載入速度非常熟悉了。大部分情況下,瀏覽器中對載入速度最佳化的方法有增加快取、減少資源體積以及最佳化指令稿邏輯等。由於 Electron 視窗也相當於是一個瀏覽器,所以這些最佳化的方法大部分在 Electron 應用中都是適用的,加速視窗頁面的開啟也是最佳化啟動速度的一個重要環節。當然,如果你的應用視窗載入的是本地頁面和指令稿,那麼可以忽略快取這一類與網路請求相關的最佳化。由於這些方法比較通用,本節的內容將不會講解它們,而是重點講解與 Electron 緊密結合的最佳化手段。

我們在前面介紹 Electron 時,提到 Electron 應用比傳統瀏覽器 Web 應用有更強大的能力,那麼在最佳化方面是否存在一些原本瀏覽器 Web 應用中不具備的最佳化方法呢?答案必然是存在的,這個最佳化方法就是 V8 snapshots。下面將展示如何使用 V8 snapshots 來最佳化 Electron 應用的啟動速度。

5.5.2　使用 V8 snapshots 最佳化啟動速度

1. 最佳化的基本原理

無論在主處理程序還是在繪製處理程序中，Electron 應用的絕大部分邏輯都是透過 JavaScript 指令稿實現的，因此 JavaScript 指令稿的執行速度直接決定了應用的啟動速度。影響 JavaScript 指令稿執行速度的因素主要有兩個方面，一方面是 V8 解釋指令稿的快慢，另一方面是業務程式邏輯複雜度的高低。在邏輯複雜度方面，由於每個業務所包含的功能不同，所以對應的邏輯複雜度也不相同，對於邏輯的最佳化需要根據不同的業務情況來處理，沒有一個相對通用的最佳化方案。但是在 V8 解釋指令稿的快慢上，開發者可以利用一項名為 snapshots 的技術來最佳化解釋過程的速度，加速應用的啟動。

JavaScript 指令稿是一個直譯型語言，它的優點是平台相容性好，指令稿原始程式碼可以在任意一個擁有 JavaScript 解譯器（如瀏覽器或 Node.js 環境）的機器上執行起來。但它的缺點是執行效率相對較低，因為每次執行指令稿時都需要解釋一次。這就好比我們拿著一本中文詞典跟一個說英文的外國人對話，我們每說一句中文都需要用詞典來翻譯成英文才能讓對方聽懂。這樣我們每說一句話都需要經歷翻譯的過程，多花了翻譯的時間。如果我們提前知道要講什麼，提前把內容全部翻譯成英文，那麼就可以節省對話的時間了。如果我們的這段對話內容將會重複很多次，那麼只需要翻譯一次就行，大大降低了重複翻譯的時間。JavaScript 指令稿的執行機制與此非常類似，V8 在其中擔任的就是翻譯器的角色。

每一個由 V8 建立的 JavaScript 上下文在一開始都需要初始化完成如全域物件 window、Math 等內建模組，這些模組必須在上下文建立之前增加到 V8 的堆疊中。每次經歷這個過程都需要消耗不少時間。如果這些既定已知的工作都能提前完成，那麼上下文的初始化速度將會加速不少。V8 基於上面的原理利用 snapshots 技術對 JavaScript 環境的初始化速度進行了最佳化，snapshots 相當於是 V8 堆疊的一個快照，由於 JavaScript 環境初始化的內容都是一樣的，所以提前準備這個快照能省去重複解釋所消耗的時間。我們可以利用這個原理，來加速我們應用的啟動。

V8 snapshots 可以在一個空的 V8 上下文中解釋和執行指定的 JavaScript 指令稿並輸出一個二進位檔案，該檔案包含記憶體中經過垃圾回收後剩餘資料組成的序列化堆疊。Electron 可以直接執行這個二進位檔案來繞過解釋 JavaScript 指令稿的過程。在大部分場景中，同一個版本的應用在啟動過程中所載入的 JavaScript 指令稿都是一樣的，如果我們提前產生好 snapshots 檔案，就可以重複利用之前產生好的 JavaScript 物件，從而減少載入時間。下面的內容將展示 V8 snapshots 的使用方法。

2. 使用 electron-link 轉換指令稿

由於是在空的 V8 環境中提前執行 JavaScript 指令稿，環境中沒有任何已經載入好的物件，因此我們無法在這個空的 V8 環境中執行使用 Node.js 或 Electron API 的指令稿，否則將會導致異常。但是在我們業務程式中，不可避免地要引用 Node 或 Electron 的 API，如 os、path 以及 electron 等。為了繞開這個限制，我們需要引入一個名為 electron-link 的 Node.js 模組。

electron-link 專門用於處理這種情況，它內建了一批 Node.js 或 Electron 的模組名單清單，在指令稿中直接將 require 內建模組的程式轉換成延遲載入的形式，在產生 snapshots 的時候不去進行內建模組的引入操作，從而避開上面的問題。下面我們使用 electron-link 官網的例子來解釋一下它是如何做到的。

我們在系統資訊展示應用專案的根目錄新建一個 snapshots 資料夾，在該資料夾中新建指令檔 snapshots.js，該檔案會在視窗頁面的指令稿開頭被 require 引入，內容為我們需要建立 snapshots 的模組程式，其中的內容程式如下所示。

```
// Chapter5-5/snapshots/snapshots.js
const path = require('path')

module.exports = function () {
  return path.join('a', 'b', 'c')
}
```

在 snapshots.js 中，首先引入了 Node.js 的內建模組 path 並給予值給 path 變數；然後定義了一個匿名函數，該函數使用 path 提供的 join 方法將 a、b、c 三個路徑合併並傳回結果；最後透過 module.exports 將該函數匯出。如果直接將該檔案透過 V8 產生 snapshots 將會顯示出錯，因為空的 V8 上下文中不包含 path 模組。這時候我們需要使用 electron-link 撰寫一個指令稿，使得 snapshots.js 可以順利透過 V8 產生 snapshots，指令稿程式如下所示。

```
// Chapter5-5/snapshots/build-snapshots.js
const vm = require('vm')
const path = require('path')
const fs = require('fs')
const electronLink = require('electron-link')
const rootPath = path.resolve(__dirname, '..');
const shouldExcludeModule = {};

async function build() {
  const result = await electronLink({
    baseDirPath: '${rootPath}',
    mainPath: '${rootPath}/snapshots/snapshots.js',
    cachePath: '${rootPath}/snapshots/cache',
```

```
  shouldExcludeModule: (modulePath) => shouldExcludeModule.
hasOwnProperty(modulePath)
  })

  const snapshotScriptPath = '${rootPath}/snapshots/cache/snapshots.js'
  fs.writeFileSync(snapshotScriptPath, result.snapshotScript)

  // 確認該指令檔是否能產生snapshots
  vm.runInNewContext(result.snapshotScript, undefined, { filename:
snapshotScriptPath, displayErrors: true })
}

module.exports = build;
```

在 build-snapshots.js 中，build 方法用於透過 electron-link 將來源指令檔
轉換成一個可以被快照的檔案，並將它存放在 cache 資料夾中。在該方法
的最後透過 vm.runInNew Context 方法嘗試在新的上下文中執行 cache 資
料夾中的 snapshots.js 檔案，確認該檔案被轉換後可以在 V8 的上下文中
順利執行。

接著在 snapshots 資料夾中新建 index.js 檔案，呼叫 build-snapshots.js 匯
出的 build 方法，程式如下所示。

```
// Chapter5-5/snapshots/index.js
const build = require('./build-snapshots');
const buildSnapshots = require('./build-snapshots');

buildSnapshots().then(function(){}).catch(function(e){
    console.log('build-snapshots error: ', e);
});
```

接著修改 package.json，在 scripts 中新增一條命令。

```
// Chapter5-5/package.json
"build-snapshots": "node ./snapshots/index.js"
```

透過執行 npm run build-snapshots 產生 snapshots，我們可以在 cache 資料夾中看到透過 electron-link 轉換的 snapshots.js 檔案，如圖 5-15 所示。

▲ 圖 5-15 產生後的 snapshots.js 檔案

開啟 cache/snapshots.js 檔案，在第 276 ～ 289 行可以看到轉換後的程式，程式如下所示。

```
// Chapter5-5/snapshots/cache/snapshots.js
customRequire.definitions = {
  "./snapshots/snapshots.js": function (exports, module, __filename, __
dirname, require, define) {

    let path;

    function get_path() {
      return path = path || require('path');
    }

    module.exports = function () {
      return get_path().join('a', 'b', 'c');
    }
  },
};
```

3. 使用 mksnapshot 產生 V8 snapshots

從上面的程式中可以看到，electron-link 把原始程式碼中 require('path') 的程式轉換成了延遲引入的方式，path 只有在真正用到時才會執行 require

引入。這使得轉換後的指令稿在空的 V8 上下文中產生 snapshots 時，不會執行內建模組 path 相關的邏輯，從而讓這個指令稿的 snapshots 可以順利地產生。在轉換完 snapshots.js 後，我們將使用 Electron 提供的 V8 snapshots 產生工具 mksnapshot（https://github.com/electron/mksnapshot）來產生前面提到的可供 Electron 直接使用的二進位檔案。在使用之前，透過如下命令將 mksnapshot 安裝到專案中。

```
SET ELECTRON_CUSTOM_VERSION=11.3.2
npm install mksnapshot -save
```

為了保證 mksnapshot 工具的版本與當前 Electron 版本一致，安裝命令中 ELECTRON_CUSTOM_VERSION 環境變數需要設定為當前 Electron 的版本編號。安裝完成後，在 snapshots 資料夾中新建一個 mkSnapshots.js 指令稿來使用該產生工具，程式如下所示。

```
// Chapter5-5/snapshots/mkSnapshots.js
const path = require('path');
const fs = require('fs');
const childProcess = require('child_process')
const rootPath = path.resolve(__dirname, '..');
const snapshotScriptPath = `${rootPath}/snapshots/cache/snapshots.js`
const distPath = `${rootPath}/snapshots/dist`;
const snapshotBlob = path.join(`${distPath}/`, 'v8_context_snapshot.bin')

function mkSnapshots(){
  childProcess.execFileSync(
    path.resolve(__dirname, '..', 'node_modules', '.bin',
      'mksnapshot.cmd'
    ),
    [snapshotScriptPath, '--output_dir', distPath]
  )

  //將v8_context_snapshot.bin複製到Electron可以載入的目錄
```

```
const pathToElectron = path.resolve(
  __dirname, '..', 'node_modules', 'electron', 'dist'
)
fs.copyFileSync(snapshotBlob, path.join(pathToElectron, 'v8_context_
snapshot.bin'))
}

module.exports = mkSnapshots;
```

mkSnapshots.js 定義並匯出了一個 mkSnapshots 方法,該方法包含兩個重要的步驟。

(1)利用 childProcess 的 execFileSync 方法在指令稿中執行 mksnapshot. cmd 命令,將被 electron-link 轉換後的 snapshots.js 進一步產生可以被 Electron 直接使用的 v8_context_snapshot.bin 二進位檔案,將該檔案輸出到 /snapshots/dist 目錄中。

(2)Electron 會在固定的目錄自動載入 v8_context_snapshot.bin 檔案的內容,在不同的系統平台下該目錄的位置有所不同。在 Windows 平台中,該目錄為 Electron 所在的根目錄。而在 MacOS 平台中,該目錄為 Electron 所在的根目錄下的 /Contents/Frameworks/ Electron Framework. framework/Resources/ 資料夾中。本範例只針對 Windows 平台開發,所以在步驟(1)完成後,透過 fs 模組的 copyFileSync 方法將 v8_context_snapshot.bin 同步複製到 Electron 的根目錄中。

4. 全域物件 snapshotResult

透過 npm run start 啟動應用,如果 Electron 成功載入了 v8_context_snapshot. bin,那麼在視窗頁面的全域物件 window 中會存在一個名為 snapshotResult 的物件,如圖 5-16 所示。

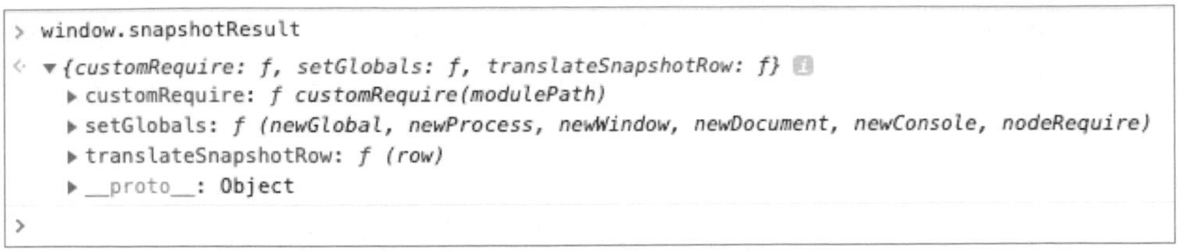

```
> window.snapshotResult
< ▼{customRequire: f, setGlobals: f, translateSnapshotRow: f} 🛈
    ▶ customRequire: f customRequire(modulePath)
    ▶ setGlobals: f (newGlobal, newProcess, newWindow, newDocument, newConsole, nodeRequire)
    ▶ translateSnapshotRow: f (row)
    ▶ __proto__: Object
>
```

▲ 圖 5-16 控制台中輸出的 snapshotResult 物件

v8_context_snapshot.bin 中已經執行完的模組在 customRequire 的 cache
物件中可以找到，例如 snapshots.js 模組，如圖 5-17 所示。

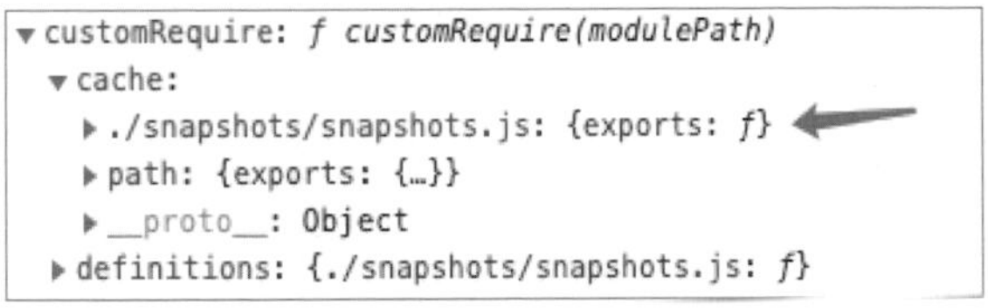

```
▼customRequire: f customRequire(modulePath)
  ▼cache:
    ▶ ./snapshots/snapshots.js: {exports: f}  ⬅
    ▶ path: {exports: {…}}
    ▶ __proto__: Object
  ▶definitions: {./snapshots/snapshots.js: f}
```

▲ 圖 5-17 customRequire 中 cache 的內容

到目前為止，Electron 只是成功載入了 v8_context_snapshot.bin 的內容，
但是還沒使用它來真正地解決我們的問題。原因是在視窗頁面的指令稿
window.js 中，依舊使用的是 require('./snapshots/snapshots.js') 寫法。V8
在執行到這行敘述時，並沒有使用我們已經執行過的模組，而是重新又
將 snapshots.js 執行了一次。因此，我們還需要對模組的引入方式進行一
些改造，程式如下所示。

```
// Chapter5-5/window.js
// const snap = require('./snapshots/snapshots.js'); 註釋原來的引入方法
const snap = snapshotResult.customRequire.cache['./snapshots/snapshots.
js'].exports;
...
```

在引入 snapshots.js 時，使用 snapshotResult.customRequire.cache 中已
經執行過的 snapshots.js 模組的快照來替換原來常規使用 require 的引入

方式。Electron 在執行到這行敘述時，使用的就是 snapshots.js 模組的快照，而不需要重新再載入一次，從而達到避免重複載入來減少啟動時間的目的。

由於在 electron-link 轉換後的程式中使用到的內建全域物件或模組是在一個閉包中的，所以開發人員需要使用它提供的 setGlobals 方法來把當前執行環境中要使用到的相關全域變數或模組設定進去，否則將提示無法找到對應的模組，如圖 5-18 所示。

```
⊗ Uncaught Error: Cannot require module "path".
  To use Node's require you need to call `snapshotResult.setGlobals` first!
        at require (<embedded>:248)
        at customRequire (<embedded>:268)
        at get_path (<embedded>:281)
        at module.exports (<embedded>:285)
        at window.js:35
```

▲ 圖 5-18 未找到全域模組的錯誤訊息

這個設定必須在使用模組快照之前完成，所以需要將設定的程式放到檔案的開頭，程式如下所示。

```
// Chapter5-5/window.js
...
snapshotResult.setGlobals(
  global,
  process,
  window,
  document,
  console,
  global.require
)
const snap = snapshotResult.customRequire.cache['./snapshots/snapshots.
js'].exports;
...
```

為了保障向大家展示的範例能正常執行，這裡將 snapshots.js 中輸出的方法被呼叫後的傳回值顯示在頁面中。如果它能正常顯示，則說明程式正常執行。為此，在 window.js 和 index.html 中加入如下程式。

```
// Chapter5-5/index.html
...
<body>
    <div id='snapshots' class='info'>
        <label>Path：</label>
        <span>Loading</span>
    </div>
        ...
<body>
...

// Chapter5-5/window.js
...
document.querySelector('#snapshots span').innerHTML = snap();
...
```

透過 npm run start 執行程式，可以在系統資訊的上方看到 snap 方法傳回的值，如圖 5-19 所示。

Path：	a/b/c
CPU：	Intel(R) Core(TM) i5–1038NG7 CPU @ 2.00GHz
CPU架構：	x64
平台：	darwin
剩餘記憶體：	4.90G
總記憶體：	16.00G

▲ 圖 5-19 正常顯示的資訊介面

5. 改造 require 實現自動引入

透過把原本 require 引入模組的方式改為 snapshotResult.customRequire. cache 雖然可以讓程式順利執行，但是在模組較多的情況下，需要一定的工作量才能將需要使用 snapshots 的模組替換完成。不僅如此，開發者還必須對哪些模組需要被替換非常了解，如果替換不完全，可能會導致程式無法執行或達不到最佳化的效果。因此我們需要一種方式能讓 require 方法自動判斷是否要使用對應的 snapshots 模組。該方式透過重寫並覆蓋原生的 require 邏輯，在其中加入當前被引入的模組是否有 snapshots 的判斷邏輯，如果有則匯出 snapshots 中的模組，如果沒有則走正常的 require 流程。在 snapshots 目錄中新建一個名為 wrapRequire 的 JavaScript 指令檔，接下來在該檔案中實現這個功能，程式如下所示。

```javascript
// Chapter5-5/snapshots/wrapRequire.js
//首先判斷snapshotResult是否存在，只有在存在的情況下才對require進行wrap操 作
if (snapshotResult) {
  const path = require('path')
  const Module = require('module')

  const rootPath = process.cwd();

  // wrap原生的require模組
  Module.prototype.require = function (module) {
    const absoluteFilePath = Module._resolveFilename(module, this, false)
    let modulePath = path.relative(rootPath, absoluteFilePath)
    if (!modulePath.startsWith('./')) {
      modulePath = `./${modulePath}`
    }
    modulePath = modulePath.replace(/\\/g, '/');

    // 判斷snapshots中是否有該模組
    let cachedModule = snapshotResult.customRequire.cache[modulePath]

    if (!cachedModule) {
      // 該模組在snapshots中不存在，走正常的require流程
      return Module._load(module, this, false);
    }else{
```

```
    // 該模組在snapshots中存在,將直接傳回
    return cachedModule.exports;
  }
 }
}
```

接下來只需要在視窗頁面的入口指令稿中將 wrapRequire.js 在指令稿開頭引入就可以使用了,程式如下所示。

```
// Chapter5-5/window.js
const os = require('os');
// 引入wrapRequire模組
require('./snapshots/wrapRequire');
snapshotResult.setGlobals(
  global,
  process,
  window,
  document,
  console,
  global.require
)
const snap = require('./snapshots/snapshots.js');
...
```

6. 最佳化效果

目前 snapshots.js 中的程式較少,無法看出這個方法最佳化的效果。在真實的專案中,無論引入的是三方模組還是業務邏輯,其程式量都遠超於它。現在我們嘗試在 snapshots.js 中引入目前開發頁面時比較流行的 react 及其相關套件,然後將它們產生 snapshots 來展示一下使用 snapshots 技術前後效果的對比。

首先,透過下面的命令安裝 react、react-router、react-dom、redux 到專案中。

```
npm install --save react react-router react-dom redux
```

接著，在 snapshots.js 中引入這些模組，程式如下所示。

```
// snapshots/snapshots.js
const path = require('path')

require('react');
require('react-redux');
require('react-dom');
require('react-router');

module.exports = function () {
  return path.join('a', 'b', 'c')
}
```

透過執行 npm run build-snapshots 命令產生 snapshots，然後透過 npm run start 命令啟動應用。透過在 devtools 的 performance 面板中錄製性能報告，可以看到指令稿初始化的時間只有 12.14 ms，如圖 5-20 所示。

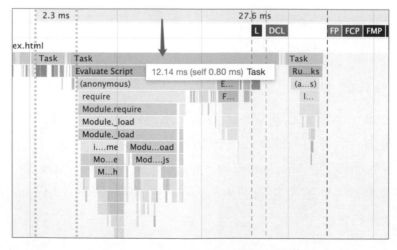

▲ 圖 5-20 最佳化後指令稿的載入時間

如果我們不使用 snapshots，直接使用原生的 require 引入這些模組，在錄製性能資料後可以看到這些指令稿的初始化總共花了 83.40 ms，是最佳化後的資料的近 7 倍，如圖 5-21 所示。

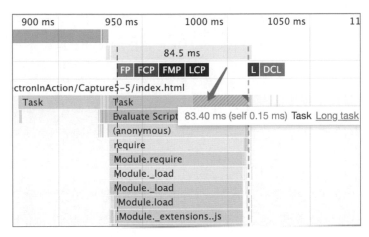

▲ 圖 5-21　最佳化前指令稿的載入時間

5.6　總結

（1）Electron 接收命令列參數的方式與 Node.js 相同，都可以透過 process.argv 獲取到命令列中的自訂參數。在 process.argv 傳回的陣列中，從第 3 個元素開始為傳入的自訂參數。

（2）透過命令列傳參的方式，可以實現在不改動原始程式碼的情況下，改變應用的表現和行為。

（3）Electron 中 Chromium 的預設表現和行為可以透過兩種方式來改變：①在啟動命令後追加參數。②使用 app.commandLine.appendSwitch 方法

（Chromium 提供了一系列可用於設定的參數，開發人員可以在 Electron 官網或 Chromium 官網進行查看和學習）。

（4）使用 setAsDefaultProtocolClient 方法可以在系統登錄中註冊自訂協定。在瀏覽器中可以透過註冊好的協定 URL 開啟桌面應用。自訂的協定可以在 Windows 系統登錄的 HKEY_CLASSES_ROOT 目錄下被找到。

（5）Electron 在 Windows 平台上沒有提供專門的事件回應透過自訂協定啟動的程式，但開發人員可以在 second-instance 事件中對啟動參數進行判斷，如果參數中包含自訂協定字串，則可以認為當前啟動為透過自訂協定啟動。

（6）如果想要在應用第一次執行前註冊自訂協定，可以撰寫在安裝階段執行的 nsh 指令稿來實現。當然，也可以在移除階段執行 nsh 指令稿來將登錄檔中的自訂協定刪除。

（7）Electron 提供了 setLoginItemSettings 方法來實現桌面應用程式開機自動啟動。該方法的原理是透過在 Windows 系統登錄的 HKEY_CURRENT_USER\Software\ Microsoft\Windows\CurrentVersion\Run 路徑下寫入應用程式啟動路徑實現的。

（8）V8 snapshots 技術可以有效地最佳化 Electron 應用的啟動速度。

本地能力

Electron 應用相比於傳統的 Web 應用擁有更強大的本地呼叫能力,這個優勢使得開發者可以突破瀏覽器的限制來實現一些更加複雜的功能。例如在第 2 章中我們實現的系統資訊展示應用,就利用了 Node.js 的 API 來獲取系統資訊,並在快取資料時對本地檔案進行了讀寫入操作。又如第 5 章中我們實現的自訂協定和開機自啟動功能,也是透過操作 Windows 系統的登錄檔來實現的。不僅如此,Windows 系統提供了很多有用的 DLL(dynamic link library)函數庫,這些函數庫中包含了很多現成的功能函數,應用程式可以使用這些功能函數來直接實現業務需求,從而避免重複造輪子,減少開發時間。這些能力都是在瀏覽器環境中不具備的,或許上述個別的能力可以透過瀏覽器外掛程式獲得,但是其相容性無法得到保證。在本章我們將展示如何在 Electron 中利用這些本地能力來實現功能。學習這部分的內容將有助於你開發出更複雜的桌面應用程式,接下來就開始吧!

6.1 登錄檔

登錄檔可以視為一個在 Windows 系統中儲存大量鍵值對資料的地方,它是 Windows 系統組態資訊的一個集合,裡面儲存的是軟體、硬體、使用者使用偏好以及系統設定等資訊,它們決定著系統及軟硬體的各種表現和行為。Windows 系統提供了登錄編輯程式來查看和修改登錄檔資訊,開啟它的步驟如下。

(1)按 win+R 鍵開啟「執行」視窗。
(2)在輸入框中輸入 "regedit" 後點擊「確定」按鈕。

如圖 6-1 所示為開啟的「登錄編輯程式」視窗介面。

▲ 圖 6-1 Windows 系統的登錄編輯程式介面

當然,登錄編輯程式本身也是一個應用程式,它在 Windows 系統中的檔案路徑為 C:\Windows\System32\regedt32.exe。在檔案管理員中找到這個應用,透過按兩下圖示也可以啟動登錄編輯程式。

登錄編輯程式是提供給系統使用者使用的,而對於開發者而言,對登錄檔的操作更多透過程式來實現。透過程式操作登錄檔主要分為讀和寫兩種場景,下面兩節的內容將分別展示如何在 Electron 應用中實現讀寫登錄檔資料的功能。

由於登錄檔相關的知識不是本章內容的重點，所以對其中用到的一些概念不會做過多的講解。如果你在學習本節內容前，對 Windows 系統登錄相關的知識比較陌生，建議你先在微軟的官方文件中學習登錄檔相關的知識，這有助於你更快地掌握即將學習的內容。

6.1.1 reg 命令

Windows 系統自身提供了一個名為 reg.exe 的登錄檔命令列工具來讓開發者透過命令的方式操作登錄檔，它位於 C:\Windows\System32\ 路徑下。除了視覺化功能之外，該命令列工具與登錄編輯程式擁有同樣的功能，都可以對登錄檔進行增刪改查操作。如果對登錄檔比較熟悉的情況下，直接使用 reg 命令來操作登錄檔可能會更加高效，因為我們不需要在登錄編輯程式 UI 介面的樹形結構中　個一個展開來查詢對應的登錄檔項，然後再進行操作。我們在 Windows 系統可以透過如下步驟使用 reg 命令列工具。

（1）按 win+R 鍵開啟「執行」視窗，如圖 6-2 所示。

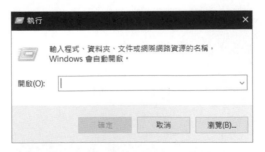

▲ 圖 6-2 Windows 系統的執行視窗

（2）在輸入框中輸入 "cmd" 後點擊「確定」按鈕，開啟 Windows 命令列工具。

......

（3）在命令列中輸入 "reg /?" 命令，按 Enter 鍵，可以看到在命令列結果
中列出了 reg 提供的所有操作登錄檔的方法，如圖 6-3 所示。

```
Operation  [ QUERY    | ADD     | DELETE  | COPY     |
             SAVE     | LOAD    | UNLOAD  | RESTORE  |
             COMPARE  | EXPORT  | IMPORT  | FLAGS ]

傳回碼: (除了 REG COMPARE)

0 - 成功
1 - 失敗

針對特定操作類型的說明:

  REG Operation /?

範例:

  REG QUERY /?
  REG ADD /?
  REG DELETE /?
  REG COPY /?
  REG SAVE /?
  REG RESTORE /?
  REG LOAD /?
  REG UNLOAD /?
  REG COMPARE /?
  REG EXPORT /?
  REG IMPORT /?
  REG FLAGS /?
```

▲ 圖 6-3 輸入 "reg /?" 命令的結果

reg 工具提供的所有操作方法如下。

- REG Query
- REG Add
- REG Delete
- REG Copy
- REG Save
- REG Load
- REG Unload
- REG Restore
- REG Compare
- REG Export

- REG Import
- REG Flags

如果你想了解這些方法具體是怎麼使用的，可以在輸入命令時在方法名後面追加 "/?" 字串來查看。以 REG QUERY 為例，我們在命令列中輸入 "REG QUERY /?"，按 Enter 鍵後，可以看到如圖 6-4 所示的結果。

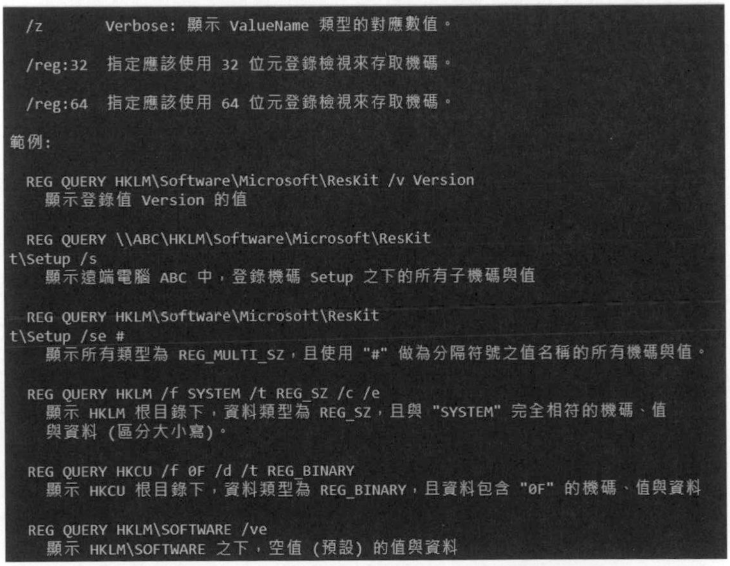

```
/z          Verbose: 顯示 ValueName 類型的對應數值。

/reg:32    指定應該使用 32 位元登錄檢視來存取機碼。

/reg:64    指定應該使用 64 位元登錄檢視來存取機碼。

範例:

 REG QUERY HKLM\Software\Microsoft\ResKit /v Version
    顯示登錄值 Version 的值

 REG QUERY \\ABC\HKLM\Software\Microsoft\ResKit
t\Setup /s
    顯示遠端電腦 ABC 中，登錄機碼 Setup 之下的所有子機碼與值

 REG QUERY HKLM\Software\Microsoft\ResKit
t\Setup /se #
    顯示所有類型為 REG_MULTI_SZ，且使用 "#" 做為分隔符號之值名稱的所有機碼與值。

 REG QUERY HKLM /f SYSTEM /t REG_SZ /c /e
    顯示 HKLM 根目錄下，資料類型為 REG_SZ，且與 "SYSTEM" 完全相符的機碼、值
    與資料 (區分大小寫)。

 REG QUERY HKCU /f 0F /d /t REG_BINARY
    顯示 HKCU 根目錄下，資料類型為 REG_BINARY，且資料包含 "0F" 的機碼、值與資料

 REG QUERY HKLM\SOFTWARE /ve
    顯示 HKLM\SOFTWARE 之下，空值 (預設) 的值與資料
```

▲ 圖 6-4 輸入 "REG QUERY /?" 命令的結果

接下來的內容，我們將挑選其中使用頻次較高的幾個方法進行詳細講解。

6.1.2 查詢登錄檔項

開發人員可以透過執行如下命令查詢登錄檔項。

```
reg query <keyname> [{/v <Valuename> | /ve}] [/s] [/se <separator>] [/f
<data>] [{/k | /d}] [/c] [/e] [/t <Type>] [/z]
```

（1）query 命令的參數看起來非常多，由於使用頻率最高的是 keyname 和 Valuename 兩個參數，因此接下來將重點講解這兩個參數。

- keyname：登錄檔項的全路徑，指定命令需要查詢登錄檔的哪個登錄檔項。可以指定存取遠端電腦上的登錄檔項，但是大多數情況下使用不到遠端存取的功能。該路徑中需要包含有效的根路徑，如 HKCU、HKCR、HKLM、HKU 以及 HKCC，它們分別為圖 6-5 中根目錄全名的縮寫。

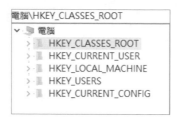

▲ 圖 6-5　登錄檔根路徑的全名

- Valuename：登錄檔項的值名稱，指定命令需要查詢該登錄檔項的哪個值。如果為空，將會傳回該登錄檔項的所有值名稱。圖 6-6 中方框內的值即為 Valuename。

▲ 圖 6-6　Valuename 代表的值

（2）/ve：用於查詢登錄檔項值名稱為預設值的情況。

在第 5 章關於自訂協定的章節中，我們透過 setAsDefaultProtocolClient 方法在登錄檔中的 HKEY_CLASSES_ROOT 目錄下，建立了一個名為

sysInfoApp\shell\open\command 的登錄檔項,並在其中設定了一個內容為應用啟動路徑的字串值。現在我們嘗試透過 reg query 命令查詢該登錄檔項目。由於當時在設定值的時候,值名稱使用的是預設值,所以需要在如下命令中增加 /ve 參數來查詢。

```
reg query HKEY_CLASSES_ROOT\sysInfoApp\shell\open\command /ve
```

在命令列中輸入該命令並按 Enter 鍵後,可以看到如圖 6-7 所示的結果。

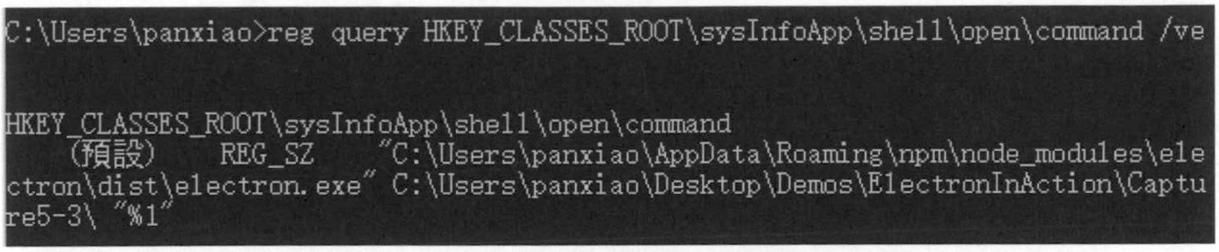

```
C:\Users\panxiao>reg query HKEY_CLASSES_ROOT\sysInfoApp\shell\open\command /ve

HKEY_CLASSES_ROOT\sysInfoApp\shell\open\command
    (預設)    REG_SZ    "C:\Users\panxiao\AppData\Roaming\npm\node_modules\ele
ctron\dist\electron.exe" C:\Users\panxiao\Desktop\Demos\ElectronInAction\Captu
re5-3\ "%1"
```

▲ 圖 6-7 查詢自啟動登錄檔項的結果

從圖 6-7 可以看到,該 query 命令傳回了我們之前建立的登錄檔項的值。下面以一個實際的案例來展示如何在 Electron 中使用 reg 命令來讀取登錄檔資訊。

在本章開頭所提到的一些功能都是透過寫登錄檔來實現的,但是在其他一些場景中,開發人員也需要透過讀取登錄檔中的值來實現功能。例如,某些應用要在執行的過程中開啟另外一個已經在系統中安裝好的應用,那麼程式需要知道這個應用被使用者安裝在哪個路徑下。絕大多數情況下,這個路徑可以在登錄檔中找到。從登錄檔中獲取到該路徑後,應用可以透過呼叫命令的方式開啟該應用。

接下來我們將實現一個簡單的應用,該應用的視窗頁面中有一個按鈕,使用者點擊這個按鈕之後可以開啟一個名為 "EasiClass" 的桌面應用程式。

EasiClass 應用在登錄檔中寫入安裝路徑的登錄檔項位於 HKEY_LOCAL_
MACHINE\SOFTWARE\WOW6432Node\Seewo\EasiClass，它的值名稱為
ExePath，我們需要先撰寫 reg 命令來查詢該應用的安裝路徑，命令如下。

```
reg query HKEY_LOCAL_MACHINE\SOFTWARE\WOW6432Node\Seewo\EasiClass /v ExePath
```

我們先在 Windows 的 CMD 命令列工具中執行該命令，看看執行結果是
否為我們預期的，結果如圖 6-8 所示。

```
C:\Users\panxiao>reg query HKEY_LOCAL_MACHINE\SOFTWARE\WOW6432Node\Seewo\EasiClass /v ExePath
HKEY_LOCAL_MACHINE\SOFTWARE\WOW6432Node\Seewo\EasiClass
    ExePath    REG_SZ    C:\Program Files (x86)\Seewo\EasiClass\EasiClass_2.1.1.5430\EasiClass.e
xe
```

▲ 圖 6-8 查詢 EasiClass 應用安裝路徑的結果

圖 6-8 所示的結果顯然只有路徑部分是我們需要的，所以為了將路徑值單
獨提取出來，我們還需要在上面的命令中加入 for 指令。

```
for /f "tokens=3*" %a in ('reg query HKEY_LOCAL_MACHINE\SOFTWARE\
WOW6432Node\ Seewo\EasiClass /v ExePath  ^|findstr /ri "ExePath"') do echo
%a %b
```

上面的命令首先是透過 findstr 指令找到傳回結果中 ExePath 字串所在的
行，然後透過 for 指令獲取以空格為分隔符號並從第 3 個 token 開始的剩
餘字串。在命令列工具執行該命令後，可以看到如圖 6-9 所示的結果。

```
C:\Users\panxiao>for /f "tokens=3*" %a in ('reg query HKEY_LOCAL_MACHINE\SOFTWARE\WOW6432Node\Seewo\EasiClass /v ExePat
h |findstr /ri "ExePath"') do echo %a %b

C:\Users\panxiao>echo C:\Program Files (x86)\Seewo\EasiClass\EasiClass_2.1.1.5430\EasiClass.exe
C:\Program Files (x86)\Seewo\EasiClass\EasiClass_2.1.1.5430\EasiClass.exe
```

▲ 圖 6-9 增加 for 指令後執行的結果

接下來需要在應用中新建一個名為 reg.js 的指令檔，該指令稿透過執行上
面的命令並獲取傳回結果，程式如下所示。

```
// Chapter6-1-1/ reg.js
const cp = require('child_process');

function getEasiClassPath(){
  return new Promise(function(resolve, reject){
    cp.exec(`for /f "tokens=3*" %a in (\'reg query HKEY_LOCAL_MACHINE\\
SOFTWARE\\ WOW6432Node\\Seewo\\EasiClass /v ExePath ^|findstr /ri
"ExePath"\') do echo %a%b`,
    function(err, stdout, stderr){
      if(err || stderr){
        reject(err || stderr);
      }else{
        resolve(err,stdout.split('\r\n')[2]);
      }
    })
  })
}

module.exports =  getEasiClassPath;
```

在 reg.js 指令稿中使用到了 Node.js 中 child_process 模組的 exec 方法來執行上面的命令。exec 方法在執行完成後會觸發一個回呼函數，並將 err、stdout、stderr 三個參數傳入回呼函數中，這些參數的作用如下。

- err：exec 方法執行的成功與否。
- stdout：命名正確的執行結果。
- stderr：命令錯誤的執行結果。

指令稿中首先定義了一個傳回值為 promise 的 getEasiClassPath 方法，然後在 promise 的回呼函數中呼叫 exec 方法執行登錄檔查詢命令。接著在 exec 方法的回呼中，透過判斷 err 和 stderr 是否非空來判斷當前命令是否執行成功，如果這兩個參數其中一個的值不為空，則認為命令執行失敗，呼叫 reject 方法的同時將錯誤資訊傳入參數。當命令執行成功時，透過字串分隔操作可以將我們所需要的路徑值從 stdout 參數中取出後傳入 resolve 方法。在指令稿的最後，我們將 getEasiClassPath 方法匯出。

按照需求，接下來需要在視窗頁面中加入一個啟動按鈕，實現點擊按鈕後啟動 EasiClass 應用的功能，程式如下所示。

```
// Chapter6-1-2/index.html
...
<body>
    <button id='open-app'>開啟EasiClass應用</button>
    <script type="text/javascript" src="./window.js"></script>
</body>
...


// Chapter6-1-2/window.js
const getEasiClassPath = require('./reg');
const { shell } = require('electron')

document.querySelector('#open-app').addEventListener('click', function(){
  getEasiClassPath().then(function(result){
    shell.openPath(result);
  })
});
```

我們在頁面指令稿 window.js 中引入前面實現的 reg 模組，在按鈕被點擊時呼叫它曝露出來的 getEasiClassPath 方法來獲取 EasiClass 應用的安裝路徑，然後透過 Electron 提供的 shell.openPath 方法啟動 EasiClass。shell 模組將使用預設的應用程式管理檔案和 URL，開發人員可以用該模組提供的方法指定本地路徑來開啟應用，同時也可以透過預設瀏覽器開啟一個傳入的 URL 位址。

透過 npm run start 啟動應用，可以看到如圖 6-10 所示的介面。

▲ 圖 6-10　包含開啟 EasiClass 應用按鈕的介面

點擊「開啟 EasiClass 應用」按鈕，可以看到 EasiClass 應用被啟動起來了，如圖 6-11 所示。

▲ 圖 6-11　EasiClass 應用的啟動頁

6.1.3　增加或修改登錄檔項

開發人員可以透過執行如下命令增加登錄檔項。

```
reg add <keyname> [{/v Valuename | /ve}] [/t datatype] [/s Separator] [/d
Data] [/f]
```

命令中的參數 keyname、/v Valuename 以及 /ve 的作用與 query 命令是相同的,這裡不重複講解,下面會講解差異參數中使用相對較多的部分。

■ /t:登錄檔值的類型,這個類型值必須是以下值的其中一個。

　　‧ REG_SZ

　　‧ REG_MULTI_SZ

　　‧ REG_DWORD_BIG_ENDIAN

　　‧ REG_DWORD

　　‧ REG_BINARY

　　‧ REG_DWORD_LITTLE_ENDIAN

　　‧ REG_LINK

　　‧ REG_FULL_RESOURCE_DESCRIPTOR

　　‧ REG_EXPAND_SZ

　　在上一節中,我們使用到的 ExePath 的數值型別為 REG_SZ,表示它是一個字串類型。

■ /s:當登錄檔項的數值型別為 REG_MULTI_SZ 時,用於指定多個字串中間的分隔符號。

■ /d:登錄檔項的值。

　　還記得 5.3 節中透過自訂協定啟動應用的場景嗎?無論是透過 setAsDefault ProtocolClient 還是 .nsh 指令稿的方式自訂協定,底層都是透過在登錄檔中建立對應的登錄檔項來實現的。接下來,我們將直接使用 reg 命令操作登錄檔來實現自訂協定。

首先,在介面中新增一個「增加自訂協定」按鈕,點擊該按鈕後在登錄檔的 HKEY_CLASSES_ROOT\sysInfoApp\shell\open\command 中增加一個值名稱為預設的路徑值,程式如下所示。

```
// Chapter6-3/index.html
<body>
    <button id='open-app'>開啟EasiClass應用</button>
    <!-- 新增按鈕-->
    <button id='reg-protocol'>增加自訂協定</button>
    <script type="text/javascript" src="./window.js"></script>
</body>

// Chapter6-1-1/reg.js
const cp = require('child_process');

function getEasiClassPath() {
  return new Promise(function (resolve, reject) {
    cp.exec(`for /f "tokens=3*" %a in (\'reg query HKEY_LOCAL_MACHINE\\
SOFTWARE\\ WOW6432Node\\Seewo\\EasiClass /v ExePath ^|findstr /ri
"ExePath"\') do echo %a %b`,
      function (err, stdout, stderr) {
        if (err || stderr) {
          reject(err || stderr);
        } else {
          console.log('resolve', stdout.split('\r\n')[2])
          resolve(stdout.split('\r\n')[2]);
        }
      })
  })
}

function regProtocol() {
  return new Promise(function (resolve, reject) {
    cp.exec(`reg add HKEY_CLASSES_ROOT\\sysInfoApp\\shell\\open\\command
/ve /t REG_SZ /d "\"C:\\Users\\panxiao\\AppData\\Roaming\\npm\\node_
modules\\electron\\dist\\ electron.exe\" C:\\Users\\panxiao\\Desktop\\
Demos\\ElectronInAction\\Capture6-1-1\\ \"%1\""`,
      function (err, stdout, stderr) {
        if (err || stderr) {
```

```
            reject(err || stderr);
        } else {
            console.log('resolve', stdout.split('\r\n')[2])
            resolve(stdout.split('\r\n')[2]);
        }
    })
  })
}

module.exports = {
  getEasiClassPath,
  regProtocol
};
```

在 reg.js 指令稿中新增了 regProtocol 函數，該函數傳回值為 promise，
它透過在命令列中執行 reg 工具提供的 add 命令將我們指定的登錄檔項
增加進登錄檔中。另外我們修改了 reg.js 指令稿的 module.exports，將原
本只曝露 getEasiClassPath 方法修改為曝露一個包含 getEasiClassPath 和
regProtocol 方法的物件以供外部使用。

接著在 window.js 中給新增的按鈕註冊點擊事件，在事件回呼函數中呼叫
regProtocol 方法。如果登錄檔項增加成功，則彈出提示框進行通知，程
式如下所示。

```
// Chapter6-1-3/window.js
const {getEasiClassPath, regProtocol} = require('./reg');
const { shell } = require('electron')
...
document.querySelector('#reg-protocol').addEventListener('click',
function(){
    regProtocol().then(function(result){
        alert('增加成功，可以透過 sysInfoApp://params 開啟應用')
    })
});
```

透過 npm run start 啟動應用,點擊「增加自訂協定」按鈕,可以看到如
圖 6-12 所示的介面和提示。

▲ 圖 6-12 成功增加登錄檔的提示

看到該提示視窗後開啟瀏覽器,在網址列中輸入 sysInfoApp://params 並
按 Enter 鍵,就可以啟動對應的程式了,如圖 6-13 所示。

▲ 圖 6-13 透過自訂協定啟動應用

reg 命令沒有提供專門的方法來修改登錄檔中已經存在的登錄檔項。如果開發者想要修改已有的登錄檔項，同樣可以使用 add 方法來實現。當呼叫 add 方法時，如果登錄檔中存在了相同名稱的登錄檔項，命令列會詢問開發者是否要覆蓋它，如圖 6-14 所示。

```
C:\Users\panxiao>reg add HKEY_CLASSES_ROOT\s
值 name 已存在,要覆蓋嗎 (Yes/No)? yes
操作成功完成。
```

▲ 圖 6-14 詢問是否要覆蓋登錄檔項

在 Electron 中使用 child_process.exec 執行 add 命令進行覆蓋操作時，要對控制台的輸出進行判斷，看是否詢問「是否覆蓋」，然後透過 stdin 輸入 yes 或 no 字串來繼續執行。如果你不想實現這個邏輯，也可以直接在 add 命令中加入 /f 參數，這樣命令列將不會詢問而是直接執行覆蓋，如圖 6-15 所示。

```
C:\Users\panxiao>reg add HKEY_CLASSES_ROOT\sysInfoApp\shell\open\command /v name /t REG_SZ /d 123 /f
操作成功完成。
```

▲ 圖 6-15 加上 /f 參數後的執行效果

6.1.4 刪除登錄檔

開發人員可以透過執行如下命令增加登錄檔項。

```
reg delete <keyname> [{/v Valuename | /ve | /va}] [/f]
```

熟悉了查詢、增加以及修改命令的使用，刪除命令就非常簡單了。delete 命令中大部分參數與前面的操作相同，唯一不同的是 /va 參數。如果在 delete 命令中帶上 /va 參數，執行後會將某個註冊項中的全部值都刪除。下面來試一試透過該參數刪除 HKEY_CLASSES_ROOT\sysInfoApp\

shell\open\command 下面全部的值。我們先透過 add 命令新建一個值名稱為 name 的值，然後刷新登錄檔，能看到 HKEY_CLASSES_ROOT\sysInfoApp\shell\open\command 下的資料情況，如圖 6-16 所示。

名稱	類型	資料
ab (預設值)	REG_SZ	C:\Users\panxiao\AppData\Roaming\npm\nc
ab name	REG_SZ	1244

▲ 圖 6-16 新增的登錄檔值

撰寫並執行如下命令刪除它們。

```
reg delete HKEY_CLASSES_ROOT\sysInfoApp\shell\open\command /va
```

在 CMD 命令列工具中執行這條命令後，顯示如圖 6-17 所示的結果。

```
C:\Users\panxiao>reg delete HKEY_CLASSES_ROOT\sysInfoApp\shell\open\command /va
要刪除登錄檔項目 HKEY_CLASSES_ROOT\sysInfoApp\shell\open\command 下的所有值嗎(Yes/No)? yes
操作成功完成。
```

▲ 圖 6-17 執行 delete 命令之後的結果

此時刷新登錄檔管理器，可以看到 HKEY_CLASSES_ROOT\sysInfoApp\shell\open\ command 下所有的值都已經被刪除，如圖 6-18 所示。

名稱	類型	資料
ab (預設值)	REG_SZ	(資料未設定)

▲ 圖 6-18 執行命令後的登錄檔介面

當然，如果不期望命令列提示確認刪除資訊，同樣可以在命令中加入 /f 參數來強制刪除。

6.2 呼叫本地程式

儘管 Electron 可以使用 npm 倉庫中豐富的三方模組，但在一些場景中我們的應用程式還是需要呼叫本地程式來實現一些功能，例如直接存取系統 API、使用系統元件或者是利用本地程式的性能優勢來處理大計算量的場景。也許一些功能是舊專案已經使用本地程式寫好的，在專案遷移到 Electron 時為了避免重複開發而重複使用這些本地程式，你需要在 Electron 的程式中呼叫它們來完成新的功能。當你準備重複使用它們時，你可能拿到的是 C 或 C++ 語言寫原始程式碼，或者直接是一個已經被封裝成 Windows DLL（動態連結程式庫）的檔案。在這兩種情況下，Electron 所需要使用的方法是不一樣的。接下來我們將重點講解這兩種場景的實現方式。

6.2.1 node-ffi

node-ffi（https://www.npmjs.com/package/ffi）是一個在 Node.js 中使用純 JavaScript 語法呼叫動態連結程式庫的 Node.js 三方模組，它能讓 Electron 應用程式開發者在不寫任何 C 或 C++ 程式的情況下使用動態連結程式庫中曝露出來的方法。接下來我們將使用 C 或 C++ 語言實現一個簡單的 DLL 函數庫，然後展示在 Electron 中如何使用 node-ffi 模組去呼叫它。

首先，我們來用 C 語言實現一個包含計算功能的 DLL 函數庫原始程式碼，程式如下所示。

```
// Dll/demo.h
extern "C" __declspec(dllexport) int sum(int size);


// Dll/demo.cc
```

```
#include "demo.h"
int sum(int size)
{
    int i;
    int result = 0;
    for(i=0;i<size;i++){
        result += i;
    }
    return result;
}
```

該 DLL 函數庫的原始程式中定義了一個 sum 方法，它將計算出從 0 累加到 size 的值並傳回。我們將使用 node-gyp 工具將原始程式碼編譯成 DLL 函數庫。node-gyp 是一個用 JavaScript 實現的跨平台命令列工具，專門用於將本地程式編譯成 addon 給 Node.js 使用。由於 node-gyp 執行的過程中曾依賴 Visual C++ build Tools 和 python 2.7，所以我們需要在開始之前以管理員身份執行 cmd 或 power shell，在命令列工具中使用如下命令安裝它們。

```
npm install --global --production --add-python-to-path windows-build-tools
```

可以看到如圖 6-19 所示的結果。

▲ 圖 6-19 windows-build-tools 安裝結果

圖中結果顯示 windows-build-tools 已經安裝成功。如果你在執行該命令後提示 windows-build-tools 安裝失敗，可以全域搜索 windows-build-tools

目錄，在裡面找到它的安裝套件按兩下進行安裝。接下來透過下面的命令安裝 node-gyp：

```
npm install node-gyp -g
```

node-gyp 依賴於當前我們所使用的 Node.js 的版本，所以使用 node-gyp 編譯對應的模組時，也會使用當前 Node.js 版本中的相關函數庫檔案和標頭檔。如果當前 Node.js 的版本與 Electron 中 Node.js 的版本不匹配，那麼在 Electron 中使用對應編譯好的模組將會顯示出錯，導致無法使用。仔細閱讀錯誤文字的內容，我們會發現很多關於變數和方法無法找到的問題。基於此，我們在使用 node-gyp 之前需要準確知道 node-gyp 的 Node.js 版本和 Electron 的 Node.js 版本，判斷它們是否匹配。

node-ffi 模組官方支援的 Node.js 版本最高只能到 V10，因此你也必須使用 V10 版本以下的 node-gyp 來編譯 node-ffi 模組。如圖 6-20 所示，Electron 在 V5 版本之後整合的 Node.js 版本為 V12 以上，所以 node-ffi 模組官方的原始程式只能在 Electron V4 及以下版本中使用。

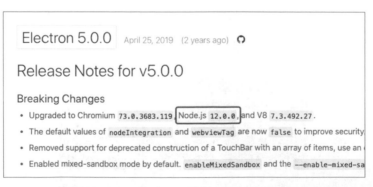

▲ 圖 6-20 Electron 5.0.0 版本中整合的 Node.js 版本

為此，我們將使用以下模組對應的版本來展示如何在 Electron 中使用 node-ffi 模組，如表 6-1 所示。

表 6-1 node-ffi 和 Electron 支持的 Node.js 版本

模組	版本
Node.js	10.12.0
node-ffi	2.30
Electron	4.2.12

從 Electron 的官網文件中可以看到，V4.2.12 版本整合的 Node.js 版本最低是 V10.11.0，因此這裡選用 V4.2.12 版本的 Electron 來做演示。

我們在專案外新建一個名為 DLL 的目錄，將上面撰寫完成的 math.h 和 math.cc 程式複製到該資料夾中。在使用 node-gyp 編譯它們之前，還需要在這個資料夾中新建一個名為 binding.gyp 的編譯設定檔，該檔案用於存放 node-gyp 編譯設定項，檔案內容程式如下所示。

```
// Dll/binding.gyp
{
    "targets": [
        {
            "target_name": "math",
            "type": "shared_library",
            "sources": [ "math.cc" ]
        }
    ]
}
```

targets 陣列存放編譯後各個最終檔案的設定，你可以在裡面指定多個目標設定來編譯出不同要求的函數庫檔案。這裡我們只設定了一個目標函數庫，該目標函數庫的名稱為 target_name 欄位的值 math。type 用於指定編譯後的函數庫類型，由於我們這裡需要的是 Windows 平台下的 DLL 函數庫檔案，所以將 type 的值設定為 shared_library。sources 用於指定你需要進行編譯的原始檔案路徑，此處為我們之前撰寫的 math.cc 檔案。

一切準備就緒，使用下面的命令進行編譯。

```
node-gyp clean configure build
```

在初次編譯的時候，node-gyp 會從 Node.js 官方網站下載依賴的編譯檔案，在網路不好的情況下會卡在某些依賴檔案的下載環節上，這個時候你需要查看編譯過程的日誌，判斷流程卡在哪個依賴檔案上。從筆者的個人經驗來看，絕大部分情況會卡在一個叫 node.lib 檔案的下載上。如果你有足夠的耐心，持續等待下去也是可以成功的，但很多時候會以拋出請求逾時錯誤而中止流程。要解決這個問題，可以自己在 Node.js 的就近鏡像來源網站中（http://npm.taobao.org/mirrors/node）找到對應版本的 node.lib 版本手動下載，然後複製它到對應的目錄。以目前我們的 Node.js 版本為例，在鏡像網站首頁的 Node.js 版本列表中，找到 V10.12.0 版本並點擊，我們可以看見 node.lib 套件就在 "v10.12.0/win-x64/" 路徑下，如圖 6-21 所示。

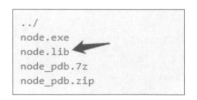

▲ 圖 6-21 node.lib 檔案在鏡像網站中的路徑

點擊 node.lib 連結進行下載，將它複製到 C:\Users\panxiao\AppData\Local\.node-gyp\Cache\10.0.0\x64 路徑下，重新執行上面的編譯命令。當看到命令行輸出如圖 6-22 所示的內容時，表示編譯成功。如果你在編譯的過程中遇到了其他依賴無法下載時，也可以採用同樣的步驟來解決。

```
gyp info spawn args    '/p:Configuration=Release;Platform=x64' ]
在此解決方案中一次生成一個專案。若要啟用平行生成,請增加 "/m" 開關。
  math.cc
  win_delay_load_hook.cc
    正在創建函數庫 C:\Users\panxiao\Desktop\Demos\ElectronInAction\Dll\build\Release\math.lib
正在生成程式
All 4 functions were compiled because no usable IPDB/IOBJ from previous compilation was foun
已完成程式的生成
  math.vcxproj -> C:\Users\panxiao\Desktop\Demos\ElectronInAction\Dll\build\Release\\math.dll
gyp info ok
```

▲ 圖 6-22　編譯成功的提示

根據 log 的指示,我們可以在 DLL 目錄下的 /build/Release/ 路徑下看到編譯輸出的 "shared_library" 檔案 math.dll。接下來,透過下面的命名在專案中安裝 node-ffi 模組。

```
npm install ffi -save
```

安裝 node-ffi 的過程分為兩個階段,第一階段 npm 會將 ffi 模組的原始程式下載下來,然後透過 node-gyp 進行編譯。這個過程是全自動的,你無須做任何操作。但是要注意,我們在安裝時也許會遇到各式各樣的編譯錯誤,網際網路上也有非常多關於 ffi 安裝過程出錯的文章,複習起來大部分是 windows-build-tools 安裝失敗、node-gyp 依賴檔案不全以及 Node.js 版本大於 10 導致的。依據筆者的經驗,如果你試過了網上所有的方法都無法解決,那麼嘗試重新安裝 windows-build-tools、Node.js 以及 node-gyp。

node-ffi 安裝成功後,並不代表者它能正常使用。假設我們在安裝 node-ffi 時使用的是 Node.js V10,而 Electron 中整合的是 Node.js V12,那麼在使用 node-ffi 模組時會拋出很多方法無法找到的異常。因此,請務必在安裝時確保 Node.js 版本的匹配。

Electron 官方提供了一個名為 Electron Rebuild（https://github.com/electron/ electron- rebuild）的工具，它可以自動辨識你當前使用的 Electron 版本並找出它整合的 Node.js 版本，接著使用該 Node.js 版本將指定模組重新進行編譯，使得編譯後的模組能被 Electron 正常使用。使用這個工具，可以緩解在安裝時必須匹配 Node.js 版本的問題。開發者可以在安裝 node-ffi 時無須關注當前系統使用的 Node.js 版本（但必須是 V10 及其以下），等到安裝完成後使用 Electron Rebuild 再重新編譯一次即可。不僅如此，你還可以指定 Electron Rebuild 一次性將整個 node_modules 中需要編譯的三方模組都進行重新編譯。

接下來我們將開始在 Electron 中使用 math.dll 提供的功能。

我們將 DLL 目錄下的 Release 資料夾複製到專案根目錄下，並新建一個名為 dll.js 的指令稿。dll.js 負責搭起 Node.js 與 DLL 之間的橋樑，程式如下所示。

```js
// Chapter6-2-1/dll.js
var ffi = require("ffi")
var ref = require("ref")
var int = ref.types.int

var demoDll = "./Release/demo.dll"

var demo = ffi.Library(demoDll, {
  sum: [int, [int]]
})

module.exports = demo;
```

檔案開頭除了引入了 node-ffi 模組，還引入了 ref模組。我們都知道 JavaScript 是弱類型語言，而 C/C++ 是強類型語言，在兩個語言對接的過程中需要對變數進行類型映射和轉換,這就是 ref 模組的作用。程式的開頭從 ref 模組中獲得了 int 類型的宣告,它將在呼叫 ffi.Library 方法映射函數時被用到。ffi.Library 方法提供了兩個參數,第一個參數需要我們傳入 DLL 檔案的相對路徑,此處傳入 ./Release/demo.dll。第二個參數需要傳入一個物件,該物件的 key 值為 DLL 函數庫匯出的函數名。這個函數名也就是後面在 Node.js 中被呼叫的函數名,此處為 sum。該 key 的 value 值為一個二維陣列,0 號元素表示 sum 方法的傳回數值型別,1 號元素是一個一維陣列,需要傳入 sum 方法的各個參數類型。我們之前定義 sum 方法的傳回數值型別為 int,同時它只有一個類型為 int 的參數,因此這裡 key 的 value 值寫為 [int, [int]]。

接下來在視窗頁面中加入一個輸入框和按鈕,當使用者在輸入框輸入數字並點擊按鈕後,將輸入框中的數字傳給 sum 方法並呼叫它,最後在輸入框下方顯示出 sum 方法的傳回值。我們在 index.html 和 window.js 中增加相關程式,程式如下所示。

```
// Chapter6-2-1/index.html
<body>
    <input type="number" id='number-input'/>
    <button id='sum-btn'>sum</button>
    <div id='result'></div>
    <script type="text/javascript" src="./window.js"></script>
</body>

// Chapter6-2-1/window.js
const demo = require('./dll');

document.querySelector('#sum-btn').addEventListener('click', function(){
    let number = document.getElementById('number-input').value;
    document.getElementById('result').innerHTML = demo.sum(number);
});
```

透過 npm run start 啟動應用，我們在輸入框中輸入數字 5，點擊 "sum" 按鈕後可以在輸入框下方看到計算結果，如圖 6-23 所示。

▲ 圖 6-23 sum 方法的執行結果

也許你會問，Electron V5 之後的版本已經將 Node.js 升級到 V12 版本了，而 node-ffi 只支援到 Node.js V10，是否 Electron V5 之後的版本都無法使用 DLL 了呢？當然不是，還有很多方法可以實現。

例如，雖然 node-ffi 官方不支持 Node.js V10 之後的版本了，但是有開發者還是在其原始程式基礎上進行延伸開發，發佈了一個支持 Node.js V12 的版本（https://github.com/lxe/node-ffi/tree/node-12）。你可以在 package.json 中指定下載該版本的 node-ffi 來使用。

另外，你也可以使用 node-ffi-napi（https://github.com/node-ffi-napi/node-ffi-napi）。它是一個基於 N-API 版本的 node-ffi，可以支持 Node.js V10 以上的版本。關於 N-API 是什麼以及它的使用方法我們會在下一節中進行講解。

本節中所提及的完整程式可以存取 https://github.com/ForeverPx/ElectronInAction/tree/main/Chapter6-2-1。在學習本章的過程中，建議你下載原始程式，親手建構並執行，以達到最佳學習效果。

6.2.2 N-API

Node.js 從 V8 版本開始，提供了一個新的方式來讓開發者實現在 Node.js 的程式中呼叫 C++ 實現的模組，它就是 N-API（https://nodejs.org/api/n-api.html）。

N-API 有什麼優勢呢？還記得我們在使用 node-ffi 模組時苛刻的環境和版本要求嗎？那時我們需要嚴格保證各個相關模組的版本一致、執行架構一致，否則就會導致編譯錯誤或者執行錯誤。不僅如此，隨著業務的發展，每當我們準備升級 Electron 的版本時，需要先考慮 Electron 目標版本所整合的 Node.js 版本是否被 node-ffi 所支援。如果確定支援，還需要用升級後的 Node.js 版本來重新編譯 C/C++ 模組。如果不支持，那麼就比較難對 Electron 的版本進行升級。這些額外的工作顯然給開發人員增加了不少的負擔。

Node.js 官方也意識到了這些問題，為了讓開發者能更方便使用和維護 C/C++ 模組，推出了 N-API。N-API 是一系列抽象的應用二進位介面（application binary interface，ABI）集合，它高度封裝了不同 Node.js 版本之間的差異，給開發者提供了一套統一的連線方式。由於 N-API 的版本（即 ABI 版本）與 Node.js 版本相互獨立，即使 Node.js 的版本不同，但是只要它們所包含的 N-API 版本相同或具有包含關係，那麼你就不需要重新編譯 C/C++ 模組，可以在不同版本下直接使用它們。

圖 6-24 與圖 6-25 為 N-API 版本與 Node.js 版本的映射關係。

圖中橫軸表示 N-API 的版本，縱軸表示其對應相容的 Node.js 版本。從圖中可以看出，從 N-API V4 版本開始為實驗性質的版本，它們所支援的 Node.js 版本非常有限，因此在選擇使用這些版本時需要謹慎。一般情況下，我們會在開發中選擇相容性最好的 V3 版本，它支持了從 V6 到最新版本的 Node.js。

	1	2	3
V6.x			V6.14.2*
V8.x	V8.6.0**	V8.10.0*	V8.11.2
V9.x	V9.0.0*	V9.3.0*	V9.11.0*
≥V10.x	all releases	all releases	all releases

▲ 圖 6-24 N-API 版本與 Node.js 版本關係映射圖 1

	4	5	6	7
V10.x	V10.16.0	V10.17.0	V10.20.0	
V11.x	V11.8.0			
V12.x	V12.0.0	V12.11.0	V12.17.0	V12.19.0
V13.x	V13.0.0	V13.0.0		
V14.x	V14.0.0	V14.0.0	V14.0.0	V14.12.0

▲ 圖 6-25 N-API 版本與 Node.js 版本關係映射圖 2

在上一節內容中，我們用 C 實現了一個 sum 函數，並將它編譯成 DLL 函數庫提供給 Electron 使用。接下來，我們將這部分程式改造成支援 N-API 的形式，並在 Electron 中使用 JavaScript 呼叫它們。

首先，我們新建一個 N-API 目錄，透過 npm init 命令在該目錄中初始化 package.json 檔案。然後透過如下命令安裝 node-addon-api（https://github.com/nodejs/node-addon-api）模組。

```
npm install node-addon-api -save
```

node-addon-api 模組提供了一些 C++ 標頭檔，這些標頭檔提供了 C++ 常用的資料型態以及錯誤處理方法，它可以簡化開發人員使用 C++ 語言呼叫 C 語言風格的 N-API。

將 DLL 資料夾下的 demo.cc 和 demo.h 檔案複製到新建立的 N-API 目錄中，修改它們的檔案內容以符合 N-API 的標準，程式如下所示。

```cpp
// N-API/demo.h
#include <napi.h>

namespace demo {
  int sum(int size);
  Napi::Number SumWrapped(const Napi::CallbackInfo& info);
  Napi::Object Init(Napi::Env env, Napi::Object exports);
}



// N-API/demo.cpp
#include "demo.h"
#include <napi.h>

int sum(int size)
{
  int i;
  int result = 0;
  for(i=0;i<size;i++){
    result += i;
  }
```

```
    return result;
}

Napi::Number SumWrapped(const Napi::CallbackInfo& info) {
  Napi::Env env = info.Env();
  if (info.Length() < 1 || !info[0].IsNumber() ) {
    Napi::TypeError::New(env,"Number expected").ThrowAsJava
ScriptException();
  }
  Napi::Number first = info[0].As<Napi::Number>();

  int returnValue = sum(first.Int32Value());

  return Napi::Number::New(env, returnValue);
}


Napi::Object Init(Napi::Env env, Napi::Object exports) {
  exports.Set("sum", Napi::Function::New(env, SumWrapped));
  return exports;
}

NODE_API_MODULE(NODE_GYP_MODULE_NAME, Init);
```

在 demo.cpp 檔案的開頭，引入了一個新的名為 napi.h 的標頭檔。該標頭
檔在前面的內容提到過，它是由 node-addon-api 模組提供的。可以看到
我們在程式中使用了非常多 napi.h 提供的物件類型，如 Napi::Number、
Napi::Env 以及 Napi::Object 等。

接著是我們熟悉的 sum 函數，這部分的程式是使用 C 語言撰寫的，不需
要進行變更。為了能對接上 N-API，我們需要宣告一個 SumWrapped 函
數將 sum 函數封裝起來，SumWrapped 函數負責將參數類型和傳回數值
型別包裝成 Napi 提供的類型，同時在函數內部對參數的異常進行判斷。

如果參數不符合要求，則拋出 Napi::TypeError 類型的異常。這個異常將
透過 ThrowAsJavaScriptException 方法轉換成同類型的 JavaScript 異常，
便於 JavaScript 開發者理解，從而更快捷地查詢問題。

Init 函數負責將 sum 函數曝露出來，類似於 Node.js 中的 module.exports。

在檔案最後，呼叫內建的 NODE_API_MODULE 方法將模組名和 Init
方法傳入，完成 N-API 的對接。在修改完 demo.cpp 後，對編譯設定檔
binding.gyp 進行修改，程式如下所示。

```
// N-API/binding.gyp
{
  "targets": [{
    "target_name": "demo_addon",
    "cflags!": [ "-fno-exceptions" ],
    "cflags_cc!": [ "-fno-cxceptions" ],
    "sources": [
      "./demo.cpp",
    ],
    'include_dirs': [
      "<!@(node -p \"require('node-addon-api').include\")"
    ],
    'libraries': [],
    'dependencies': [
      "<!(node -p \"require('node-addon-api').gyp\")"
    ],
    'defines': [ 'NAPI_DISABLE_CPP_EXCEPTIONS' ]
  }]
}
```

target_name 為編譯後產生的目的檔案名，demo.cpp 檔案最後一行中的
NODE_GYP_ MODULE_NAME 即為該屬性的值。

include_dirs 指定標頭檔包含目錄,! 是執行 shell 命令取輸出值,@ 是在列表中展開輸出的每一項。這裡將 node-addon-api 的標頭檔的目錄包含進來,使得在使用 #include <napi.h> 引入 node-addon-api 標頭檔時可以找到該檔案。

dependencies 指定編譯所需要的外部依賴,這裡也是將 node-addon-api 相關的函數庫引入。

現在所有的原始檔案已經準備就緒,使用下面的命令編譯它們。

```
node-gyp clean configure build
```

編譯成功後將產生 build 目錄,我們將要使用到的 addon 檔案就在 build/Release 路徑下,檔案名稱為 demo_addon.node。我們在繪製處理程序的程式中,將原本引入 DLL 相關的程式替換成引用 demo_addon.node 檔案,程式如下所示。

```
// Chapter6-2-2/window.js
const testAddon = require('./build/Release/demo_addon.node');
document.querySelector('#sum-btn').addEventListener('click', function(){
    let number = document.getElementById('number-input').value;
    document.getElementById('result').innerHTML = testAddon.sum(number);
});
```

透過 npm run start 啟動,在頁面輸入框中輸入一個整數,可以在下方看到對應的計算結果,如圖 6-26 所示。

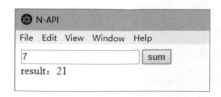

▲ 圖 6-26 sum 函數的計算結果

雖然 JavaScript 語言具有靈活性高、易於學習和使用的特點。但是它在處理巨量資料計算、音視訊編解碼等方面是比較弱的，這些方面如果用 C/C++ 語言來實現，其執行效率將會更高。雖然在很多場景下都有現成的 C/C++ 函數庫可以呼叫而不需要親自撰寫，但是在使用 N-API 對接的時候還是免不了需要寫對接的程式。如果你在這方面的知識儲備較少，那麼對接的過程將進行得非常困難。因此，桌面應用程式開發人員涉獵一些 C/C++ 語言知識是非常有必要的。希望本節內容能讓你對 N-API 的概念和使用方法有一定的了解。

本小節中所提及的完整程式可以存取 https://github.com/ForeverPx/ElectronInAction/ tree/main/Chapter6-2-2。在學習本章的過程中，建議你下載原始程式，親手建構並執行，以達到最佳學習效果。

6.3 本地儲存

資料是應用不可或缺的一部分，市面上絕大多數的應用都需要跟資料打交道。應用獲取資料的方式除了透過向伺服器請求獲取之外，還可以從本地磁碟中獲取。在一些場景中，應用需要將資料儲存在本地磁碟，然後在後續執行的過程中從磁碟中讀取出來，從而實現相關的功能，例如以下兩個場景。

1. 離線應用場景

為了讓使用者在裝置處於弱網或無網路的狀態下仍然能正常使用應用，應用需要將執行時期所需要的資料快取在本地。在傳統的 Web 場景中，開發者可能會使用 PWA 技術來實現。PWA 技術利用 Service worker 攔截請求可以將初次請求的資料或靜態資源快取在本地，在後續離線請求的中途直接傳回 cache 中的資料或靜態資源，從而實現 Web 應用的離線化。這對於網路不穩定的行動端環境來說是一個不錯的方案，它能讓使用者在這種情況下依然能正常瀏覽網頁，不受網路環境的影響。回到桌面應用場景，其中一部分應用是真正的純離線應用，這些應用自始至終都不需要與伺服器進行資料互動，所有的資料都在本地進行讀寫。要實現純離線功能，需要直接使用平台提供的儲存 API 來實現。

2. 性能最佳化場景

在應用啟動的過程中如果強依賴網路來請求資料，可能會因為網路原因導致啟動時間過長，使用者需要持續等待直到資料就緒後才能使用，這種情況是非常影響使用者體驗的。在啟動時先展示快取資料的方式可以讓使用者感知到應用啟動得更快，一定程度上提升了使用者體驗。

Electron 是基於 Node.js 和 Chromium 的，它們各自都有一套本機存放區方案。因此，我們在 Electron 中可以選擇的本機存放區方案有很多。常見的有 Cookie、Localstorage、SessionStorage、File 以及 IndexedDB 等。由於 Cookie、Localstorage 和 SessionStorage 在瀏覽器 Web 開發中使用頻率較高，大家對它們的使用方法應該比較熟悉了，因此本小節將只重點展示 File 和 IndexedDB。

接下來的內容，我們以一個簡單的筆記型電腦應用為範例，來分別展示如何在 Electron 應用中使用 File 和 IndexedDB 來儲存資料。該應用是純離線應用，不包含向伺服器請求資料相關的邏輯，所有的筆記資料都將儲存在裝置本地。

6.3.1 操作檔案儲存資料

首先,我們來撰寫使用 File 來儲存資料的版本。得益於 Node.js 提供的 fs 模組,開發人員可以在 Electron 應用中使用它提供的 API 來直接對檔案進行讀寫。

在開始撰寫應用之前,我們需要先設計資料儲存的位置以及資料格式。在 Windows 系統中,應用的資料一般會儲存在 %appdata% 指向的目錄中。%appdata% 是一個系統環境變數,在筆者的 Windows 系統中,它指向的是 C:\Users\panxiao\AppData\Roaming 目錄。我們直接在 Windows 檔案管理員的網址列中輸入 "%appdata%",就能自動開啟該目錄。我們在這個目錄下使用該應用的應用名 "MiniNotes" 建立一個資料夾,並在該資料夾中建立 data.json 檔案儲存筆記資料。正如檔案的副檔名所示,我們將以 JSON 作為資料儲存的基本格式。

在這個簡單的筆記應用中,一筆筆記資料將包含以下幾個欄位。

- title:筆記的標題。
- date:筆記建立或更新的時間戳記。
- content:筆記的正文內容。

除此之外,我們還需要使用一個陣列結構來儲存所有的筆記資料。JSON 資料完整的格式程式如下所示。

```
// data.json
{
    "list": [
        {
            "title": "",
            "date": ,
            "content": ""
```

```
        }
    ]
}
```

1. 架設專案結構與基礎設定

接下來將要開始架設筆記應用的專案結構。由於筆記應用中牽涉較多 UI
及互動的內容,為了讓開發更加高效且程式更容易維護,因此該專案的
頁面選擇使用 React+ webpack+Type Script 系列技術來實現。學習本章
節的範例,你不僅可以學會如何使用本地檔案儲存資料,還可以學會如
何在 Electron1 專案化地使用 React 來實現頁面與互動。讓我們馬上開始
吧!

要使得 React+webpack+Type Script 這三個技術能正常的配合和執行起
來,需要在專案中撰寫如下的設定檔。

(1)在專案的根目錄中,新建 Type Script 的設定檔 tsconfig.json,其中設
定了一些基礎的 TS 語法規則,其內容程式如下所示。

```
// Chapter6-3-1/tsconfig.json
{
  "compilerOptions": {
    "target": "es5",
    "module": "es2015",
    "allowJs": true,
    "jsx": "react",
    "strict": true,
    "moduleResolution": "node",
    "baseUrl": "./src",
    "allowSyntheticDefaultImports": true,
    "esModuleInterop": true,
    "skipLibCheck": true,
    "forceConsistentCasingInFileNames": true
  },
```

```
  "exclude": [
    "dist",
    "node_modules"
  ],
  "include": [
    "src/**/*.ts",
    "src/**/*.tsx"
  ]
}
```

（2）在專案根目錄下，建立 webpack 目錄，在該目錄下建立 webpack.
base.js 和 webpack.render.dev.js。在真實的專案中，不同的環境需要不同
的 webpack 設定。例如，在開發環境，專案需要使用 webpack devServer
來實現請求代理和頁面熱更新。而在生產環境，專案需要對靜態資源檔
開啟壓縮和混淆。一般情況下會使用不同的設定檔來區分不同的環境，
這裡也是如此。由於該範例不需要生產環境演示，所以這裡只需要實現
開發環境的設定 webpack.render.dev.js 即可。從設定中抽離 webpack.base.
js 是為了更好地重複使用公共邏輯，其內容中包含輸出設定以及通用
的 loader 設定。開發人員在後面需要實現生產環境設定時，無須重複寫
對應的設定程式，可以直接引入該設定後合併使用。webpack.base.js 和
webpack.render.dev.js 檔案內容的程式如下所示。

```
// Chapter6-3-1/webpack/webpack.base.js
const path = require('path');

module.exports = {
  output: {
    filename: '[name].[hash].js',
    path: path.resolve(__dirname, '../dist'),
  },
  resolve: {
    extensions: ['.js', '.jsx', '.ts', '.tsx'],
  },
```

```
module: {
  rules: [
    {
      test: /\.(js|jsx|ts|tsx)$/,
      exclude: /node_modules/,
      use: {
        loader: 'babel-loader',
      },
    },
    {
      test: /\.css$/,
      use: ['style-loader', 'css-loader', 'postcss-loader'],
    },
    {
      test: /\.less$/,
      exclude: /node_modules/,
      use: [
        'style-loader',
        {
          loader: 'css-loader',
          options: {
            modules: {
              localIdentName: '[name]__[local]__[hash:base64:5]',
            },
          },
        },
        'postcss-loader',
        'less-loader',
      ],
    },
    {
      test: /\.(png|jpe?g|gif|svg|mp4|mp3)(\?\S*)?$/,
      exclude: /node_modules/,
      use: ['file-loader'],
    },
  ],
```

```
  },
};


// Chapter6-3-1/webpack/webpack.render.dev.js
const path = require('path');
const { merge } = require('webpack-merge');
const baseConfig = require('./webpack.base');
const HtmlWebpackPlugin = require('html-webpack-plugin');
const SpeedMeasurePlugin = require('speed-measure-webpack-plugin');
const smp = new SpeedMeasurePlugin();


const devConfig = {
  mode: 'development',
  entry: {
    index: path.resolve(__dirname, '../window/index.tsx'),
  },
  target: 'electron-renderer',
  devtool: 'inline-source-map',
  devServer: {
    contentBase: path.join(__dirname, '../dist'),
    compress: true,
    host: '127.0.0.1',           // 指定伺服器IP
    port: 7001,                  // 啟動通訊埠為 7001 的服務
    hot: true,
  },
  plugins: [
    new HtmlWebpackPlugin({
      template: path.resolve(__dirname, '../window/index.html'),
      filename: path.resolve(__dirname, '../dist/index.html'),
      chunks: ['index'],
    }),
  ],
};


module.exports = smp.wrap(merge(baseConfig, devConfig));
```

我們重點來看 webpack.render.dev.js 檔案的三個部分。第一部分是在檔案
的開頭引入了 webpack 公共的設定檔 webpack.base.js，然後在檔案的尾
端透過 merge 方法將兩個設定檔進行合併。第二部分是設定了 devServer
把 dist 目錄作為靜態服務的根目錄，指定了對外提供服務的 IP 位址和通
訊埠，同時開啟了熱更新功能。第三部分是使用了 HtmlWebpackPlugin
外掛程式透過範本產生頁面 HTML 檔案。

由於在 webpack.base.js 檔案中給專案中尾碼名為 js、jsx、ts 以及 tsx 的
檔案設定了 babel-loader，因此我們還需要在專案根目錄下新建一個名為
babel.config.js 的 babel 設定檔，程式如下所示。

```js
// Chapter6-3-1/babel.config.js
module.exports = {
  presets: [
    [
      '@babel/preset-env'
    ],
    '@babel/preset-react',
    '@babel/preset-Type Script',
  ],
  plugins: [
    '@babel/plugin-transform-runtime',
    [
      'babel-plugin-react-css-modules',
      {
        exclude: 'node_modules',
        webpackHotModuleReloading: true,
        generateScopedName: '[name]__[local]__[hash:base64:5]',
        autoResolveMultipleImports: true,
        filetypes: {
          '.less': { syntax: 'postcss-less' },
        },
      },
```

```
    ],
  ],
};
```

2. 實現互動邏輯

到目前為止，專案基礎的設定已經撰寫完畢，接下來將開始實現業務邏
輯部分。按照一貫的順序，我們還是先來實現主處理程序的邏輯。首
先，我們在專案的根目錄下新建 index.js 檔案，其內容程式如下所示。

```js
// Chapter6-3-1/index.js
/**
 * @desc electron 主入口
 */
const path = require('path');
const { app, BrowserWindow, ipcMain} = require('electron');

global.ROOT_PATH = app.getPath('userData');

let window = null;

const winTheLock = app.requestSingleInstanceLock();
if(winTheLock){
  app.on('second-instance', (event, commandLine, workingDirectory) => {
    if (window) {
      if (window.isMinimized()){
        window.restore();
      }
      window.focus();
    }
  })

  app.on('window-all-closed', function () {
    app.quit();
  })
```

```
  app.on('ready', function () {
    createWindow()
  })
}else{
  console.log('quit');
  app.quit();
}

function createWindow() {
  // 建立瀏覽器視窗
  window = new BrowserWindow({
    width: 1200,
    height: 800,
    webPreferences: {
      nodeIntegration: true,
      enableRemoteModule: true
    },
  });

  window.loadURL('http://127.0.0.1:7001');
}
```

在上面的程式中，我們在 BrowserWindow 載入 HTML URL 的地方做了一些改動。此處載入的 HTML URL 不再是一個本地 HTML 檔案路徑，而是由 webpack devServer 提供的一個本機伺服器位址。載入 http://127.0.0.1:7001 相當於載入 http://127.0.0.1:7001/ index.html，也就是相當於載入 dist 目錄下的 index.html 檔案。

透過 app.getPath('userData') 獲取當前應用在 %appdata% 中的路徑字串，並給予值給全域變數 ROOT_PATH，在繪製處理程序中可以利用該變數直接找到儲存資料的目錄。

接著在專案根目錄下建立 window 資料夾，用於儲存繪製處理程序相關的程式。在 window 資料夾中建立 index.html 檔案，該檔案經過 webpack 編譯後，會在 dist 目錄產生最終用於視窗載入的 HTML 檔案。index.html 的程式如下所示。

```
// Chapter6-3-1/window/index.html
...
<body>
  <div id="root"></div>
</body>
...
```

index.html 檔案中 id 為 root 的 div 元素會被 react 作為掛載 DOM 樹的根節點。我們在該檔案中沒有手動引入 JavaScript 和 CSS 檔案，因為它們將在 webpack 編譯後自動引入。

接下來在 window 資料夾中建立 index.tsx 檔案，程式如下所示。

```
// Chapter6-3-1/window/index.tsx
import React from 'react';
import ReactDOM from 'react-dom';
import {
  HashRouter as Router,
  Route,
  Switch,
  Redirect,
} from 'react-router-dom';
import Note from './pages/note';

function App() {
  return (
    <Router>
      <Switch>
        <Route path="/note">
```

```
        <Note />
      </Route>
    </Switch>
    <Redirect to="/note" />
  </Router>
);
}

ReactDOM.render(<App />, document.getElementById('root'));

// 模組熱更新
if (module.hot) {
  module.hot.accept();
}
```

從檔案中可以看到，頁面真正的業務邏輯是在 pages 目錄下的 note 檔案中。note 檔案中的內容是一個 React 元件，當頁面路由匹配到 "/note" 時，該元件將被繪製出來。接下來我們將重點講解這個檔案。

圖 6-27 展示了筆記應用的主介面。

▲ 圖 6-27　筆記應用主介面

我們在開發這個介面的過程中，基於元件化的思想來將頁面拆分成各個獨立的元件，並在 window 目錄下建立 components 目錄來存放這些元件的程式檔案。components 目錄下包含的元件如圖 6-28 所示。

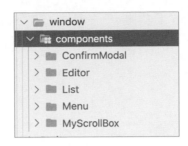

▲ 圖 6-28 components 目錄結構

這些元件與主介面的對應關係如圖 6-29 所示。

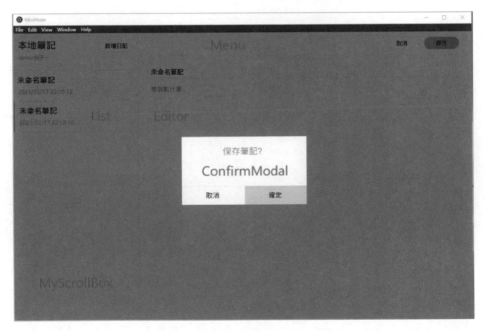

▲ 圖 6-29 主介面中的元件劃分

由於元件較多且篇幅有限,這裡就不對這些元件的程式實現進行一一講解了,我們只要清楚它們實現的介面和功能,就不影響對後續內容的理解。正如前面所說,我們將重點放在 Note 元件上。

Note 元件是根元件 App 下的唯一子元件。在 Note 元件內部，透過引入 components 資料夾中的元件來組成應用的主介面和邏輯，程式如下所示。

```tsx
// Chapter6-3-1/pages/note/index.tsx
...
import Menu from '../../components/Menu';
import List, { ItemProps } from '../../components/List';
import Editor from '../../components/Editor';
import MyScrollBox from '../../components/MyScrollBox';
import ConfirmModal from '../../components/ConfirmModal';


return (
  <div styleName="container">
    <div styleName="navigation">
      <div styleName="header">
        <div styleName="title">{jsonData?.title || '本地筆記'}</div>
        <div styleName="tips">{jsonData?.desc || 'demo例子～'}</div>
        <div styleName="btn" onClick={onAdd}>
            新增日記
        </div>
      </div>
      <div styleName="list">
        <MyScrollBox maxHeight={height - 96}>
          <List
            index={index}
            list={list}
            changeIndex={changeIndex}
            onDelete={onDelete}
          />
        </MyScrollBox>
      </div>
    </div>
    <div styleName="content">
      <div styleName="header">
        <Menu
```

```
        isEditStatus={isEditStatus}
        onEdit={onEdit}
        currentDiary={currentDiary}
        onCancel={onCancel}
        onSave={onSave}
      />
    </div>
  <div styleName="text">
    <Editor
      isEditStatus={isEditStatus}
      currentDiary={currentDiary}
      onChangeEditorDiary={onChangeEditorDiary}
    />
    </div>
</div>
{isEditModal.show && (
  <ConfirmModal
    title="當前筆記正在編輯，是否放棄?"
    onCancel={onChangeEditCancel}
    onOk={onChangeEditOk}
  />
)}
{isCancelModal && (
  <ConfirmModal
    title="你確定放棄編輯的筆記內容?"
    onCancel={onEditCancel}
    onOk={onEditOk}
  />
)}
{isDeleteModal.show && (
  <ConfirmModal
    title="你確定刪除此筆記?"
    onCancel={onDeleteCancel}
    onOk={onDeleteOk}
  />
```

```
    )}
    {isSaveModal && (
      <ConfirmModal
        title="儲存筆記?"
        onCancel={onSaveCancel}
        onOk={onSaveOk}
      />
    )}
  </div>
);
...
```

3. 實現資料的增刪改查

在資料儲存方面,最核心的 4 個操作是對資料的增刪改查。因此,接下來講解增刪改查相關邏輯的實現。我們先從新增資料的邏輯開始,在主介面中點擊「新增筆記」按鈕,可以看到介面右側出現了編輯標題和正文的區域,如圖 6-30 所示。

▲ 圖 6-30　編輯標題和正文的介面

無論使用者是否在右側區域輸入內容並點擊「儲存」按鈕,應用都會將這條新的筆記資料儲存到指定的 File 檔案中。當使用者沒有輸入任何內容時,新增筆記預設的標題為「未命名筆記」,其筆記內容為空字串。我們使用 onAdd 方法封裝了這部分邏輯,程式如下所示。

```
// Chapter6-3-1/pages/note/index.tsx
...
 // 新增狀態-增加筆記
  const onAdd = () => {
    const newAddItem: ItemProps = {
      title: '未命名筆記',
      date: new Date().valueOf(),
      content: '',
    };
    setIndex(0);
    let nextList = [...list];
    nextList.unshift(newAddItem);
    setList(nextList);
    const newJsonData = {
      ...jsonData,
      list: [...nextList],
    };
    setJsonData(newJsonData);
    // 更新資料檔案
    updateData(jsonFileDataPath, newJsonData);
  };

return (){
...
    <div styleName="btn" onClick={onAdd}>
     新增日記
    </div>
    ...
}
...
```

onAdd 方法按照預先定義好的資料格式，初始化了一個名為 newAddItem 的 物 件。newAddItem 中 包 含 筆 記 資 料 的 3 個 屬 性：title、date 和 content。由於新建筆記時使用者尚未對筆記進行編輯，因此給 title 賦一

個預設值「未命名筆記」，內容 content 設定為空。接著從狀態管理資料
中獲取到全部的筆記資料，將新增的筆記資料插入其中，合併成最新的
筆記資料，最後透過 updateData 方法儲存到本地檔案中。我們來看一下
新建筆記後 data.json 中的資料，程式如下所示。

```
// data.json
{
"list": [
    {
      "title": "未命名筆記",
      "date": 1615991222418,
      "content": ""
    }
  ]
}
```

接下來實現刪除相關的邏輯。在點擊筆記的「刪除」按鈕之後，會向使用
者彈出一個確認提示框。只有在提示框中確認後，應用才執行真正的刪除
邏輯。我們將這部分邏輯封裝在了 onDeleteOk 方法中，程式如下所示。

```
// Chapter6-3-1/pages/note/index.tsx
...
// 刪除筆記
const onDeleteOk = useCallback(() => {
  let nextList = [...list];
  const nextDeleteIndex = isDeleteModal.deleteIndex;
  nextList.splice(nextDeleteIndex, 1);
  setIndex(0);
  setList(nextList);
  setCurrentDiary(nextList[0] || undefined);
  setIsDeleteModal({
    show: false,
    deleteIndex: -1,
  });
```

```
  const newJsonData = {
    ...jsonData,
    list: [...nextList],
  };
    setJsonData(newJsonData);
    // 更新資料檔案
    updateData(jsonFileDataPath, newJsonData);
    setEditStatus(false);
  }, [index, isDeleteModal]);

return (){
...
{isDeleteModal.show && (
    <ConfirmModal
      title="你確定刪除此筆記?"
      onCancel={onDeleteCancel}
      onOk-{onDelcteOk}
    />
  )}
  ...
}
...
```

onDeleteOk 方法透過筆記的索引 index 在資料清單中找到對應的筆記資料，將舊的筆記資料從清單中刪除，並將刪除後的完整列表資料重新寫入資料檔案 data.json 中。

儲存的互動邏輯與刪除功能相同，點擊「儲存」按鈕後會彈出提示框讓使用者再次確認，只有在使用者確認後才會真正執行儲存邏輯。使用者確認後執行的邏輯封裝在了 onSaveOk 方法中，程式如下所示。

```
// Chapter6-3-1/pages/note/index.tsx
...
const onSaveOk = () => {
```

```
  setIsSaveModal(false);
  // 將當前編輯的日記同步到 state 和 jsonfile
  if (currentDiary) {
    let nextList = [...list];
    nextList[index] = {
      ...currentDiary,
      date: new Date().valueOf(),
    };
    setList(nextList);
    const newJsonData = {
      ...jsonData,
      list: [...nextList],
    };
    setJsonData(newJsonData);
    updateData(jsonFileDataPath, newJsonData);
    setEditStatus(false);
  }
};

return (){
...
{isSaveModal && (
  <ConfirmModal
   title="儲存筆記?"
   onCancel={onSaveCancel}
   onOk={onSaveOk}
  />
)}
  ...
}
...
```

onSaveOk 方法從編輯器中獲取到筆記資料後，根據索引找到當前筆記對應資料的位置並將新的資料替換進去，然後將完整資料重新寫入 data.json 中。

在應用中新建一個筆記,接著在編輯標題區域輸入「這是第二個筆記」,
在筆記內容編輯區域輸入「筆記內容,哈哈哈」。點擊「儲存」按鈕,可
以看到資料被儲存在了 data.json 檔案中,程式如下所示。

```json
// data.json
{
  "list": [
    {
      "title": "未命名筆記",
      "date": 1615991222418,
      "content": ""
    },
    {
      "title": "這是第二個筆記",
      "date": 1615991266267,
      "content": "筆記內容,哈哈哈"
    }
  ]
}
```

在開啟應用初始化頁面時,應用需要從 data.json 中讀取全部的筆記資料
來展示到頁面中。這部分的邏輯實現在了 useEffect 的回呼函數中,程式
如下所示。

```tsx
// Chapter6-3-1/pages/note/index.tsx
...
useEffect(() => {
  // 讀取jsonfile本地檔案內容
  const values = readData(jsonFileDataPath);
  setJsonData(values);
  if (values && values.list.length > 0) {
    setList([...values.list]);
    setCurrentDiary(values?.list[index]);
  }
}, []);
...
```

readData 方法從 data.json 中讀取到完整的資料，然後將資料設定進 react 的資料狀態管理器中，觸發頁面更新將筆記資料繪製到頁面中。

從增刪改查相關邏輯的程式中可以發現，它們都使用了 readData 方法和 updateData 方法。readData 方法是一個統一讀取資料的方法，它將讀取資料的實現細節封裝在了方法內部，程式如下所示。

```
// Chapter6-3-1/window/utils/jsonFile.ts
...
export function readData(filePath: string) {
  try {
    let fileContent = readFile(filePath);
    if (typeof fileContent === 'string') {
      return JSON.parse(fileContent as string)
    } else {
      return fileContent;
    }
  } catch (error) {
    console.log('解析json檔案失敗', error);
  }
}
...
```

在 readData 方法內部，呼叫 readFile 獲取資料檔案的原始內容，然後透過 JSON.parse 方法將資料內容轉換成 JSON 物件並傳回。而 updateData 方法的邏輯正好與之相反，它接收傳入的 JSON 物件作為參數，然後透過 JSON.stringify 方法將物件序列化成 JSON 字串，最後呼叫 writeFile 方法寫入資料檔案中，程式如下所示。

```
// Chapter6-3-1/window/utils/jsonFile.ts
...
export function updateData(filePath: string, updateContent: any) {
  try{
```

```
    writeFile(filePath, updateContent);
  }catch(error){
    console.log('寫入json檔案失敗', error)
  }
}
...
```

在這兩個方法中，並沒有直接透過 Node.js 提供的 fs 模組來直接操作檔案，而是使用封裝了 fs 模組的 readFile 和 writeFile 方法來間接操作檔案，這樣實現可以讓操作檔案相關的程式在後續可以被重複使用，程式如下所示。

```
// Chapter6-3-1/window/utils/index.ts
import fs from 'fs';
export function readFile(filePath: string) {
  try {
    return fs.readFileSync(filePath, 'utf-8');
  } catch (error) {
    console.log('讀取檔案失敗', error);
    return false;
  }
}

export function writeFile(filePath:string, content: any){
  try {
    fs.writeFileSync(filePath, JSON.stringify(content));
  } catch (error) {
    console.log('寫入檔案失敗', error);
    return false;
  }
}
```

離線筆記應用基於 Node.js 提供的本地檔案讀寫能力，將使用者產生的所有筆記資料儲存在本地檔案中，實現了純離線化使用。在實際的應用場景中，將資料僅存在本地檔案中會帶來資料遺失的潛在風險。如果遇到誤刪檔案、硬碟損壞等情況，資料將大機率不可恢復。為了解決這個問題，現在市面上的應用都會帶有網路備份的功能，應用產生的資料會在本地和雲端同時進行儲存，並透過同步機制來讓兩端的資料保持一致。

本小節中所提及的完整程式可以存取 https://github.com/ForeverPx/ElectronInAction/ tree/main/Chapter6-3-1。在學習本章的過程中，建議你下載原始程式，親手建構並執行，以達到最佳學習效果。

6.3.2 使用 indexedDB

在上一小節中，我們展示了如何在 Electron 應用中使用 Node.js 提供的檔案操作 API 來實現應用資料的本機存放區。那麼在這一小節的內容中，我們將展示如何使用 Chromium 提供的非關聯式資料庫 indexedDB 來實現筆記應用資料的本機存放區。

通常來說，我們一般將資料庫分為兩種類型：一種是關聯式資料庫，如常見的 MySQL、Oracle 以及 WEB SQL Database 資料庫；另一種是非關聯式資料庫，如 MongoDB、Redis 以及 indexedDB 等。關聯式資料庫對一致性要求比較嚴格，需要在一個事務中確保所有的資料操作都執行成功才算真正的成功，在此之後資料才能真正被修改。在保障資料一致性的同時自然也犧牲了一部分性能。而非關聯式資料庫儲存的資料比較靈活，對資料一致性要求不高，所以性能上是它的優勢。對於前端開發在資料儲存方面的場景而言，絕大部分情況下不需要儲存具有複雜關係的資料，更多的是儲存大量靈活可變的 JSON 類別資料，因此選擇使用 indexedDB 進行資料儲存是一個比較合適的選擇。

1. indexedDB 的使用方法

接下來,我們將在上一小節中筆記應用範例的基礎上,透過將操作檔案儲存資料的相關程式替換成使用 indexedDB 儲存資料來向大家展示 indexedDB 的使用方法。首先,我們將 jsonFile.ts 檔案刪除,並在同一個目錄下新建 indexDB.ts 檔案,該檔案主要負責處理 indexedDB 相關的邏輯,程式如下所示。

```
// Chapter6-3-2/window/utils/indexDB.ts
let db;

const dbRequest = window.indexedDB.open('MiniNoteDatabase', 4);

dbRequest.onerror = function (event) {
  console.log("error: ");
};

dbRequest.onsuccess = function (event) {
  console.log("success");
  db = dbRequest.result;
};

dbRequest.onupgradeneeded = function (event) {
  console.log('onupgradeneeded');
  const db = event.target.result;
  const objectStore = db.createObjectStore("notes", { keyPath: "id" });
}
...
```

我們透過呼叫 window.indexedDB.open 方法,開啟一個名為 "MiniNote Database" 的資料庫,並指定資料庫版本為 4。該方法在呼叫後會傳回一個 request 物件,並將它給予值給 dbRequest 變數。request 物件提供了 3 個事件回呼函數:onerror、onsuccess 以及 onupgradeneeded。

如果在嘗試使用 open 方法開啟資料庫時出現異常，那麼將會觸發 error 事件，執行對應的回呼方法。這裡我們在錯誤回呼中沒有做任何處理，單純地將傳回的錯誤輸出到控制台以便於排除問題。

onsuccess 事件將在資料庫開啟成功時觸發。此時可以在回呼中透過 dbRequest.result 獲取到資料庫物件的引用，接著將它給予值給外部變數 db。在後面的程式中，db 變數將被用於操作 indexedDB。

onupgradeneeded 事件會在以下兩種情況下被觸發。

（1） 當前環境中尚未存在名為 MiniNoteDatabase 的資料庫並且該資料庫被第一次初始化時。
（2） 傳入 open 方法的版本參數值大於當前環境中 IndexedDB 版本時。

當 onupgradeneeded 事件被觸發時，indexedDB 給開發人員提供了一個可以對資料庫的表和資料進行初始化的機會。例如在上述 onupgradeneeded 的回呼函數中，我們透過 createObjectStore 方法建立了一個名為 "notes" 的表，並將表中資料結構的 id 設定為唯一索引。當我們有需要時，還可以利用 objectStore 物件繼續給資料庫增加初始資料，程式如下所示。

```
const db = event.target.result;
objectStore.add({
  "id":"1"
  "title": "未命名筆記",
  "date": 1615991222418,
  "content": ""
}{id:"1", })
```

需要注意的是，這些對資料庫進行資料初始化的操作只能在 onupgradeneeded 事件回呼中處理，如果在 onsuccess 中處理將會拋出異常。

資料庫初始化完成後，接下來我們需要使用該資料庫來實現增刪改查操作。首先是增加資料的操作，程式如下所示。

```
// Chapter6-3-2/window/utils/indexDB.ts
...
/**
 * 新增筆記資料
 * @param content 筆記內容
 */
export function add(content) {
  return new Promise((resolve, reject) => {
    const request = db.transaction(["notes"], "readwrite")
      .objectStore("notes")
      .add(content);

    request.onsuccess = function (event) {
      console.log('add success');
      resolve(0);
    };

    request.onerror = function (event) {
      console.log('add error', event);
      reject();
    }
  })
}
...
```

任何資料庫的操作都是基於事務的，所以我們得先使用 db.transaction 方法來建立一個事務。db.transaction 方法接收兩個參數，第一個參數為 objectStore 的名稱，第二個參數為事務的模式（readonly、readwrite）。由於在 add 的方法中需要往資料庫中寫入資料，所以這裡傳入的是 readwrite 模式。db.transaction 方法傳回一個 transaction 物件，我們透過 transaction 物件提供的 objectStore 方法獲取指定的 objectStore 物件。

2. 實現資料的增刪改查

objectStore 物件提供了一系列方法來讓開發人員動作表中的資料，如 add、get、getAll、put 以及 delete 等。在我們自己實現的 add 方法中，使用了 objectStore.add 方法將從參數傳入的 content 資料插入表中。

接下來是刪除資料的方法，程式如下所示。

```
// Chapter6-3-2/window/utils/indexDB.ts
...
/**
 * 刪除資料
 * @param key index
 */
export function remove(key) {
  return new Promise((resolve, reject) => {
    const request = db.transaction(["notes"], "readwrite")
      .objectStore("notes")
      .delete(key);

    request.onsuccess = function (event) {
      console.log('remove success');
      resolve(0);
    };

    request.onerror = function (event) {
      console.log('remove error');
      reject();
    }
  })
}
...
```

由於刪除資料的操作需要更改資料庫的資料，所以在 remove 方法中依然需要建立一個 readwrite 模式的事務。remove 方法接收一個字串類型的

key 值作為參數，在事務建立後，獲取到 objectStore 物件並在呼叫 delete
方法時將 key 值傳入。這個 key 值為我們在資料庫 onupgradeneeded 事件
的回呼函數中透過 db.createObjectStore 指定的 keypath 欄位（id）的值。
資料庫透過在其中查詢資料 id 欄位的值與 key 值相同的資料進行刪除。

接下來是修改資料的方法，程式如下所示。

```
// Chapter6-3-2/window/utils/indexDB.ts
...
export function put(content) {
  return new Promise((resolve, reject) => {
    const request = db.transaction(["notes"], "readwrite")
      .objectStore("notes")
      .put(content);

    request.onerror = function (event) {
      console.log('get error');
      reject();
    };

    request.onsuccess = function (event) {
      console.log('get success');
      resolve(0);
    };
  });
}
...
```

put 方法的參數接收需要更新的資料 content，在 put 方法中呼叫
objectStore 物件的 put 方法時將參數 content 的值傳入。這裡需要注意的
是，雖然 objectStore.put 方法允許傳入 key 作為第二個參數，但是在這裡
是不需要傳入的，因為我們在初始化 objectStore 時已經指定了 keypath 為
id，indexedDB 會透過這個 id 來匹配需要更新哪條資料。只有當初始化

objectStore 時沒有指定 keypath 的情況下才需要，否則傳入 key 值將會拋出異常提示："The object store uses in-line keys or has a key generator, and a key parameter was provided."

接下來是獲取資料的方法，程式如下所示。

```typescript
// Chapter6-3-2/window/utils/indexDB.ts
...
/**
 * 獲取筆記資料
 * @param key index
 */
export function get(key) {
  return new Promise((resolve, reject) => {
    const transaction = db.transaction(["notes"]);
    const objectStore = transaction.objectStore("notes");
    const request = objectStore.get(key);

    request.onerror = function (event) {
      console.log('get error');
      reject();
    };

    request.onsuccess = function (event) {
      console.log('get success');
      resolve(request.result);
    };
  });
}
...
```

get 方法接收 key 作為參數，從資料庫中查詢出 id 為 key 值的資料。get 方法與前面的方法不同的是，它不需要更改資料庫中的資料，只需要將資料讀取出來，因此在建立事務時沒有顯示傳入模式參數，在這種情況下事務將會預設選擇 readonly 模式。要獲取資料庫傳回的結果，需要利用 objectStore.get 傳回的 request 物件。在 request 物件提供的查詢成功回呼函數中，從 request.result 中獲取查詢傳回的資料。

add、get、put 和 delete 4 個方法都是對單筆筆記資料進行操作的，除此之外，我們還需要一個獲取資料庫中所有筆記的方法，用於在頁面初始化時展示筆記清單，程式如下所示。

```ts
// Chapter6-3-2/window/utils/indexDB.ts
...
/**
 * 獲取全部筆記資料
 */
export function getAll() {
  return new Promise((resolve, reject) => {
    const request = db.transaction("notes")
    .objectStore("notes").getAll();

    request.onsuccess = function (event) {
      console.log('getAll success');
      resolve(request.result);
    };

    request.onerror = function (event) {
      console.log('getAll error');
      reject();
    };
  });
}
...
```

getAll 沒有任何參數，它將傳回資料庫中的所有資料。需要注意的是，呼叫 objectStore.getAll 方法並成功查詢後，request.result 的值為陣列類型。

到這裡為止，所有對 indexedDB 進行操作的方法已經完成。最後一步，我們將使用這些方法替換原來使用檔案儲存的方法。在專案中找到 note. ts 檔案，首先刪除引入 jsonFile.ts 的程式並替換成引入 indexDB.ts 的程式，然後找到增刪改查邏輯的呼叫處進行逐一修改，程式如下所示。

```
// Chapter6-3-2/window/pages/note/index.tsx
import { add, remove, get, put, getAll } from '../../utils/indexDB';
import { v4 as uuidv4 } from 'uuid';
...
useEffect(() => {
  setTimeout(()=>{
    // 呼叫getAll讀取indexedDB notes表的所有資料，繪製筆記清單
    getAll().then((values: any)=>{
      console.log('getAll', values);
      setJsonData(values);
      if (values && values.length > 0) {
        setList([...values]);
        setCurrentDiary(values[index]);
      }
    }).catch((error)=>{
      console.log(error);
    });
  }, 2000)
}, []);
...


// 新增狀態-增加筆記
const onAdd = () => {
  const newAddItem: ItemProps = {
    id: uuidv4(),   //使用三方函數庫uuid來產生筆記資料的唯一id
    title: '未命名筆記',
    date: new Date().valueOf(),
    content: '',
  };
  setIndex(0);
```

```
  let nextList = [...list];
  nextList.unshift(newAddItem);
  setList(nextList);
  setJsonData(newAddItem);
  // 呼叫add方法向indexedDB notes表插入筆記資料
  add(newAddItem);
};
...


//更新筆記資料
const onSaveOk = () => {
  setIsSaveModal(false);
  // 將當前編輯的日記同步到 state 和 jsonfile
  if (currentDiary) {
    let nextList = [...list];
    nextList[index] = {
      ...currentDiary,
      date: new Date().valueOf(),
    };
    setList(nextList);
    setJsonData(nextList[index]);
    console.log(nextList[index].id, nextList[index]);
    // 呼叫add方法向indexedDB notes表插入筆記資料
    put(nextList[index]);
    setEditStatus(false);
  }
};
...


const onDeleteOk = useCallback(() => {
  let nextList = [...list];
  const nextDeleteIndex = isDeleteModal.deleteIndex;
  const deleteData = nextList.splice(nextDeleteIndex, 1)[0];
  setIndex(0);
  setList(nextList);
  setCurrentDiary(nextList[0] || undefined);
```

```
setIsDeleteModal({
  show: false,
  deleteIndex: -1,
});
// 從indexedDB中刪除資料
remove(deleteData.id);
setEditStatus(false);
}, [index, isDeleteModal]);
```

現在我們透過 npm run start 啟動應用，然後新建一些筆記或修改筆記內容來產生一些資料，如圖 6-31 所示。

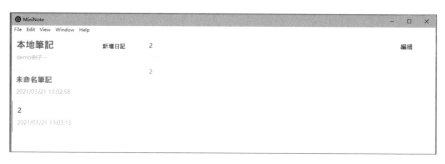

▲ 圖 6-31 新增筆記範例

透過 Ctrl+Shift+I 快速鍵開啟控制台，在 Application 介面的左側可以看到 indexedDB 的資料庫清單，裡面顯示了我們剛剛建立的名為 MiniNoteDatabase 的資料庫以及名為 notes 的資料庫表，如圖 6-32 所示。

▲ 圖 6-32 indexedDB 列表

點擊 notes 資料表，在右側可以看到該表中的所有資料，如圖 6-33 所示。

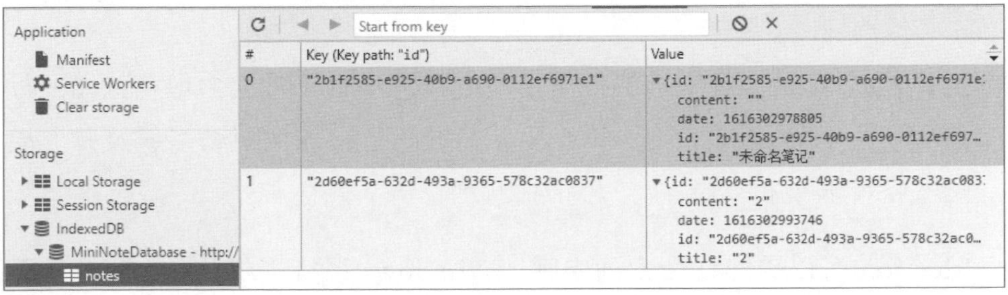

▲ 圖 6-33　notes 表中的資料

在 Electron 中除了可以使用非關聯式資料庫 indexedDB 以外，你還可以使用關聯式資料庫 WEB SQL。雖然早在 2010 年 W3C 已經宣佈不再支持 WEB SQL，但 Chromium 直到現在的 V92 版本還依舊支持它。我們在 caniuse.com 網站中查詢 WEB SQL 的相容性情況，可以發現除了 Chromium 之外，IE、Firefox 以及 Safari 瀏覽器的新版本都不支持 WEB SQL 了。由於 Electron 是基於 Chromium 的，因此你可以繼續在 Electron 中放心地使用 WEB SQL。不過在真實的應用場景中，前端開發需要使用關聯式資料庫儲存資料的場景還是比較少的。如果你有興趣繼續探索 WEB SQL，可以重複使用範例中的互動部分並按照同樣的方式撰寫一個 webSql.ts 檔案，在檔案中實現操作 WEB SQL 的功能來進行學習。

本小節中所提及的完整程式可以存取 https://github.com/ForeverPx/ ElectronInAction/ tree/main/Chapter6-3-2。在學習本章的過程中，建議你下載原始程式，親手建構並執行，以達到最佳學習效果。

6.4 總結

- 登錄檔是 Windows 系統中各種設定資料的集合，裡面會儲存軟體、硬體、使用者使用偏好以及系統設定等資訊，它們決定著系統及軟、硬體的各種表現和行為。

- Electron 可以透過在命令列中呼叫 Windows 系統提供的 reg 命令來實現對登錄檔資料的操作。

- node-ffi 是一個在 Node.js 中使用純 JavaScript 語法呼叫動態連結程式庫的三方模組，它能讓 Electron 應用程式開發者在不寫任何 C 或 C++ 程式的情況下使用動態連結程式庫中曝露出來的方法。

- node-gyp 是一個用 JavaScript 實現的跨平台命令列工具，開發人員可以使用它來將 C/C++ 語言撰寫的原始程式檔案編譯成 Windows 系統的 DLL（動態連結程式庫檔案）。使用該工具進行編譯時依賴 Visual C++ build Tools 和 python 2.7 環境，可以透過安裝 windows-build-tools 來打包安裝這些依賴。

- 由於 node-gyp 編譯時會使用當前 Node.js 版本對應的標頭檔，所以要使得透過 node-gyp 編譯後的檔案可以在 Electron 中正常執行，需要保證開發環境中 Node.js 的版本與 Electron 所使用的版本一致。

- node-ffi 模組官方只支援到 Node.js 的 V10 版本。如果你需要基於更高的版本來使用，可以嘗試從三方開發者的私人倉庫（https://github.com/lxe/node-ffi/tree/ node-12）下載。

■ 如果使用 node-gyp 編譯程式時遇到卡在下載依賴函數庫的環節，可以嘗試去淘寶鏡像來源的對應 Node.js 版本目錄下手動下載依賴套件，並放置於系統安裝 node-gyp 的對應目錄下。

■ N-API 是一系列抽象的 ABI（Application Binary Interface）介面集合，它高度封裝了不同 Node.js 版本之間的差異，給開發者提供了一套統一的連線方式。即使編譯時與執行時期的 Node.js 版本不相同，但只要它們的 N-API 屬於包含關係，就可以直接使用而不需要重新進行編譯。在大部分情況下開發人員在開發時會選擇 V3 版本的 N-API，因為這個版本的相容性是最好的，可以相容 Node.js V6 到最新的版本。

■ node-addon-api 提供了一系列 C++ 標頭檔，如 Napi::Number、Napi::Env 以及 Napi::Object 等。它簡化開發人員使用 C++ 語言呼叫 C 語言風格的 N-API。

■ Electron 可以很方便地借助 Node.js 或 Chromium 提供的 API 實現純離線化應用。例如，借助 Node.js 提供的 fs 模組直接對本地檔案內容進行讀寫來儲存應用資料，借助 Chromium 的 indexedDB 實現大量非關係型態資料的儲存。

硬體裝置與系統 UI

本章節的內容主要分為兩大部分，第一個部分我們將透過完整範例來
講解 Electron 應用如何與硬體裝置進行配合從而實現一些場景下的
功能，例如快速鍵功能、螢幕錄製功能、音訊錄製功能以及呼叫印表機
列印內容功能等；第二個部分我們將基於第一部分的應用範例，給它們
增加如工作列選單和系統通知等與 Windows 系統 UI 相關的功能，以此來
展示 Electron 應用如何實現工作列選單和系統通知。接下來我們從實現
一個帶有快速鍵功能的應用開始。

7.1 鍵盤快速鍵

一款桌面應用如果擁有豐富的快速鍵，使用者在使用它時會非常便捷和
高效，同時也可以節省大量的時間。如果一個使用者能熟練地使用應用
提供的快速鍵，那麼可以在單位時間內處理更多的事情。

筆者在日常工作中就非常依賴於應用的快速鍵來提升工作效率。例如在使用編輯器撰寫程式的場景中，會頻繁進行儲存、查詢以及複製、貼上程式等操作。一般情況下，如果這些操作都是透過右手移動滑鼠到具體位置並點擊對應按鈕來完成，那將會有非常多的時間都消耗在了這些操作上面。實際上，開發人員在寫程式的時候左手大部分時間也是放在鍵盤上的，如果在用右手操作滑鼠的同時充分利用左手，直接按 Ctrl+S、Ctrl+F 等簡單的快速鍵就能完成此類重複的操作。另外，筆者工作時經常需要在瀏覽器中開啟特定的一些網站來完成工作，例如 GitLab、Google 以及一些工具類網站。為了提高效率，筆者會透過軟體設定一系列全域的快速鍵來完成這項任務。例如在按 Ctrl+1 快速鍵時，自動使用預設瀏覽器開啟 GitLab 網站，無須先在系統中找到瀏覽器並啟動，輸入網址後按 Enter 鍵才能進入想要開啟的網頁。

Electron 內建的 globalShortcut 模組可以很方便地讓開發者定義應用的快速鍵。接下來的內容，我們將使用 globalShortcut 模組實現一個快捷開啟網址的小應用。該應用可以讓使用者在介面上設定一些在快速鍵觸發後對應的需要開啟的網址。為了簡化業務邏輯突出 globalShortcut 相關的內容，應用中只提供使用者設定 3 個快速鍵的行為，分別為 Ctrl+1、Ctrl+2 和 Ctrl+3。

在開始之前，我們先來學習一下 globalShortcut 模組提供的快速鍵註冊和登出方法。

（1）globalShortcut.register(accelerator, callback)：註冊全域快速鍵。

- accelerator：字串類型，用於描述快速鍵的字串，如 Ctrl+Y。該參數支援的按鍵可以在官方文件中查閱。
- callback：函數類型，當使用者觸發快速鍵後執行的回呼函數。

globalShortcut.register 方法被呼叫後將傳回一個 Boolean 類型的值，該值用於判斷當次呼叫是否成功註冊快速鍵。如果當前註冊的快速鍵已經被其他應用註冊過，該方法將直接傳回 false。

（2）globalShortcut.unregister(accelerator)：登出全域快速鍵。

■ accelerator：字串類型，用於描述快速鍵的描述字串。同 globalShortcut. register 方法一樣，開發人員在這個參數中傳入已經註冊過的快速鍵描述字串。

學習完 globalShortcut 模組相關的 API 後，現在正式開始實現我們的應用。首先撰寫的是視窗頁面部分，程式如下所示。

```
// Chapter7-1/index.html
...
<body>
  <div class='item'>
    <label for="">Ctrl+1: </label>
      <input id='c-1' type="text" placeholder="http://www.baidu.com">
    </div>
    <div class='item'>
      <label for="">Ctrl+2: </label>
      <input id='c-2' type="text" placeholder="http://www.baidu.com">
    </div>
    <div class='item'>
      <label for="">Ctrl+3: </label>
      <input id='c-3' type="text" placeholder="http://www.baidu.com">
    </div>
  <script type="text/javascript" src="./window.js"></script>
</body>
...
```

在 index.html 程式中，我們建立了 3 個類別名稱為 item 的 div 元素，每一個 div 標籤內部都包含 label 和 input 標籤。label 標籤的文字內容為快速鍵的描述字串,用於提示使用者 input 輸入框中的網址是綁定到該快速鍵的。input 輸入框可以輸入一個合法的 URL 位址,我們給它增加了 placeholder 屬性,使得 input 輸入框在內容為空時顯示一個預設的 URL 位址,提示使用者這裡面需要填寫內容的格式。撰寫完頁面結構後,接下來給這些元素增加一些樣式,程式如下所示。

```css
// Chapter7-1/index.css
.item{
    padding: 5px;
    margin-bottom: 10px;
}

.item label{
    margin-right: 5px;
    color: blue;
}

.item input{
    outline: none;
    padding: 5px;
}
```

現在頁面結構和樣式已經完成,透過 npm run start 啟動,可以看到如圖 7-1 所示的介面。

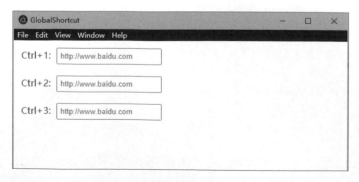

▲ 圖 7-1 快速鍵註冊應用的介面

接下來實現主處理程序程式 index.js 的邏輯，程式如下所示。

```javascript
// Chapter7-1/index.js
const electron = require('electron');
const { app, ipcMain, globalShortcut, shell} = require('electron');
const url = require('url');
const path = require('path');

ipcMain.on('registerShortcut', (event, data) => {
  try {
    const dataObj = JSON.parse(data);
    const result = globalShortcut.register(dataObj.shortcut, function(){
      shell.openExternal(dataObj.url);
    })
    if(!result){
      console.log('註冊快速鍵失敗');
    }else{
      console.log('註冊快速鍵成功');
    }
  } catch (error) {
    console.log(error)
  }
})
...
```

主處理程序的邏輯主要分為兩個部分：第一部分是建立視窗，由於這部分的邏輯與之前 Demo 相同，所以此處不展示這部分的程式，以省略符號來代替。第二部分是我們本小節的主要內容—註冊快速鍵。在主處理程序檔案的開頭，我們引入了 Electron 提供的 globalShortcut 模組，由於該模組只能在主處理程序中使用，所以在檔案開頭我們還需引入 ipcMain 模組來實現主處理程序和繪製處理程序之間的通訊。在實現中，利用 ipcMain.on 方法在主處理程序中監聽事件名為 registerShortcut 的事件並註冊一個回呼函數。該回呼函數在事件觸發時將接收到 event 和 data 兩個參數，其中 data 參數為 JSON 字串，其結構如下所示。

```
{"shortcut":"Ctrl+1","url":"https://www.baidu.com"}
```

shortcut 為將要綁定的快速鍵描述字串，url 為該快速鍵被觸發時需要使用瀏覽器開啟的網址。data 參數的資料是由繪製處理程序傳過來的，此部分內容會在有關繪製處理程序程式的時候進行講解。在回呼中獲取 data 資料後，將其透過 JSON.parse 方法轉換成物件字面量，然後呼叫 globalShortcut.register 方法註冊到系統中。在快速鍵觸發的回呼中，我們使用在 6.1 節中說明的 shell.openExternal 方法來透過系統預設瀏覽器開啟對應的網址。在回呼函數的最後，我們對 globalShortcut.register 方法呼叫後傳回的結果 result 進行了判斷，如果 result 為 false，則表示註冊失敗，在日誌中列印「註冊快速鍵失敗」。如果 result 為 true，則在日誌中列印「註冊快速鍵成功」。

接下來實現繪製處理程序的邏輯，程式如下所示。

```javascript
// Chapter7-1/window.js
const { ipcRenderer } = require('electron');
const reg = /(((([A-Za-z]{3,9}:(?:\/\/)?)(?:[\-;:&=\+\$,\w]+@)?[A-Za-z0-9\.\-]+|(?:www\.|[\-;:&=\+\$,\w]+@) [A-Za-z0-9\.\-]+)((?:\/[\+~%\/\.\w\-_]*)?\??(?:[\-\+=&;%@\.\w_]*)#?(?:[\.\!\/\\\w]*))?)/;
function checkUrl(url){
  const re = new RegExp(reg, 'ig');
  const result = re.test(url);
  return result;
}

function regKey(shortcut, url) {
  try {
    const checkResult = checkUrl(url);
    if(!checkResult){
      alert('URL 格式不正確');
```

```
      return;
   }

   const data = JSON.stringify({
      shortcut,
      url
   })
   ipcRenderer.send('registerShortcut', data);
  } catch (e) {
   console.log(e);
  }
}

const input1 = document.getElementById('c-1');
input1.addEventListener('blur', function (e) {
  const inputValue = e.target.value;
  regKey('Ctrl+1', inputValue);
})

const input2 = document.getElementById('c-2');
input2.addEventListener('blur', function (e) {
  const inputValue = e.target.value;
  regKey('Ctrl+2', inputValue);
})

const input3 = document.getElementById('c-3');
input3.addEventListener('blur', function (e) {
  const inputValue = e.target.value;
  regKey('Ctrl+2', inputValue);
})
```

由於需要將註冊快速鍵所需要的資料傳遞給主處理程序,所以在檔案開頭引入了 Electron 提供的 ipcRenderer 模組,在下面的程式中透過該模組向主處理程序發送訊息。為了在使用者完成網址輸入時程式能自動判斷是否輸入正確並舉出對應的提示,應用需要一個驗證 URL 是否合法的規則。reg 變數的值是一個驗證 URL 是否合法的正規表示法,它將在 checkUrl 函數中被使用。在 checkUrl 函數中,我們建立了一個 RegExp 物件並將 reg 正則傳入,然後使用 RegExp 提供的 test 方法來檢驗傳入的 URL 是否合法。checkUrl 函數將直接傳回 test 方法傳回的 boolean 類型的值,當 URL 合法時值為 true,否則為 false。

regKey 方法接收 shortcut 和 url 兩個參數,它們的值分別為快速鍵的描述字串和網頁位址。該函數內部首先呼叫 checkUrl 函數判斷 url 參數內容是否合法,在不合法的情況下彈出「URL 格式不正確」的提示。在參數正確的情況下,將 shortcut 和 url 按照前面提到的格式封裝成 JSON 字串並透過 ipcRenderer.send 方法發送到主處理程序中。

在程式最後的部分,我們給 3 個輸入框註冊了 blur 事件,該事件將在輸入框失去焦點時觸發。在 blur 事件回呼中,透過 event 參數獲取到輸入框的內容,呼叫定義好的 regKey 方法註冊對應的快速鍵。

現在我們來體驗一下這個應用。透過 npm run start 命令啟動應用,在圖 7-2 中的 3 個輸入框中分別輸入以下 3 個網址。

- https://www.baidu.com
- https://www.seewo.com
- https://www.163.com

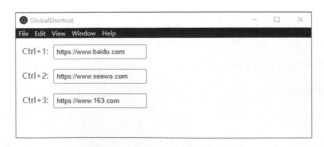

▲ 圖 7-2 快速鍵註冊應用的介面

接著依次按 Ctrl+1、Ctrl+2、Ctrl+3 快速鍵，可以看到瀏覽器依次開啟了這 3 個網址，如圖 7-3 所示。

▲ 圖 7-3　瀏覽器中開啟的 3 個網址

到目前為止，讓使用者可以透過快速鍵開啟網頁的應用已經完成，不過目前該應用的功能還比較簡陋，你可以在此基礎上增加更多的快速鍵設定來豐富使用者的快捷操作。平時除了需要使用快速鍵開啟網頁外，使用快速鍵開啟應用也是一種提高效率的方式，如果你有這個方面的需求，可以繼續嘗試使用 globalShortcut 來實現。

本小節中所提及的完整程式可以存取 https://github.com/ForeverPx/ElectronInAction/tree/main/Chapter7-1。在學習本章的過程中，建議你下載原始程式，親手建構並執行，以達到最佳學習效果。

7.2　螢幕

螢幕截圖和螢幕錄製是應用中比較常見的兩個場景。在日常學習或者工作中，我們經常需要把螢幕上顯示的內容截取成圖片，然後透過通訊軟體發送給朋友或同事來共用螢幕資訊。如果需要共用螢幕上的動態內容，則需要把螢幕上的內容錄製成視訊後再發送出去。本節內容將使用兩個應用來分別展示如何使用 Electron 提供的 desktopCapturer API 結合 HTML5 的 navigator.mediaDevices.getUserMedia 方法來實現螢幕截圖和螢幕錄製功能。這部分的範例會使用到前面章節學習到的多視窗、處理程序間通訊以及快速鍵等知識，如果你對這些內容還不太熟悉，建議先閱讀對應章節的內容後再開始接下來的學習。

在真正開始之前，我們先來看一看 desktopCapturer API 的使用說明。

desktopCapturer.getSources(options)：獲取螢幕媒體來源。

- options：物件類型，設定媒體來源資訊。
  - types：字串陣列類型，用於指定想要獲取的媒體來源類型。可選的類型有 "screen" 和 "window"。"screen" 類型指的是整個螢幕的影像，如果電腦外接了多個顯示器，那麼將傳回兩個顯示器的螢幕媒體來源。"window" 類型指的是顯示器中未被隱藏的視窗，它將把每一個視窗都當作一個獨立的媒體來源來傳回，你可以透過這些媒體來源獲取到指定視窗的影像。傳入什麼類型需要結合應用實際的需要。

  - thumbnailSize：Size 類型，用於獲取媒體來源的縮圖。下面的截圖應用將使用到該設定。Size 類別中包含 width 和 height 兩個屬性，分別用於設定縮圖的寬度和高度。

  - fetchWindowIcons：Boolean 類型，用於指定是否獲取視窗的圖示。如果為 true，getSources 方法傳回值的 source 物件中將包含視窗圖示資訊。

desktopCapturer.getSources 方法的傳回值為 Promise<DesktopCapturerSource[]>，開發人員可以在 then 中獲取到 DesktopCapturerSource 陣列。陣列中包含了指定類型的媒體來源物件 source，透過將 source 的 id 傳入 navigator.mediaDevices.getUserMedia 方法的設定中，就能拿到對應媒體來源的媒體流資訊。

7.2.1 螢幕截圖

本小節的範例將會實現一個螢幕截圖應用。該應用在啟動後會在後台持續執行，期間允許使用者使用快速鍵 Ctrl+0 來喚起截圖功能。截圖功能將截取當前裝置主螢幕的影像，顯示在一個全螢幕的視窗中用來預覽。在預覽的同時，可以使用滑鼠在預覽圖上進行批註。預覽介面右下角提供兩個按鈕，分別為「儲存截圖」和「關閉」。點擊「儲存截圖」按鈕會彈出系統的資料夾選擇對話方塊，使用者選擇某個資料夾後，應用將會把抓圖影像儲存為本地圖片檔案到對應資料夾中。點擊「關閉」按鈕將關閉當前預覽視窗。螢幕截圖應用的整體流程如圖 7-4 所示。

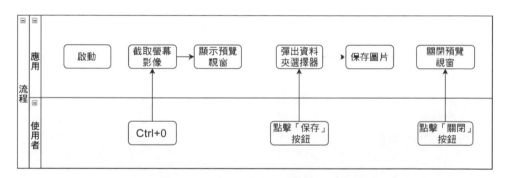

▲ 圖 7-4 螢幕截圖應用流程

首先，我們來實現主處理程序的功能，程式如下所示。

```
// Chapter7-2-1/index.js
const electron = require('electron');
const { app, globalShortcut, screen} = require('electron');
const url = require('url');
const path = require('path');

let window = null;

function regHotKkey(){
```

```
  const result = globalShortcut.register(`Ctrl+0`, function(){
    window.webContents.send('begin-capture');
  })
  if(!result){
    console.log('註冊快速鍵失敗');
  }else{
    console.log('註冊快速鍵成功');
  }
}

const winTheLock = app.requestSingleInstanceLock();
if(winTheLock){
  ...
  function createWindow() {
    const { width, height } = screen.getPrimaryDisplay().workAreaSize
    window = new electron.BrowserWindow({
      width: width,
      height: height,
      show: false, //預設不顯示視窗
      frame: false,
      webPreferences: {
        nodeIntegration: true,
        enableRemoteModule: true
      }
    })
    ...
  }

  ...

  app.on('ready', function () {
    regHotKkey();
    createWindow();
  })
}else{
```

```
  console.log('quit');
  app.quit();
}
```

在主處理程序程式的開頭，定義了一個名為 regHotKkey 的方法，該方法
內部先透過 globalShortcut.register 方法向全域註冊快速鍵 Ctrl+0。在快
速鍵觸發的回呼中，透過 webContents.send 向預覽視窗發送開始截圖的
訊息 "begin-capture"。主處理程序接下來的程式我們應該比較熟悉了，這
部分程式主要透過 BrowserWindow 建立了一個預覽視窗。從建立的設定
中可以看到，該預覽視窗是一個預設隱藏的無邊框視窗，視窗的高度和
寬度是由螢幕的高度和寬度決定的。在建立視窗之前，我們透過 screen.
getPrimaryDisplay().workAreaSize 獲取螢幕的高度和寬度，並在建立視窗
時透過設定進行設定。

接下來實現視窗頁面的佈局結構，程式如下所示。

```
// Chapter7-2-1/index.html
...
<body>
  <canvas id='screen-shot'></canvas>
  <div id='save-btn' class='btn'>
    儲存截圖
  </div>
  <div id='close-btn' class='btn'>
    關閉
  </div>
  <script type="text/javascript" src="./window.js"></script>
</body>
...
```

我們在 body 標籤中插入了三個元素。第一個是 id 為 "screen-shot" 的
canvas 元素。該元素用於將抓圖影像繪製出來，並在影像上面提供批註

的功能。這裡沒有給 canvas 元素設定寬度和高度，它的高度和寬度將
在 window.js 中進行動態設定。另外兩個是用於模擬按鈕的 div 元素，它
們有同樣的類別名稱 "btn"，這兩個按鈕分別用於儲存截圖和關閉當前視
窗，點擊它們之後的邏輯也將在 window.js 中實現。

接下來實現頁面樣式，程式如下所示。

```
// Chapter7-2-1/index.css
...
canvas{
    width: 100%;
    height: 100%;
}

.btn{
    width: 80px;
    height: 40px;
    border-radius: 50px;
    background-color: #fff;
    position: absolute;
    text-align: center;
    line-height: 40px;
    border: 2px solid #000;
    font-size: 16px;
}

#save-btn{
    bottom: 50px;
    right: 200px;
    cursor:pointer;
}

#close-btn{
    bottom: 50px;
```

```
    right: 100px;
    cursor:pointer;
}
```

為了讓兩個按鈕在任何尺寸的視窗下都顯示在螢幕的右下角，這裡採用絕對定位的方式來設定它們的位置。我們給 save-btn 和 close-btn 固定了 bottom 值為 50px，讓 btn 離視窗底部保持 50px 的距離。與此同時，分別給 save-btn 和 close-btn 設定了 right 值為 200px 和 right 值為 100px 來確定它們在橫向的位置。

撰寫完樣式程式之後，透過 npm run start 啟動應用並將預覽視窗預設顯示出來，可以看到預覽視窗的頁面配置，如圖 7-5 所示。

▲ 圖 7-5　預覽視窗的頁面配置

由於該應用中包含多個需要操作 canvas 的地方，如繪製圖片、批註以及設定 canvas 大小。因此，我們將這些功能封裝到 canvas.js 中，透過匯出函數的方式提供給 window.js 使用。這樣可以讓與 canvas 相關的功能都隔離在 canvas.js 中，降低後續改動對 window.js 程式的影響。canvas.js 的程式如下所示。

```
// Chapter7-2-1/canvas.js
const canvas = document.getElementById('screen-shot');
const ctx = canvas.getContext('2d');
```

```javascript
const {remote} = window.require('electron');
const screen = remote.screen;

/**
 * 在canvas中支援滑鼠筆跡
 */
function drawCanvas() {
  canvas.onmousedown = function (event) {
    var ev = event || window.event;
    ctx.beginPath();
    ctx.moveTo(ev.screenX, ev.screenY);
    document.onmousemove = function (event) {
      var ev = event || window.event;
      ctx.strokeStyle = 'red';
      ctx.lineTo(ev.screenX, ev.screenY);
      ctx.stroke();
    };
  };
  document.onmouseup = function () {
    document.onmousemove = null;
    document.onload = null;
  };
}

/**
 * 清除canvas
 */
function clearCanvas() {
  ctx.clearRect(0, 0, canvas.width, canvas.height);
}

/**
 * 根據螢幕大小設定canvas大小
 */
function resizeCanvas(){
```

```
  const {width, height} = screen.getPrimaryDisplay().workAreaSize;
  const c = document.getElementById("screen-shot");
  c.width = width;
  c.height = height;
}

module.exports = {
  drawCanvas,
  clearCanvas,
  resizeCanvas
};
```

canvas.js 中定義了三個方法，分別為 drawCanvas、clearCanvas 和 resize
Canvas。在 canvas.js 檔案的最後將這三個方法匯出給 window.js 使用。

drawCanvas 方法用於實現批註功能。在 drawCanvas 內部，首先給頁面中的
canvas 綁定 onmousedown 事件，在滑鼠位於 canvas 上按左鍵時，記錄滑鼠
位移的起始點。在 mousedown 觸發的同時綁定 document.onmousemove 事
件，讓滑鼠在按下並移動時，透過 canvas 提供的 ctx.lineTo 方法連接滑鼠移
動過程中的點形成線條。最後綁定 document.onmouseup 事件，在觸發時將
document.onmousemove 事件清除，這樣滑鼠在釋放左鍵移動時就不會再
進行批註了。

clearCanvas 呼叫 ctx.clearRect 方法清除整個畫布的內容。

resizeCanvas 方法透過 Electron 提供的 workAreaSize 屬性獲取螢幕的寬
度和高度，進而將 canvas 的大小設定成與螢幕相同。

接下來我們來撰寫預覽視窗的程式 window.js。在 window.js 中，我們首
先引入 canvas.js 模組，呼叫 resizeCanvas 方法初始化 canvas 的大小，然
後呼叫 drawCanvas 方法給 canvas 加上批註功能，程式如下所示。

```
// Chapter7-2-1/window.js
...
const {
  drawCanvas,
  clearCanvas,
  resizeCanvas
} = require('./canvas');

resizeCanvas();
drawCanvas();
...
```

接著透過 ipcRenderer.on 監聽主處理程序發送過來的 "begin-capture" 訊息，在訊息回呼觸發時呼叫 capture 方法進行抓圖，程式如下所示。

```
// Chapter7-2-1/window.js
...
ipcRenderer.on('begin-capture', function (event) {
  capture();
});
...
```

接著實現 capture 方法，程式如下所示。

```
// Chapter7-2-1/window.js
...
let nativeImage = null;

async function capture() {
  try {
    const screenSize = screen.getPrimaryDisplay().workAreaSize;
    const sources = await desktopCapturer.getSources({
      types: ['screen'],
      thumbnailSize: {
        width: screenSize.width,
        height: screenSize.height
```

```
    }
  });

  const entireScreenSource = sources.find(
    source => source.name === 'Entire Screen' || source.name === 'Screen 1'
  );
  nativeImage = entireScreenSource.thumbnail
    .resize({
      width: screenSize.width,
      height: screenSize.height
    });

  const imageBase64 = nativeImage.toDataURL();

  const img = new Image();
  img.src = imageBase64;
  img.onload = function () {
    const c = document.getElementById("screen-shot");
    const ctx = c.getContext("2d");
    ctx.drawImage(img, 0, 0);
    win.show();
  }
} catch (e) {
  console.log(e);
}
}
...
```

在 capture 方法中，首先透過 screen.getPrimaryDisplay().workAreaSize 獲
取主螢幕的寬度和高度，然後呼叫 desktopCapturer.getSources 來獲取螢
幕的媒體來源，媒體來源的類型可以透過 types: ['screen'] 參數來設定。
由於這裡我們的需求是截取主顯示器的螢幕影像，因此只需要獲取主顯
示器媒體來源即可。我們將 desktopCapturer.getSources 傳回的 sources 陣
列列印出來，可以看到如圖 7-6 所示的結果。

```
▼Array(2) 🛈
  ▼0:
      appIcon: null
      display_id: "2528732444"
      id: "screen:0:0"
      name: "Screen 1"
    ▶ thumbnail: NativeImage {}
    ▶ __proto__: Object
  ▶ 1: {name: "Screen 2", id: "screen:1:0", thumbnail: NativeImage, display_id: "2779098405", appIcon: null}
    length: 2
  ▶ __proto__: Array(0)
```

▲ 圖 7-6 sources 陣列中的內容

由於筆者使用的這台電腦除了主顯示幕外，還外接了一個擴充螢幕，所
以能看到 getSources 方法傳回了兩個媒體來源 "Screen 1" 和 "Screen 2"，
它們分別對應於現在的主螢幕和擴充螢幕。如果在 types 參數中加入
"window" 類型，那麼可獲取到每一個可見視窗的媒體來源。也就是說，
如果我們只想截取某個視窗的圖片，可以透過設定這種類型的媒體來源
來實現。在媒體來源中加上 "window" 類型後，可以看到 sources 陣列中
的內容如圖 7-7 所示。

```
▼Array(4) 🛈
  ▶ 0: {name: "Screen 1", id: "screen:0:0", thumbnail: NativeImage, display_id: "2528732444", appIcon: null}
  ▶ 1: {name: "Screen 2", id: "screen:1:0", thumbnail: NativeImage, display_id: "2779098405", appIcon: null}
  ▼2:
      appIcon: null
      display_id: ""
      id: "window:263800:0"
      name: "window.js - ElectronInAction - Visual Studio Code"
    ▶ thumbnail: NativeImage {}
    ▶ __proto__: Object
  ▼3:
      appIcon: null
      display_id: ""
      id: "window:199018:0"
      name: "微信"
    ▶ thumbnail: NativeImage {}
    ▶ __proto__: Object
    length: 4
  ▶ __proto__: Array(0)
```

▲ 圖 7-7 加上視窗媒體來源後 sources 陣列中的內容

從圖中可以看到，加上 "window" 類型後傳回的 sources 陣列中包含了 VSCode 和微信兩款應用程式的可見視窗。

當然，由於這裡我們只需要截取 name 為 Screen 1 媒體來源的影像即可，因此我們在程式中獲取 sources 陣列後需要過濾掉其他 screen 媒體來源。在獲取到 Screen 1 媒體來源後呼叫 thumbnail 方法獲取媒體來源影像物件 nativeImage，程式如下所示。

```
// Chapter7-2-1/window.js
…
const entireScreenSource = sources.find(
    source => source.name === 'Entire Screen' || source.name === 'Screen 1'
  );
nativeImage = entireScreenSource.thumbnail
    .resize({
      width: screenSize.width,
      height: screenSize.height
    });
…
```

NativeImage 為 Electron 定義的影像類型，用於 Tray Icon 等場景。如果直接將 NativeImage 傳入 canvas 提供的 drawImage 方法中，將會拋出如圖 7-8 所示的異常。

```
⊗ ▶Uncaught TypeError: Failed to execute 'drawImage' on          window.js:50
  'CanvasRenderingContext2D': The provided value is not of type '(CSSImageValue or
  HTMLImageElement or SVGImageElement or HTMLVideoElement or HTMLCanvasElement or
  ImageBitmap or OffscreenCanvas)'
      at Image.img.onload (window.js:50)
```

▲ 圖 7-8 錯誤使用 NativeImage 的異常提示

從異常資訊中可以看到，drawImage 方法只接收異常提示中所列舉的圖片物件類型。因此，這裡我們需要將 NativeImage 物件轉換成 HTMLImage Element，程式如下所示。

```
// Chapter7-2-1/window.js
...
const imageBase64 = nativeImage.toDataURL();
const img = new Image();
img.src = imageBase64;
img.onload = function () {
  const c = document.getElementById("screen-shot");
  const ctx = c.getContext("2d");
  ctx.drawImage(img, 0, 0);
  //當影像繪製到canvas中時，顯示預覽視窗。
  win.show();
}
...
```

在 window.js 檔案的最後，給「儲存」按鈕和「關閉」按鈕加入對應的事件，程式如下所示。

```
// Chapter7-2-1/window.js
...
const saveBtn = document.getElementById('save-btn');
saveBtn.addEventListener('click', function(){
  dialog.showOpenDialog(win, {
    properties: ["openDirectory"]
  }).then(result => {
    if (result.canceled === false) {
      fs.writeFileSync(`${result.filePaths[0]}/screenshot.png`,
nativeImage.toPNG());
    }
  }).catch(err => {
    console.log(err)
  })
})

const closeBtn = document.getElementById('close-btn');
closeBtn.addEventListener('click', function(){
```

```
  win.hide();
  clearCanvas();
})
...
```

在點擊「儲存」按鈕後，首先呼叫 dialog.showOpenDialog 方法開啟系統提供的檔案選擇器來讓使用者選擇截圖儲存的資料夾路徑，然後透過 fs.writeFileSync 方法將截圖檔案儲存到該路徑下，並命名為 screenshot.png。當點擊「取消」按鈕時，隱藏預覽視窗並呼叫 clearCanvas 方法清空 canvas，將它恢復初始狀態。

螢幕截圖應用的程式已經撰寫完成，接下來我們透過 npm run start 啟動程式，按 Ctrl+0 快速鍵，可以看到如圖 7-9 所示的介面。該介面為螢幕截圖的預覽介面，我們在上面透過批註功能畫了一個圈。在預覽介面的右下方可以看到「儲存截圖」和「關閉」按鈕，如果使用者覺得此次截圖符合要求，那麼可以點擊「儲存」按鈕將圖片儲存到本地磁碟，如圖 7-10 所示。

▲ 圖 7-9 預覽視窗中顯示的螢幕截圖和批註路徑

▲ 圖 7-10 資料夾選擇器介面

在系統資料夾選擇器中找到目的檔案夾後，點擊「選擇資料夾」按鈕，應用將會把圖片儲存到當前選擇的目錄下並重新命名為 screenshot.png。最後，我們可以在該資料夾下找到該圖片，如圖 7-11 所示。

▲ 圖 7-11 被儲存在 download 目錄下的螢幕截圖檔案

本 節 中 所 提 及 的 完 整 程 式 可 以 存 取 https://github.com/ForeverPx/ElectronInAction/tree/main/Chapter7-2-1。在學習本章的過程中，建議你下載原始程式，親手建構並執行，以達到最佳學習效果。

7.2.2 螢幕錄製

本節的內容將展示如何實現一個螢幕錄製應用。與螢幕截圖應用相同的
是，螢幕錄製應用在啟動後也將持續執行在後台，等待使用者使用快速
鍵來觸發功能。在螢幕錄製的場景中，由於牽涉開始錄製和結束錄製兩
步操作，所以在應用中註冊了兩個快速鍵來分別觸發開始和結束錄製。
其中，快速鍵 Ctrl+9 對應的是開始錄製，快速鍵 Ctrl+0 對應的是結束
錄製。當錄製開始時，為了提示使用者錄製過程的時間，會在螢幕正中
間顯示一個分秒計時器。計時器將在結束錄製時停止計時並消失。錄製
結束後，應用顯示一個全螢幕的視訊預覽介面，使用者在該介面中可以
回看錄製的視訊。同樣的，在介面的右下角會有「儲存」和「關閉」按
鈕。點擊「儲存」按鈕將彈出資料夾選擇框，並在使用者選擇資料夾後
將視訊檔案儲存到其中。點擊「關閉」按鈕將關閉預覽視窗。螢幕錄製
應用的整體流程如圖 7-12 所示。

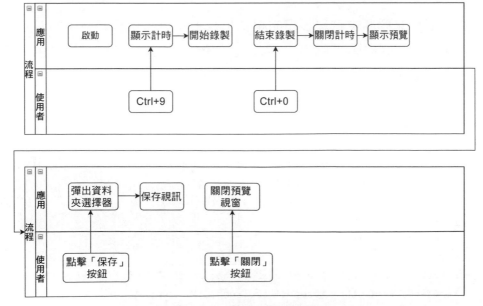

▲ 圖 7-12 螢幕錄製應用流程

接下來正式進入螢幕錄製應用的功能實現部分。從上面對應用功能的描述中得知,這個應用包含兩個視窗,一個是顯示計時器的視窗,另一個是預覽視訊的視窗。因此,我們在專案的目錄結構上要做一些調整,使得它符合多視窗應用的開發要求。我們在專案目錄下為這兩個視窗分別建立了一個單獨的資料夾 "timeWindow" 和 "previewWindow",它們各自需要的 html、js 以及 css 檔案都在對應的資料夾中,如圖 7-13 所示。

▲ 圖 7-13 螢幕錄製應用視窗的目錄結構

首先,我們來撰寫主處理程序的程式。在主處理程序程式的開頭定義了一個名為 regHotKkey 的方法,用於註冊觸發開始錄製和結束錄製的快速鍵,程式如下所示。

```js
// Chapter7-2-2/index.js
...
function regHotKkey(){
  const startShortcutResult = globalShortcut.register('Ctrl+9', function(){
    timeWindow.webContents.send('begin-record');
    previewWindow.webContents.send('begin-record');
    previewWindow.hide()
    timeWindow.show();
  })
  const stopShortcutResult = globalShortcut.register('Ctrl+0', function(){
    timeWindow.webContents.send('stop-record');
```

```
      previewWindow.webContents.send('stop-record');
      timeWindow.hide();
      previewWindow.show()
    })
  if(!startShortcutResult || !stopShortcutResult){
    console.log('註冊快速鍵失敗');
  }else{
    console.log('註冊快速鍵成功');
  }
}
...
```

當 Ctrl+9 快速鍵觸發後，分別向 timeWindow 和 previewWindow 發送開始錄製的事件訊息，並隨後將預覽視窗隱藏，將計時視窗顯示出來。

由於該應用擁有兩個視窗，所以建立視窗部分的程式相比截圖應用也需要做一些修改，程式如下所示。

```
// Chapter7-2-2/index.js
function createWindow(url, options) {
  const window = new electron.BrowserWindow(options);
  window.loadURL(url)

  window.on('close', function(){
    window = null;
  })

  return window;
}


...

const timeWindowUrl = url.format({
  protocol: 'file',
    pathname: path.join(__dirname, 'timeWindow/index.html')
```

```
  })
  timeWindow = createWindow(timeWindowUrl, {
    width: 300,
    height: 200,
    show: false, //預設不顯示視窗
    frame: false,
    webPreferences: {
      nodeIntegration: true,
      enableRemoteModule: true
    }
  });

  const previewWindowUrl = url.format({
    protocol: 'file',
    pathname: path.join(__dirname, 'previewWindow/index.html')
  });

  previewWindow = createWindow(previewWindowUrl, {
    width: 1280,
    height: 720,
    show: false, //預設不顯示視窗
    frame: false,
    webPreferences: {
      nodeIntegration: true,
      enableRemoteModule: true
    }
  });
```

我們給 createWindow 函數增加了兩個參數，分別為 url 和 options。
createWindow 的傳回值為視窗的引用。在 App 的 ready 事件觸發後，透
過給 createWindow 方法傳入不同的參數來建立兩個視窗，並將傳回的視
窗引用給予值給 timeWindow 和 previewWindow 變數。接下來分別實現
timeWindow 和 previewWindow 的頁面、樣式和邏輯。

首先是 timeWindow，其 HTML 程式如下所示。

```
// Chapter7-2-2/timeWindow/index.html
...
<body>
  <div id='time'>00:00</div>
  <script type="text/javascript" src="./window.js"></script>
</body>
...
```

timeWindow 的頁面結構非常簡單，只有一個 id 為 time 的 div 元素，它的子元素是一個顯示分秒的文字節點。接下來我們需要給它增加樣式，使得它能夠在錄製開始時清晰地展示計時內容，程式如下所示。

```
// Chapter7-2-2/timeWindow/index.css
...
#time {
  font-size: 80px;
  text-align: center;
  line-height: 200px;
  color: red;
}
```

在樣式中，我們將 time 元素的 line-height 設定成與 timeWindow 的視窗高度相同，使得計時文字垂直置中於 timeWindow 視窗，並將文字顏色設定為醒目的紅色，如圖 7-14 所示。

00:03

▲ 圖 7-14 計時器介面

為了讓計時器動起來，我們給 timeWindow 加上 window.js 指令稿，程式如下所示。

```
// Chapter7-2-2/timeWindow/window.js
const { remote, ipcRenderer } = window.require('electron');
const win = remote.getCurrentWindow();
const timeElement = document.getElementById('time');

let timeCounter = 0;
let interval = null;

/**
 * 格式化時間
 */
function formatTime() {
  let s = '${parseInt(timeCounter % 60)}';
  let m = '${parseInt(timeCounter / 60 % 60)}';
  if (s / 10 < 1) {
    s = '0${s}';
  }

  if (m / 10 < 1) {
    m = '0${m}';
  }
  return '${m}:${s}';
}

ipcRenderer.on('begin-record', ()=> {
  interval = setInterval(() => {
    timeCounter = timeCounter + 1;
    let timestr = formatTime();
    timeElement.innerHTML = timestr;
  }, 1000);
})

ipcRenderer.on('stop-record', ()=> {
  clearInterval(interval);
  timeCounter = 0;
```

```
    timeElement.innerHTML = '00:00';
})
```

timeCounter 變數儲存的是錄製持續的時間，以秒為單位。formatTime 函數負責將 timeCounter 的秒數轉換成 "00:00" 格式的時間字串，其中冒號左邊為分鐘，右邊為秒。當 timeWindow 收到主處理程序發來的 "begin-record" 訊息後，使用 setInterval 開啟計時器累計秒數，並同時將其轉換成格式化字串後替換 timeElement 的內容，從而顯示在頁面中。當 timeWindow 收到主處理程序發來的 "stop-record" 時，將清除計時器並將 timeCounter 和 timeElement 的內容設定為初始化狀態。

接下來是 previewWindow 部分。首先撰寫 index.html 的程式，程式如下所示。

```
// Chapter7-2-2/previewWindow/index.html
...
<body>
  <video id='preview' src="" controls></video>
  <div id='save-btn' class='btn'>儲存視訊</div>
  <div id='close-btn' class='btn'>關閉</div>
  <script type="text/javascript" src="./window.js"></script>
</body>
...
```

previewWindow 頁面的程式與截圖應用中預覽視窗的頁面程式幾乎相同，唯一不同的是將預覽圖片使用的 canvas 元素改成了預覽視訊使用的 video 元素。接著我們給 HTML 加上對應的樣式，程式如下所示。

```
// previewWindow/index.css
...
.btn{
    width: 80px;
    height: 40px;
```

```
    border-radius: 50px;
    background-color: #fff;
    position: absolute;
    text-align: center;
    line-height: 40px;
    border: 2px solid #000;
    font-size: 16px;
}

#save-btn{
    top: 50px;
    right: 200px;
    cursor:pointer;
}

#close-btn{
    top: 50px;
    right: 100px;
    cursor:pointer;
}
```

在這個應用的預覽視窗中，我們將兩個按鈕透過絕對定位的方式放置在
視窗的右上角，如圖 7-15 所示。

▲ 圖 7-15 螢幕錄製應用的預覽視窗

上圖顯示預覽視窗的效果已經基本完成。由於當前 video 元素還沒有指定視訊來源，且沒有設定預設大小，因此視訊區域看起來還比較小。當指定視訊來源並設定大小後，視訊區域會鋪滿視窗。

接下來是最後一個模組，即 previewWindow 的 window.js 指令稿。在該指令稿中，我們首先定義了一個 startRecording 函數，程式如下所示。

```javascript
// Chapter7-2-2/previewWindow/window.js
...
function startRecording() {
  try {
    desktopCapturer.getSources({ types: ['screen'] }).then(async sources => {
      for (const source of sources) {
        if (source.name === 'Entire Screen') {
          try {
            const stream = await navigator.mediaDevices.getUserMedia({
              audio: false,
              video: {
                mandatory: {
                  chromeMediaSource: 'desktop',
                  chromeMediaSourceId: source.id,
                  minWidth: 1280,
                  maxWidth: 1280,
                  minHeight: 720,
                  maxHeight: 720
                }
              }
            })
            createRecorder(stream)
          } catch (e) {
            console.error(e);
          }
          return
        }
```

```
      }
    })
  } catch (error) {
    console.log(error);
  }
}
...
```

startRecording 函數首先透過 desktopCapturer.getSources 方法獲取所有 screen 類型的媒體來源物件列表 sources。由於我們需要錄製的是整個螢幕,所以需要對 sources 清單進行過濾,獲取 source.name 為 "Entire Screen" 的媒體來源。接著在呼叫 navigator.media Devices.getUserMedia 方法時將媒體來源的 id 傳入,獲得媒體來源的媒體流物件 stream。接下來無論是預覽視訊還是儲存視訊檔案,都需要借助 stream 物件來完成。

預覽視訊相關的程式邏輯如下所示。

```js
// Chapter7-2-2/previewWindow/window.js
function createRecorder(stream) {
  recorder = new MediaRecorder(stream);
  recorder.start();
  recorder.ondataavailable = event => {
    blob = new Blob([event.data], {
      type: 'video/mp4',
    });
    previewMedia(blob);
  };
  recorder.onerror = err => {
    console.error(err);
  };
};

function previewMedia(blob) {
  document.getElementById('preview').src = URL.createObjectURL(blob);
}
```

createRecorder 方法內部使用到了 MediaRecorder 類別，它用於錄製流媒體資料，並將流媒體資料轉換成想要的格式。createRecorder 方法接收 stream 物件作為參數，然後將 stream 物件傳入 MediaRecorder 來把媒體流資料轉換為 mp4 格式的 blob 資料。我們都知道 Html5 video 標籤的 src 屬性支援 objectURL 的形式，所以在 previewMedia 方法中，我們將視訊的 blob 物件透過 URL.createObjectURL 轉換成 objectURL，使得視訊可以在 video 元素中播放預覽。

到這裡為止，應用已經具備錄製加預覽的功能了，透過 npm run start 執行程式，按 Ctrl+9 快速鍵開始錄製螢幕，可以看到如圖 7-16 所示的介面。

00:20

▲ 圖 7-16 計時器介面

錄製 20 s 後，按 Ctrl+0 快速鍵結束錄製，可以看到我們實現的預覽介面，如圖 7-17 所示。

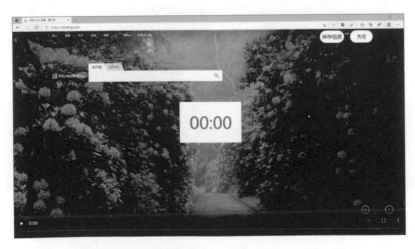

▲ 圖 7-17 預覽介面

我們可以在預覽介面中透過 video 元件提供的操作按鈕來預覽視訊。接下
來，我們繼續來實現儲存視訊到本地的功能，這部分程式邏輯如下所示。

```
// Chapter7-2-2/previewWindow/window.js
...
const saveBtn = document.getElementById('save-btn');
saveBtn.addEventListener('click', function(){
  dialog.showOpenDialog(win, {
    properties: ["openDirectory"]
  }).then(result => {
    if (result.canceled === false) {
        saveMedia(blob, result.filePaths[0]);
    }
  }).catch(err => {
    console.log(err)
  })
});

function saveMedia(blob, path) {
  let reader = new FileReader();
  reader.onload = () => {
    let buffer = new Buffer(reader.result);
    fs.writeFile('${path}/screen.mp4', buffer, {}, (err, res) => {
      if (err) return console.error(err);
    });
  };
  reader.onerror = err => console.error(err);
  reader.readAsArrayBuffer(blob);
}
...
```

在 window.js 中，透過 DOM API 給 saveBtn 綁定點擊事件，在事件觸發
後呼叫 dialog.showOpenDialog 方法彈出系統資料夾選擇器讓使用者選擇
目的檔案夾。在選擇完畢後，呼叫 saveMedia 方法將視訊檔案儲存到目的
檔案夾中。

saveMedia 方法內部使用 FileReader 類別將 Blob 類型的視訊資料轉換成
Buffer 類型，最後在目的檔案夾中建立 screen.mp4 檔案並寫入 Buffer 資
料到檔案中。

在預覽介面點擊「儲存」按鈕，選擇目的檔案夾並確定，可以看到
screen.mp4 檔案被儲存到了該資料夾中，如圖 7-18 所示。

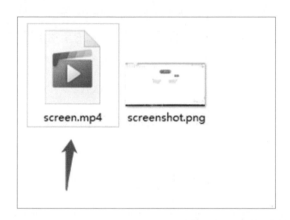

▲ 圖 7-18　被儲存在 download 資料夾下的視訊檔案

本小節中所提及的完整程式可以存取 https://github.com/ForeverPx/
ElectronInAction/ tree/main/Chapter7-2-2 中找到。在學習本章的過程中，
建議你下載原始程式，親手建構並執行，以達到最佳學習效果。

7.3 錄製聲音

在瀏覽器中，前端開發人員可以使用 HTML5 提供的 audio 標籤實現
在網頁上播放音訊功能。除了聲音的簡單播放之外，HTML5 還提供了
navigator.getUserMedia API 來獲取各種音訊來源，並從這些音訊來源中

獲取音訊資料，將它們儲存下來或進行遠端傳輸。本小節的內容將會透過一個完整的範例來展示如何在 Electron 中實現麥克風聲音的錄製功能。

錄音應用的使用流程和互動與螢幕錄製應用的互動比較相似，都是透過快速鍵來觸發錄製行為的開始和結束，並且在錄製過程中提供一個顯示錄製時間的視窗來告訴使用者當前正在錄製過程中。等到錄製結束後，透過預覽視窗給使用者展示錄製結果，在視窗中提供儲存錄製內容到檔案的按鈕以及關閉視窗按鈕。不同的是，在錄音應用的計時視窗內，除了顯示錄製的時長之外，還使用柱狀圖即 顯示了音訊來源某個頻率聲音的分貝大小，讓使用者感知到當前錄音的狀態以及聲音的變化。錄音應用的整體流程如圖 7-19 所示。

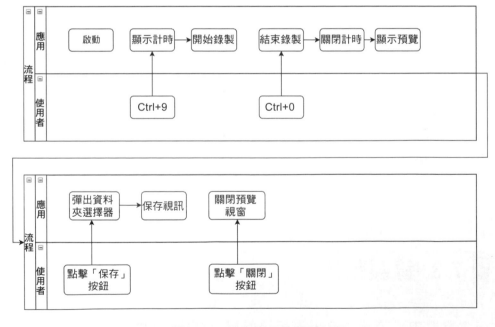

▲ 圖 7-19 錄音應用的整體流程

在錄音應用中，我們透過給 navigator.mediaDevices.getUserMedia API 傳入 audio:true 設定來獲取音訊來源，然後使用 AudioContext 類別來獲取音訊來源中的頻率及分貝資料，在預覽視窗中使用這些資料來繪製頻率分貝圖。

AudioContext 是一個專門用於處理音訊資料的工具類別，它提供的許多方法不僅允許開發人員對音訊資料進行更專業的修改，例如殘響、增益等，還可以從中獲取到音訊的頻率、分貝等資料。關於它的使用方法會在下面的內容中進行講解。

我們首先來實現錄音應用的主處理程序程式，程式如下所示。

```javascript
// Chapter7-3/index.js
const electron = require('electron');
const { app, globalShortcut } = require('electron');
const url = require('url');
const path = require('path');

let timeWindow = null;
let previewWindow = null;

app.whenReady().then(() => {
  const startShortcutResult = globalShortcut.register('Ctrl+9', function(){
    timeWindow.webContents.send('begin-record');
    previewWindow.webContents.send('begin-record');
    previewWindow.hide()
    timeWindow.show();
  })
  const stopShortcutResult = globalShortcut.register('Ctrl+0', function(){
    timeWindow.webContents.send('stop-record');
    previewWindow.webContents.send('stop-record');
    timeWindow.hide();
    previewWindow.show()
```

```
  })
  if(!startShortcutResult || !stopShortcutResult){
    console.log('註冊快速鍵失敗');
  }else{
    console.log('註冊快速鍵成功');
  }
})

const winTheLock = app.requestSingleInstanceLock();
if(winTheLock){
  app.on('second-instance', (event, commandLine, workingDirectory) => {
    if (window) {
      if (window.isMinimized()){
        window.restore();
      }
      window.focus();
    }
  })

  function createWindow(url, options) {
    const window = new electron.BrowserWindow(options);
    window.loadURL(url)

    window.on('close', function(){
      window = null;
    })

    return window;
  }

  app.on('window-all-closed', function () {
    app.quit();
  })

  app.on('ready', function () {
```

```
    const timeWindowUrl = url.format({
      protocol: 'file',
      pathname: path.join(__dirname, 'timeWindow/index.html')
    })
    timeWindow = createWindow(timeWindowUrl, {
      width: 600,
      height: 400,
      show: false, //預設不顯示視窗
      frame: false,
      webPreferences: {
        nodeIntegration: true,
        enableRemoteModule: true
      }
    })

    const previewWindowUrl = url.format({
      protocol: 'file',
      pathname: path.join(__dirname, 'previewWindow/index.html')
    })

    previewWindow = createWindow(previewWindowUrl, {
      width: 600,
      height: 100,
      show: false, //預設不顯示視窗
      frame: false,
      webPreferences: {
        nodeIntegration: true,
        enableRemoteModule: true
      }
    })
  })
}else{
  console.log('quit');
  app.quit();
}
```

由於音訊播放需要佔據的頁面空間不多，所以這裡預覽視窗的尺寸會比螢幕錄製應用的預覽視窗要小，設定為 600px × 100px。

接下來是預覽視窗的相關程式，首先是它的 HTML 檔案，程式如下所示。

```
// Chapter7-3/previewWindow/index.html
...
<body>
  <canvas id='graph'></canvas>
  <div id='time'>00:00</div>
  <script type="text/Java Script" src="./window.js"></script>
</body>
...
```

在預覽視窗的 body 標籤中，除了顯示時間的元素之外，我們還在它前面增加了一個 id 為 graph 的 canvas 元素。正如前面所提到的那樣，該元素將被用於繪製音訊來源的頻率分貝圖。接著我們給 HTML 檔案加上對應的樣式，程式如下所示。

```
// Chapter7-3/previewWindow/index.css
...
#time {
  font-size: 50px;
  text-align: center;
  color: red;
}

#graph{
  width: 100%;
  background: #f5f5f5;
}
```

接下來在預覽視窗的指令稿中，我們主要實現兩個功能：計時器功能和繪製音訊頻率分貝圖功能。由於計時器功能相較於前面的應用沒有變

化，所以這裡不再展示這部分的實現程式。下面將重點展示音訊頻率分
貝圖的實現，程式如下所示。

```javascript
// Chapter7-3/previewWindow/window.js
...
const audioContext = new window.AudioContext();
let gainNode, audioInput, analyserNode = null;
function getAudioInfoAndDraw() {
  navigator.getUserMedia({ audio: true }, function (stream) {
    audioInput = audioContext.createMediaStreamSource(stream);
    gainNode = audioContext.createGain();
    audioInput.connect(gainNode);
    analyserNode = audioContext.createAnalyser();
    gainNode.connect(analyserNode);

    // 初始化canvas資訊
    initCanvasInfo();
    // 繪製canvas影像
    canvasFrame();
  }, function (e) {
    console.log(e);
  });
}
...
```

在上面的程式中，首先建立了 AudioContext 物件並給予值給了
audioContext 變數。然後定義了 3 個在後面會用到的非常重要的變數，分
別為 gainNode、audioInput 和 analyserNode。

在 getAudioInfoAndDraw 方法中，我們透過給 navigator.getUserMedia
方法傳入 {audio:true} 設定獲取到音訊來源 stream 物件，然後透過
audioContext.createMedia-StreamSource 方法將音訊來源轉換成音訊編輯
的輸入節點。

AudioContext 處理音訊資料有一個標準化的流程,如圖 7-20 所示。

▲ 圖 7-20 AudioContext 音訊處理流程

這個流程中包含一個開始節點和目標節點。開發人員可以在這兩個節點之前插入任意數量不同類型的節點來處理音訊資料。位於前面的節點使用 connet 方法去連接下一個節點。在這個流程中,每一個節點都會對上一個節點流下來的資料進行對應的處理,然後將處理之後的資料繼續流向下一個節點,直到目標節點為止。

我們的程式中使用了 GainNode 和 AnalyserNode 兩種類型的節點,它們分別透過呼叫 audioContext.createGain 方法和 audioContext.createAnalyser 方法建立。GainNode 用於控制音訊的音量大小,為了避免輸入來源音量較小而無法聽清錄音,此處透過它來對音訊的音量進行增益放大。AnalyserNode 提供了音訊的即 頻率資訊以及基於時域的分析資訊,此處我們透過它來獲取音訊的頻率以及分貝資料。

透過 AudioContext 提供的 connect 方法,將各個處理節點連接起來,形成一個我們自訂的音訊處理流,如圖 7-21 所示。

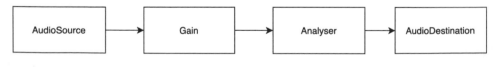

▲ 圖 7-21 自訂的音訊處理流程

當各個節點連接完畢後,音訊流開始按照既定流程進行自動處理。此時我們呼叫開始 initCanvasInfo 方法對 canvas 的資訊進行初始化,程式如下所示。

```
// Chapter7-3/timeWindow/window.js
...
let canvas = null;
let cWidth = 0; //canvas寬度
let cHeight = 0; //canvas高度
function initCanvasInfo() {
  const canvasElem = document.getElementById("graph");
  cWidth = canvasElem.width;
  cHeight = canvasElem.height;
  canvas = canvasElem.getContext('2d');
}
...
```

initCanvasInfo 方法獲取了頁面中 canvas 的實際寬度和高度，分別給予值給 cWidth 和 cHeight 變數。後續在 canvas 中繪製圖形時，需要使用到這兩個變數。

接下來開始實現在 canvas 中繪製頻率分貝圖的方法 canvasFrame，程式如下所示。

```
// Chapter7-3/timeWindow/window.js
...
let requestAnimationFrameId = null;
function canvasFrame() {
  var freqByteData = new Uint8Array(analyserNode.frequencyBinCount);
  analyserNode.getByteFrequencyData(freqByteData);
  canvas.clearRect(0, 0, cWidth, cHeight);
  canvas.fillRect(0, cHeight, cWidth, -freqByteData[0]);
  requestAnimationFrameId = window.requestAnimationFrame(canvasFrame);
}
...
```

這裡我們先了解一下 AnalyserNode.fftSize 的概念，它表示的是透過 FFT（快速傅立葉轉換）獲取音頻頻域時的視窗大小。它的值越大獲取到的頻域資訊越多。由於 AnalyserNode.fftSize 的預設值為 2048，且 AnalyserNode.frequencyBinCount 的 值 為 AnalyserNode.fftSize 的 一 半，所以這裡 AnalyserNode.frequencyBinCount 的值為 1024。我們建立了一個長度為 AnalyserNode.frequencyBinCount 的 Uint8Array 陣列，用於接收 analyserNode.getByteFrequencyData 傳回的頻率對應的分貝資料。等待資料就緒後，我們將分貝值轉換成柱狀圖的高度，繪製在 canvas 中。

聲音的錄製是即 且持續的，所以這裡也需要即 地繪製影像。我們這裡透過呼叫 requestAnimationFrame API 來實現繪製方法的重複執行。每次執行時，canvasFrame 方法都會獲取當前音訊頻率對應的分貝資料來進行繪製。我們會看到在音訊持續輸入時，canvas 上柱狀圖的高度會不停地變化。

繪製的邏輯實現完畢，我們在接收到主處理程序快速鍵觸發的事件中加入開始和結束繪製的相關邏輯，程式如下所示。

```
// Chapter7-3/timeWindow/window.js
...
ipcRenderer.on('begin-record', () => {
  ...
  getAudioInfoAndDraw();
})

ipcRenderer.on('stop-record', () => {
  ...
  canvas.clearRect(0, 0, cWidth, cHeight);
  window.cancelAnimationFrame(requestAnimationFrameId);
})
...
```

在 stop-record 訊息中，我們將 canvas 的內容清空，並透過 cancelAnimationFrame 方法停止對 canvas 的重複繪製。

計時視窗的功能已經實現完畢，我們接下來實現預覽視窗的相關功能。錄音應用預覽視窗的程式與螢幕錄製應用預覽視窗的程式大部分相同，但有如下兩個區別。

（1）頁面中使用 audio 標籤替代 video 標籤播放音訊，程式如下所示。

```
// Chapter7-3/previewWindow/index.html
...
<body>
  <audio id='preview' src="" controls></audio>
  <div id='save-btn' class='btn'>儲存錄音</div>
  <div id='close-btn' class='btn'>關閉</div>
  <script type="text/javascript" src="./window.js"></script>
</body>
...
```

（2）在使用 MediaRecorder 記錄來源資料並轉換時，將 type 設定為 audio/mp3 來得到 mp3 格式的音訊資料，程式如下所示。

```
// Chapter7-3/previewWindow/window.js
...
function startRecording(button) {
  navigator.getUserMedia({
    audio: true
  }, function (stream) {
    recorder = new MediaRecorder(stream);
    recorder.start();
    recorder.ondataavailable = event => {
      blob = new Blob([event.data], {
        type: 'audio/mp3',
      });
      previewMedia(blob);
    };
    recorder.onerror = err => {
      console.error(err);
```

```
    };
  }, function (err) {
    console.log(err);
  });
}
...
```

到這裡為止，音訊錄製應用的所有程式已經撰寫完畢。透過 npm run start 啟動應用，同時按 Ctrl+9 快速鍵開始進行音訊錄製，此時可以看到計時視窗已經顯示出來，如圖 7-22 所示。

透過麥克風持續出入音源，可以在計時視窗中看到直條圖的高度在不停的變化，如圖 7-23 所示。

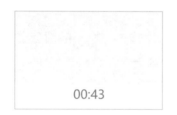

▲ 圖 7-22 沒有音訊輸入時的
計時器視窗

▲ 圖 7-23 有音訊輸入時的
計時器視窗

錄製音訊一段時間後，按 Ctrl+0 快速鍵，將關閉計時視窗結束音訊錄製並顯示音訊試聽視窗，如圖 7-24 所示。

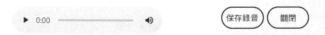

▲ 圖 7-24 結束錄製後的音訊試聽視窗

我們可以點擊介面上音訊播放機的「▸」按鈕來試聽剛才的錄音。如果覺得錄製效果滿意，可以透過點擊「儲存錄音」按鈕將錄音儲存到選擇目錄下的 audio.mp3 檔案中，如圖 7-25 所示。

▲ 圖 7-25 點擊「儲存錄音」按鈕出現的儲存介面

本小節中所提及的完整程式可以存取 https://github.com/ForeverPx/ElectronInAction/tree/main/Chapter7-3。在學習本章的過程中，建議你下載原始程式，親手建構並執行，以達到最佳學習效果。

7.4 使用印表機

列印功能是比較常見的，Electorn 給開發人員提供了兩個 API 來實現將目標內容列印成 PDF 電子檔案或者是紙質檔案的功能，它們分別是 print 和 printToPDF。對於列印的目標主體，可以是負責繪製和控制視窗頁面的 webContents 物件，也可以是視窗頁面中用於嵌入外來頁面的 webview 標籤。它們之間的對應關係如表 7-1 所示。

表 7-1 webContents 和 webview 對應的列印方法

主　體	方　法
webContents	print
	printToPDF
	getPrinters
webview	print
	printToPDF

從表格中可以看到，webview 和 webContents 都包含 print 和 printToPDF 方法。除此之外，webContents 還多了一個 getPrinters 方法。該方法用於獲取系統印表機的清單，傳回包含 PrinterInfo 物件的陣列。PrinterInfo 儲存了單台印表機的裝置資訊，呼叫 print 方法時將 PrinterInfo 物件中 name 屬性的值給予值給 print 方法的 deviceName 設定，可以指定印表機來列印目標內容。如果你的需求並不是將目標內容列印成一份真正的紙質檔案，而是將其輸出為一份 PDF 電子檔案，可以直接使用 printToPDF 實現。

在本節接下來的內容中，我們將在 7.2.1 節螢幕截圖應用的基礎上進行改造，實現一個提供螢幕截圖列印功能的應用，來展示如何在 Electron 應用程式中實現列印功能。新的應用將原來儲存螢幕截圖到本地檔案的功能改為列印截圖功能。我們會先實現用 printToPDF 方法將螢幕截圖列印成 PDF 電子檔案儲存在本地磁碟中，然後再實現用 print 方法將螢幕截圖透過真實的印表機列印成紙質檔案。

在螢幕截圖應用的邏輯中，螢幕截圖預覽功能實現了在預覽視窗中透過 img 標籤展示螢幕截圖。預覽視窗中除了 img 標籤之外，還分別實現了「儲存」和「關閉」兩個按鈕來執行對應的邏輯。如果我們直接使用 webContents.print 或 webContents.printToPDF 方法來對頁面進行列印，則會將兩個按鈕也列印出來，這並不是我們期望的結果，我們期望的是只將截圖部分列印出來。因此，我們需要對視窗的內部結構做一些改造，使用一個獨立的 webview 來單獨展示螢幕截圖，並使用 webview.print 或 webview.printToPDF 方法來單獨對 webview 進行列印。

首先，我們在視窗頁面的 HTML 和 CSS 檔案中，將 img 標籤以及對應的樣式刪除。然後，在原來 img 標籤所在的位置插入 Electron 提供的 webview 標籤，並給它增加預設樣式，程式如下所示。

```
// Chapter7-4/index.html
...
<body>
  <webview id="preview" src='./webview/index.html' nodeintegration></
webview>
  <div id='print-btn' class='btn'>
    列印截圖
  </div>
  <div id='close-btn' class='btn'>
    關閉
  </div>
  <script type="text/javascript" src="./window.js"></script>
</body>
...

// Chapter7-4/index.css
...
#preview{
    display: inline-flex;
    width: 100%;
    height: 100%;
}
...
```

在 webview 中需要完成兩件事。

（1）接收 base64 格式的圖片並透過 img 標籤展示出來。

（2）在圖片展示成功後，透過 IPC 訊息通知視窗。

當視窗接收到訊息後，認為 webview 中的內容已經就緒，就會呼叫
webview.print 或 webview.printToPDF 方法將 webview 所展示的全部內容
列印出來。由於這一系列流程牽涉三個處理程序的 IPC 通訊，所以在程
式實現前我們先來畫一個流程圖，如圖 7-26 所示。

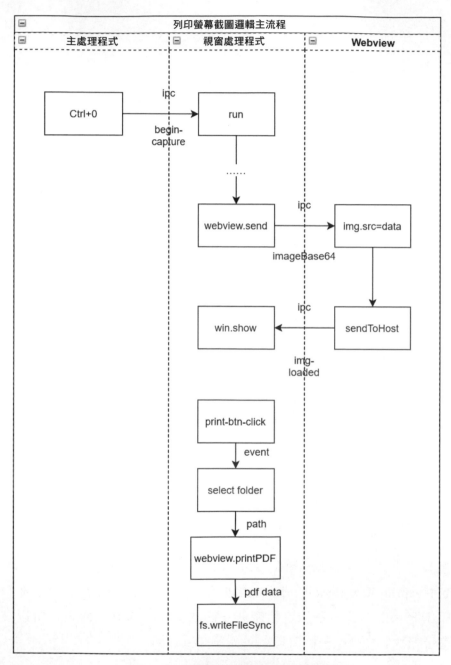

▲ 圖 7-26 截圖顯示與列印的整體流程

從上圖可以比較清晰地理解整個列印程式的執行流程，接下來我們用程式來實現它。我們從 webview 著手，在專案根目錄下建立一個名為 webview 的資料夾，然後在其中建立 webview 相關的 index.html、index.css 以及 index.js 檔案，目錄結構如圖 7-27 所示。

▲ 圖 7-27　webview 檔案目錄結構

由於要在 webview 中展示螢幕截圖，所以我們將原來在視窗頁面中刪除的部分程式移植到 webview 的 HTML 和 CSS 程式中，程式如下所示。

```
// Chapter7-4/webview/index.html
...
<body>
  <img id='preview-img' src="" alt="">
  <script src='./index.js'></script>
</body>
...


// Chapter7-4/webview/index.css
...
#preview-img{
  display: block;
  width: 100%;
```

```
  height: 100%;
}
...
```

按照圖 7-26 的業務流程圖所示，接下來需要在 webview 的指令稿邏輯中
實現對 IPC 訊息的監聽，並在接收到圖片資料後，將其給予值給 image
標籤的 src 屬性來載入圖片。隨後監聽圖片載入完成事件，向視窗處理程
序發送訊息，告訴它圖片已經載入完成。這部分的邏輯程式如下所示。

```javascript
// Chapter7-4/webview/index.js
const { ipcRenderer } = require('electron');

const imgElem = document.getElementById('preview-img');
ipcRenderer.on('imageBase64', (event, data) => {
  imgElem.src = data;
  imgElem.onload = function () {
    ipcRenderer.sendToHost('img-loaded', 1);
  }
})
```

接下來我們需要對視窗的指令稿 window.js 進行一些改造。首先，我們
透過 DOM API 獲取 webview 標籤物件，並給 webview 註冊 IPC 訊息監
聽器 ipc-message。該監聽器監聽 webview sendToHost 方法發送回來的所
有訊息。在訊息回呼中，我們可以透過參數 event 中的 channel 屬性獲得
訊息頻道名稱。在上面的程式中，sendToHost 方法發送了一個名為 img-
loaded 的訊息頻道，因此我們在回呼中需要判斷 channel 屬性的值，當值
為 img-loaded 時，才處理對應的邏輯，程式如下所示。

```javascript
// Chapter7-4/window.js
...
const webview = document.querySelector('webview')
webview.addEventListener('ipc-message', (event) => {
  if (event.channel === 'img-loaded') {
```

```
    win.show();
  }
})
...
```

然後，在原來截圖應用獲取到圖片 base64 資料的地方，呼叫 webview.
send 方法將資料透過 IPC 的方式發送給 webview，程式如下所示。

```javascript
// Chapter7-4/window.js
...
async function run() {
  try {
    const screenSize = screen.getPrimaryDisplay().workAreaSize;
    const sources = await desktopCapturer.getSources({
      types: ['screen'],
      thumbnailSize: {
        width: screenSize.width,
        height: screenSize.height
      }
    });

    const entireScreenSource = sources.find(
      source => source.name === 'Entire Screen' || source.name === 'Screen 1'
    );
    nativeImage = entireScreenSource.thumbnail
      .resize({
        width: screenSize.width,
        height: screenSize.height
      });

    const imageBase64 = nativeImage.toDataURL();

    //將圖片資料透過IPC訊息發送給webview
    webview.send('imageBase64', imageBase64);
    win.show()
```

```
  } catch (e) {
    console.log(e);
  }
}
...
```

最後，是本範例中最關鍵的部分。我們將截圖應用的「儲存」按鈕文案改為「列印」按鈕文案，並修改按鈕點擊事件的邏輯，程式如下所示。

```
// Chapter7-4/window.js
...
const printBtn = document.getElementById('print-btn');
printBtn.addEventListener('click', function(){
  dialog.showOpenDialog(win, {
    properties: ["openDirectory"]
  }).then(result => {
    if (result.canceled === false) {
      // 列印檔案到PDF電子檔案
      webview.printToPDF({})
      .then(function(data){
        fs.writeFileSync(`${result.filePaths[0]}/printScreenshot.pdf`, data);
      }).catch(function(e){
      console.log(`列印失敗 ${e}`)
      });
    }
  }).catch(err => {
    console.log(err)
  })
})
...
```

在使用者選擇要儲存 PDF 檔案的目的檔案夾後，透過呼叫 webview. printToPDF 方法來將螢幕截圖 PDF 檔案輸出到該資料夾中並命名為 printScreenshot.pdf。

透過 npm run start 啟動應用，然後按 Ctrl+0 快速鍵，可以看到與 7.2.1 節中螢幕截圖應用相同的預覽介面，如圖 7-28 所示。

▲ 圖 7-28　截圖後的預覽介面

點擊「列印截圖」按鈕，選擇目的檔案夾並點擊「確定」按鈕，可以在目的檔案夾中看到 printScreenshot.pdf 檔案，如圖 7-29 所示。

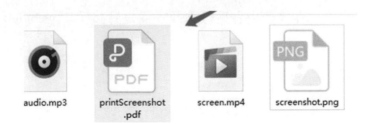

▲ 圖 7-29　在 download 資料夾中產生的 printScreenshot.pdf 檔案

按兩下 printScreenshot.pdf 檔案，看看內容是否符合我們的預期，如圖 7-30 所示。

▲ 圖 7-30 PDF 檔案的內容

現在我們已經實現了將螢幕截圖列印成 PDF 電子檔案的功能，接下來我們將使用 webview.print 方法來操作真正的印表機，將螢幕截圖列印在紙張上。

在點擊「列印截圖」按鈕後，我們不再呼叫 dialog.showOpenDialog 方法開啟資料夾選擇器讓使用者進行選擇，而是直接呼叫 webview.print 方法，程式如下所示。

```
// Chapter7-4/window.js
…
const printBtn = document.getElementById('print-btn');
printBtn.addEventListener('click', function(){
  webview.print({})
  .then(function(){
    console.log(`列印成功`)
  }).catch(function(e){
```

```
    console.log(`列印失敗 ${e}`)
  });
})
…
```

從程式中可見，webview.print 方法呼叫後依舊傳回一個 Promise 物件。但
與 printToPDF 方法不同的是，它在操作成功時將不會在 then 方法中傳入
任何參數。當 webview.print 方法呼叫後，將展示如圖 7-31 所示的介面，
供使用者選擇要使用的印表機裝置。

▲ 圖 7-31 印表機選擇介面

選擇完畢後點擊「列印」按鈕，即可將螢幕截圖透過對應印表機列印到
紙張上。

本小節中所提及的完整程式可以存取 https://github.com/ForeverPx/
ElectronInAction/tree/main/Chapter7-4。在學習本章的過程中，建議你下
載原始程式，親手建構並執行，以達到最佳學習效果。

7.5 系統工作列與通知

螢幕截圖應用在形態上被設計為一個在後台持續執行的應用，它一直等待著使用者使用快速鍵觸發下一步操作，這會面臨兩個問題。

（1）在按下快速鍵之前，使用者在系統介面上是無法看出該應用是否在執行的。即使應用由於異常而導致崩潰了，使用者也無法得知。只有在按下快速鍵但沒有任何回應時才能有所感知，這容易給使用者造成一定程度上的誤解。

（2）如果碰巧鍵盤中快速鍵所需要的按鍵壞了，那麼將沒有其他方式來讓使用者繼續使用該應用來進行螢幕截圖。

為了解決這些問題，我們準備給螢幕截圖應用加上系統工作列功能，讓使用者可以在工作列列表中看到應用是否還在執行中，並且可以透過工作列的選單來觸發截圖操作。接下來，我們開始使用程式來實現它。

工作列功能的程式非常簡單，只需要在主處理程序的 ready 事件觸發後呼叫 Tray 和 Menu 模組進行設定即可，程式如下所示。

```
// Chapter7-5/index.js
let tray = null;

app.on('ready', function () {
  createWindow();
  tray = new Tray(path.join(__dirname, './logo.png'));
  const contextMenu = Menu.buildFromTemplate([
    { label: '抓圖', type: 'normal', click: function(){
      window.webContents.send('begin-capture');
    }},
    { label: '退出', type: 'normal', click: function(){
```

```
      app.quit();
    }}
  ])
  tray.setToolTip('Screen Capture')
  tray.setContextMenu(contextMenu)
});
```

在上面的程式中，我們首先將工作列所使用到的圖片路徑傳入 Tray 的建
構函數中，產生一個 tray 物件。然後利用 Menu 模組的範本方法建構兩個
在點擊之後出現的選單按鈕，分別為「抓圖」和「退出」。在抓圖按鈕設
定的點擊事件中，將透過 IPC 向繪製處理程序發送 begin-capture 訊息來
觸發抓圖邏輯。在「退出」按鈕設定的點擊事件中，將呼叫 app.quit 方法
退出應用。

透過 npm run start 啟動應用，我們可以在工作列右側看到我們為該應用
建立的工作列選單，如圖 7-32 所示。

▲ 圖 7-32 工作列選單

點擊「截圖」按鈕的效果與按 Ctrl+0 快速鍵相同，我們可以在觸發之後
看到截圖預覽視窗。點擊「退出」按鈕後應用將退出。

螢幕截圖應用在目前儲存截圖的邏輯中，當儲存成功時會在目標目錄下
產生對應的圖片檔案。但這個過程中沒有任何提示，使用者只有在目標
目錄下看到對應的圖片才能確定圖片是否儲存成功了。為了能及時給使
用者回饋儲存截圖功能的成功與否，我們接下來給儲存截圖功能加上系
統通知的功能。

在 Electron 的主處理程序中，可以使用 Notification 模組來呼叫系統的通知功能。而在繪製處理程序中，可以使用 HTML5 提供的 window.Notification 模組來實現。由於截圖應用的儲存邏輯是在繪製處理程序中實現的，因此我們將使用 window.Notification 來實現通知功能，程式如下所示。

```javascript
// Chapter7-5/window.js
......
const saveBtn = document.getElementById('save-btn');
saveBtn.addEventListener('click', function(){
  dialog.showOpenDialog(win, {
    properties: ["openDirectory"]
  }).then(result => {
    if (result.canceled === false) {
      console.log("Selected file paths:");
      console.log(result.filePaths);
      fs.writeFileSync(`${result.filePaths[0]}/screenshot.png`,
nativeImage.toPNG());

      const successNotification = new window.Notification('螢幕截圖', {
        body: '儲存截圖成功'
      });
      successNotification.onclick = () => {
        shell.openExternal(`${result.filePaths[0]}`);
      };
    }
  }).catch(err => {
    new window.Notification('螢幕截圖', {
      body: '儲存截圖失敗'
    });
    console.log(err);
  });
});
```

在檔案儲存成功之後，我們呼叫 window.Notification 方法建立一個標題為「螢幕截圖」、內容為「儲存截圖成功」的系統通知。然後給通知的 UI 註冊一個點擊事件，當事件觸發後透過 openExternal 方法開啟目的檔案夾。在檔案儲存失敗之後，建立一個帶有失敗提示的系統通知。

透過 npm run start 啟動應用，在截圖之後點擊「儲存」按鈕並選擇資料夾，可以看到系統彈出了如圖 7-33 所示的系統通知。當我們點擊該通知時，自動開啟了我們選擇的資料夾。

▲ 圖 7-33 「儲存截圖成功」的系統通知

本小節中所提及的完整程式可以存取 https://github.com/ForeverPx/ElectronInAction/tree/main/Chapter7-5 中找到。在學習本章的過程中，建議你下載原始程式，親手建構並執行，以達到最佳學習效果。

7.6 總結

■ 一款體驗優秀的應用會設計許多快速鍵來讓使用者進行快捷操作。Electron 中的 globalShortcut 內建模組可以很方便地讓開發者給自己開發的應用註冊全域的系統快速鍵。

■ globalShortcut 提供了 register 和 unregister 方法來分別註冊和登出全域快速鍵。需要注意的是，globalShortcut 只能在主處理程序中使用。

- Electron 提供了 desktopCapturer API 來讓開發者實現螢幕影像截取和錄製的功能。這個 API 需要結合 HTML5 的 navigator.mediaDevices. getUserMedia 方法來使用。

- 要在應用中實現聲音的錄製，可以給 navigator.mediaDevices. getUserMedia 方法傳入 {audio:true} 設定來實現。getUserMedia 傳回的 stream 物件將包含音訊資料流程，可以利用 MediaRecorder 物件來將流資料記錄到檔案中。

- Electron 提供了 print 和 printToPDF 方法來將內容列印成紙質檔案以及 PDF 電子文件，webContent 和 webview 都具有這兩個方法。在 webContent 上呼叫它們將會列印整個視窗的內容，而在 webview 上呼叫則只會列印 webview 中載入的內容。

- 工作列選單常用於顯示應用的狀態以及提供一些便捷的操作，開發人員可以組合使用 Electron 提供的 Tray 和 Menu 模組來實現應用的工作列選單功能。

- 在主處理程序中，開發人員可以使用 Notification 模組來建立系統通知。而在繪製處理程序中，需要使用 HTML5 提供的 window.Notification 模組來實現。

應用品質

對於一款桌面應用來說，品質是非常重要的一個方面。桌面應用的其中一個特點是在應用出現問題時對其進行修復的成本很高。不同於傳統的 Web 應用，解決一個線上的 Bug 只需要部署新的版本就能讓所有使用者使用到最新的版本。桌面應用在發佈更新套件後，需要使用者下載新的安裝套件或者觸發 OTA 機制來讓應用更新到最新的版本。這兩種方式都無形中增加了修復 Bug 所帶來的成本。

另外，桌面應用更新的及時性相對 Web 應用來說較差，這導致使用者在一段時間內用的還是有 Bug 的版本。這對於使用者口碑來說是一個致命的打擊。試想你開發的應用是一個有關交易的應用，那麼一個影響交易流程的 Bug 可能從出現到真正修復的這段時間內已經遺失了無數的訂單。這僅僅是當前的損失。與此同時，使用者可能會選擇嘗試其他同類型的應用來完成需求，也意味著使用者將會大機率流失。

因此，作為一名桌面應用程式開發人員，需要在開發階段就盡可能地透過一些方法來提高應用的品質。在本章節的內容中，我們提取了開發階段保障應用品質的一些關鍵行動（如測試、異常處理、錯誤資訊收集等），逐一展示如何在應用中實現它們。

8.1 單元測試

單元測試是指對應用最基本的組成單元進行測試，它的目的是對應用基本組成單元所具有的功能進行檢查和驗證。對於一款程式設計語言以 JavaScript 為主的應用來說，它的基本組成單元可以認為是函數。因此，程式中的函數是開發人員撰寫單元測試的目標物件。

單元測試要求目標函數具有冪等性（對同一個函數而言，在具有同樣的輸入的情況下，都必須要有同樣的輸出），想必對函數式程式設計這個概念比較熟悉的開發人員對它應該不陌生。除此之外，函數沒有副作用也是很重要的，因為這樣可以讓開發人員無須花費較多精力用於構造副作用環境以及對其結果的驗證上。

這裡為了更方便地進行演示，我們將在 7.2.2 節螢幕錄製應用的基礎上展示如何撰寫單元測試程式。在本章節的範例中，將使用目前流行的 JavaScript 測試框架 Mocha 來撰寫單元測試。Electron 是由 Node.js 和 Chromium 組成的，Mocha 也有能力覆蓋這兩個環境。除了測試框架之外，我們還需要使用斷言函數庫來對結果是否符合預期進行判斷，這裡我們選用支持多種描述風格的斷言函數庫 Chai。

首先，我們將螢幕錄製應用的程式複製一份，重新命名為 Chapter 8-1，並修改 package.json 中的專案名稱 name 屬性的值為 "ScreenRecorder UnitTest"。

接著，在專案目錄中透過如下命令安裝 Mocha 和 Chai。

```
npm install mocha chai --save-dev
```

回顧螢幕錄製應用主處理程序的程式，其中比較關鍵的是建立視窗的函數 createWindow，程式如下所示。

```
// Chapter8-1/index.js
...
function createWindow(url, options) {
  const window = new electron.BrowserWindow(options);
  window.loadURL(url)

  window.on('close', function(){
    window = null;
  })

  return window;
}
...
```

現在的 createWindow 函數在邏輯上還不夠完善。首先，沒有對參數的合法性進行最基本的判斷，例如判斷參數是否為空和判斷參數類型是否符合預期。其次，close 事件的回呼方式不便於後續使用和測試。因此我們將對其進行改造，程式如下所示。

```
// Chapter8-1/index.js
...
function createWindow(url, options, onClose) {
  if(!url || Object.prototype.toString.call(url) !== '[object String]'){
    return null;
  }
  if(!options || Object.prototype.toString.call(options) !== '[object
Object]'){
    return null;
  }
```

```
const window = new electron.BrowserWindow(options);
window.loadURL(url)

window.on('close', onClose || function(){});

return window;
}

exports.createWindow = createWindow;
...
```

這裡為了方便演示，我們直接在 index.js 中使用 exports 將 createWindow 函數匯出，以供測試使用案例程式中匯入使用。除此之外，你也可以將 createWindow 函數抽離到一個單獨的檔案中再透過 exports 匯出。

接下來將撰寫關於它的測試使用案例。在專案根目錄建立 test 資料夾用於儲存單元測試程式，並在該資料夾中新建 index.testMain.js 檔案，目錄結構如圖 8-1 所示。

▲ 圖 8-1 單元測試程式目錄

針對 createWindow 函數的功能，我們將設計以下測試使用案例集，如表 8-1 所示。

表 8-1　createWindow 函數功能測試使用案例集

用例	輸入參數	期望輸出
1	**Url:** file://C:\Users\panxiao\Desktop\Demos\ElectronInAction\ Chapter8-1\test\timeWindow\index.html **Options:** {} **onClose:** function(){}	傳回值的類型為 [object Object]
2	**Url:** null **Options:** {} **onClose:** function(){}	傳回值的類型為 [object Null]
3	**Url:** {} **Options:** {} **onClose:** function(){}	傳回值的類型為 [object Null]
4	**Url:** file://C:\Users\panxiao\Desktop\Demos\ElectronInAction\ Chapter8-1\test\timeWindow\index.html **Options:** null **onClose:** function(){}	傳回值的類型為 [object Null]
5	**Url:** file://C:\Users\panxiao\Desktop\Demos\ElectronInAction\ Chapter8-1\test\timeWindow\index.html **Options:** "null" **onClose:** function(){}	傳回值的類型為 [object Null]

6	**Url:** file://C:\Users\panxiao\Desktop\Demos\ElectronInAction\ Chapter8-1\test\timeWindow\index.html
	Options: {
	　width: 300,
	　height: 200,
	　show: false, // 預設不顯示視窗
	　frame: false,
	　webPreferences: {
	　　nodeIntegration: true,
	　　enableRemoteModule: true
	　}
	}
	onClose: function(){}
		傳回值的類型為 [object Object]，且視窗狀態 isVisible 為 false

在上面的測試使用案例中，使用案例 1 測試的是在參數正確的情況下，能否正常建立 Browser Window 物件並傳回。使用案例 2 ～ 5 測試的是在參數 url 和 options 都不正確的情況下，是否按預期傳回 null 值。使用案例 6 不僅測試了 BrowserWindow 是否被正常建立，還測試了 options 參數中 show 的值是否生效。接下來我們將這些使用案例轉換成單元測試程式，程式如下所示。

```javascript
// Chapter8-1/test/index.testMain.js
const expect = require('chai').expect;
const url = require('url');
const path = require('path');
const { createWindow } = require('../index');

describe('testCreateWindow', function () {
  //使用案例1
  it('should return Object when params is ok', function () {
    const winUrl = url.format({
      protocol: 'file',
      pathname: path.join(__dirname, 'timeWindow/index.html')
    })
    expect(Object.prototype.toString.call(createWindow(winUrl, {}, function
() { }))).to.be.equal ('[object Object]');
  });

  //使用案例2
  it('should return Null when url param is null', function () {
expect(Object.prototype.toString.call(createWindow(null,{}, function () {
}))).to.be.equal
('[object Null]');
  });

  //使用案例3
  it('should return Null when url param is not a string', function () {
    const winUrl = {};
```

```
  expect(Object.prototype.toString.call(createWindow(winUrl, {}, function
() { }))).to.be.equal ('[object Null]');
  });

  //使用案例4
  it('should return Null when options param is null', function () {
    const winUrl = url.format({
      protocol: 'file',
      pathname: path.join(__dirname, 'timeWindow/index.html')
    })
    expect(Object.prototype.toString.call(createWindow(winUrl, null,
function () { }))).to.be.equal ('[object Null]');
  });

  //使用案例5
  it('should return Null when options param is not an object', function ()
{
    const winUrl = url.format({
      protocol: 'file',
      pathname: path.join(__dirname, 'timeWindow/index.html')
    })
    expect(Object.prototype.toString.call(createWindow(winUrl, "null",
function () { }))).to.be.equal ('[object Null]');
  });

  //使用案例6
  it('should return Object and Window is invisible when option's show
config is false', function () {
    const winUrl = url.format({
      protocol: 'file',
      pathname: path.join(__dirname, 'timeWindow/index.html')
    })
    const window = createWindow(winUrl,  {
      width: 300,
      height: 200,
```

```
    show: false, //預設不顯示視窗
    frame: false,
    webPreferences: {
      nodeIntegration: true,
      enableRemoteModule: true
    }
  }, function () {});
  expect(Object.prototype.toString.call(window)).to.be.equal('[object
Object]');
  expect(window.isVisible()).to.be.equal(false);
 });
})
```

Mocha 提供的 describe 方法代表一組相關的測試使用案例，它的第一個
參數表示該組測試的名稱，由於這裡我們測試的是建立視窗的函數，所
以我們將這組測試命名為 testCreateWindow。它的第二個參數是一個函
數，測試相關的程式將寫在這個函數中。

Mocha 提供的 it 方法表示一個測試使用案例，它的第一個參數為該使
用案例的描述，第二個參數為該使用案例的測試程式。以測試使用案
例 1 為例，該使用案例的描述為 "should return Object when params is
ok"，它表示該使用案例是用於測試當參數都正確的情況下函數應該傳
回正確的物件。在第二個參數傳入的函數中，我們按照輸入要求呼叫了
createWindow 方法，並透過 Chai 函數庫的 expect 方法對結果進行判斷。
如果結果符合傳給 equal 方法的參數，那麼測試使用案例執行透過，否則
失敗。

測試使用案例撰寫完畢之後，我們嘗試執行一下它們。在 package.json 的
scripts 中增加如下一條新的命令用於執行單元測試。

```
// Chapter8-1/package.json
...
"scripts": {
  "start": "electron .",
  "test": "mocha"
},
...
```

透過 npm run test 命令執行單元測試，我們會發現在命令列中發生了錯誤，如圖 8-2 所示。

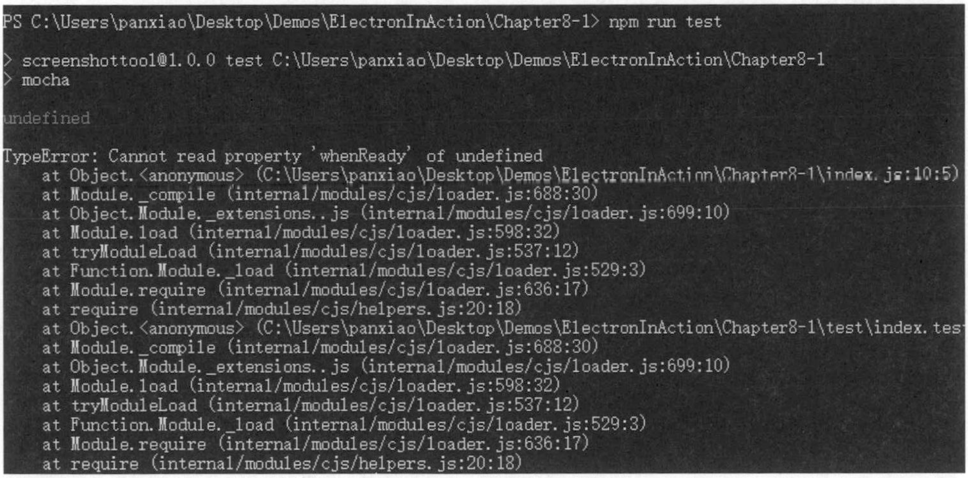

▲ 圖 8-2 執行單元測試命令後的錯誤訊息

從錯誤中我們可以看出，由於我們並不是用 Electron 命令啟動的指令稿，所以在執行單元測試指令稿的時候，環境中缺少了 Electron 提供的方法。那如何在 Electron 的環境中執行 Mocha 單元測試指令稿呢？我們可以借助 electron-mocha 這個三方函數庫來解決這個問題，透過如下命令將 electron-mocha 安裝到專案中。

```
npm install electron-mocha --save-dev
```

接著在 package.json 檔案的 scripts 中，加入如下命令。

```
// Chapter8-1/package.json
...
"scripts": {
  "start": "electron .",
  "test": "mocha",
  "electron-test": "electron-mocha"
},
...
```

透過 npm run electron-test 命令執行單元測試，可以看到如圖 8-3 所示的結果。

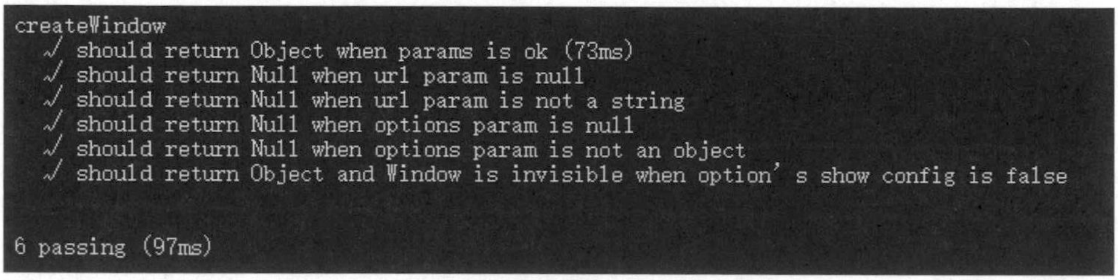

```
createWindow
  √ should return Object when params is ok (73ms)
  √ should return Null when url param is null
  √ should return Null when url param is not a string
  √ should return Null when options param is null
  √ should return Null when options param is not an object
  √ should return Object and Window is invisible when option's show config is false

6 passing (97ms)
```

▲ 圖 8-3 測試使用案例執行透過的結果

從命令列中輸出的結果資訊可以看出，我們撰寫的 6 條單元測試使用案例指令稿已經全部執行透過。

本小節中所提及的完整程式可以存取 https://github.com/ForeverPx/ElectronInAction/tree/main/Chapter8-1。在學習本章的過程中，建議你下載原始程式，親手建構並執行，以達到最佳學習效果。

8.2 整合測試

整合測試是一種用來測試當應用各個獨立的模組組合在一起時是否能正常執行的方法。在真實的場景中，儘管每個獨立的模組都透過了單元測試，但這並不意味著它們組合在一起時，能按我們預期的方式來執行。這其中可能會包含如下原因：

（1） 單元測試只測試獨立的模組，當它透過測試時，只能說明當前模組在該使用案例下是沒問題的。試想一下這種情況：某個功能需要兩個模組配合來實現，分別為 A 模組和 B 模組。你負責開發 A 模組，而另一位元同事負責開發 B 模組，A 模組需要呼叫 B 模組的方法並傳入參數來實現功能。你們約定好協定後便獨立地對各自模組進行開發，並撰寫了對應的單元測試程式，模組最終也透過了單元測試。但這之後你的同事收到了訊息要更改 B 模組邏輯的需求但你並不知情。你的同事修改完他負責的 B 模組以及對應的單元測試程式並測試通過。這個時候 A 模組和 B 模組看起來都通過了單元測試，但當 A 模組呼叫 B 模組時，顯然是會顯示出錯的，因為 A 模組並沒有更改對應的呼叫邏輯。

（2） 在大部分的真實專案中，單元測試達到 100% 覆蓋率的情況非常少。大多數情況會因為專案週期緊和開發人員意識不足等因素導致專案中的單元測試覆蓋率較低，無法保證各獨立模組是經過測試的。

這個時候我們就需要使用整合測試方法在更高維度來驗證功能邏輯的正確性。整合測試的測試使用案例與單元測試的區別在於，整合測試關注的是功能流程、資料流程向以及介面呼叫等方面，而單元測試關注的是單一模組（函數）的輸入、輸出情況。接下來的內容我們將以螢幕截圖應用為例，展示如何設計它的整合測試使用案例以及測試程式的撰寫。

Electron 官方提供了一個開放原始碼的整合測試框架 Spectron，它是在 ChromeDriver 和 WebDriverIO 的基礎上進行開發的。選擇使用 Spectron 有以下兩點原因：

（1）Spectron 為開發人員提供了非常多的能直接控制 Electron 行為的 API。例如，你可以透過程式讓 Electron 啟動起來，並在測試程式中呼叫 Electron 內建的 API 來完成測試使用案例。不僅如此，它還能獲取到每一個視窗實例，控制視窗自身的表現以及獲取或修改視窗內頁面的內容。

（2）Spectron 能很友善地跟 Mocha、Chai 等測試框架結合使用。

我們將在螢幕截圖應用中使用 Spectron 框架來進行整合測試。針對螢幕截圖應用的功能，我們設計 3 個測試使用案例來進行展示，如表 8-2 所示。

表 8-2 針對螢幕截圖應用功能的測試使用案例

用例	用例描述	判斷標準
1	啟動應用，待視窗建立完畢，驗證開啟的視窗數量。	僅開啟 1 個視窗。
2	驗證視窗中內容。	視窗記憶體在以下元素：canvas、save-btn、close-btn
3	向發送 begin-capture 訊息，並進行截圖。點擊 "save-btn" 按鈕儲存圖片到本地。	截圖功能正常，並且該圖片檔案存在於目標路徑下，且圖片正常。

現在我們開始撰寫上述 3 個整合測試使用案例。首先在專案中使用如下命令安裝 Spectron、Mocha 以及 Chai。

```
npm install spectron@13.0.0 mocha chai --save-dev
```

Spectron 對 Electron 的版本有依賴，可以在 Spectron 的官方文件（https://github.com/ electron-userland/spectron#version-map）上查看它們版本之間

的對應關係。由於螢幕截圖應用專案中使用的 Electron 版本為 V11，所以
我們這裡需要安裝 Spectron 的 V13 版本。

接著在專案根目錄下建立一個名為 test 的資料夾，並在該資料夾中建立
spec.test.js 檔案。我們將在該檔案中撰寫上述 3 個使用案例的測試程式。

根據使用案例中的描述，每次執行一個使用案例的前後，都需要分別啟動
應用和結束應用。因此，我們使用 Mocha 提供的 beforeEach 和 afterEach
方法來實現。beforeEach 方法的回呼函數將在每個用 it 定義的使用案例
執行前被呼叫，afterEach 方法的回呼函數則是在每個用 it 定義的使用案
例執行後被呼叫，程式如下所示。

```javascript
// Chapter-8-2/test/spec.test.js
...
describe('SceenShot', function () {
  // 每次執行使用案例前，啟動應用
  beforeEach(function () {
    this.app = new Application({
      path: electronPath,
      args: [path.join(__dirname, '../index.js')]
    })
    return this.app.start()
  })

  // 每次執行使用案例後，停止應用
  afterEach(function () {
    if (this.app && this.app.isRunning()) {
      return this.app.stop()
    }
  })
}
...
```

使用案例 1 的測試程式如下所示。

```
// Chapter8-2/test/spec.test.js
...
it('it should create 1 window after app launch', async function () {
  await this.app.client.waitUntilWindowLoaded();
  const winCount = await this.app.client.getWindowCount();
  winCount.should.equal(1);
});
...
```

在上面的測試使用案例程式中，我們使用到了 Spectron 提供的 waitUntilWindowLoaded 方法等待應用視窗內容載入完成。然後透過 getWindowCount 方法獲取當前應用開啟的視窗數量（只要視窗被成功建立，無論是否顯示都可以獲取）。透過 Chai 函數庫 should 風格的寫法，判斷視窗數量是否為 1。當 equal 方法傳回 true 時表示使用案例執行透過，否則表示執行失敗。

使用案例 2 的測試程式如下所示。

```
// Chapter8-2/test/spec.test.js
...
it("it should create neccessary electron in window", async function () {
  await this.app.client.waitUntilWindowLoaded();

  const saveBtnElem = await this.app.client.$("#save-btn");
  const closeBtnElem = await this.app.client.$("#close-btn");
  const canvasElem = await this.app.client.$("#screen-shot");

  const saveBtnElemIsExist = await saveBtnElem.isExisting();
  const closeBtnElemIsExist = await closeBtnElem.isExisting();
  const canvasElemIsExist = await canvasElem.isExisting();

  saveBtnElemIsExist.should.equal(true);
  closeBtnElemIsExist.should.equal(true);
```

```
  canvasElemIsExist.should.equal(true);
});
...
```

為了驗證視窗頁面內容是否順利載入，我們所判斷的方法和依據是：從頁面中獲取關鍵的三個 HTML 元素，判斷它們是否存在。如果都存在，則認為是成功的。因此，在程式中，我們先透過 WebdriverIO 提供的類似於 jQuery 的 $ 符號來根據元素 id 查詢對應的元素。查詢結果將傳回 WebdriverIO 自訂的一個元素物件，該物件包含一個名為 isExisting 的方法，呼叫它之後將傳回代表元素是否存在的 boolean 值。接著我們透過判斷三個元素的值是否為 true 來判斷頁面內容是否順利載入，在它們都為 true 的情況下，表示頁面載入成功，測試通過。

在接下來撰寫第三個使用案例的程式時，有一個問題我們需要提前解決，那就是如何透過程式測試資料夾選擇框問題。在原來的邏輯中，當我們點擊「儲存」按鈕時，會彈出檔案選擇框讓我們選擇圖片儲存的路徑。遺憾的是，Spectron 尚未提供對應的 API 來自動地操作資料夾選擇器，無法使用測試指令稿來進行測試。因此，這裡我們只能在測試的環節將這部分程式進行遮罩，修改為點擊「儲存」按鈕後直接將圖片儲存在固定的資料夾中的形式，程式如下所示。

```
// Chapter8-2/window.js
const saveBtn = document.getElementById('save-btn');
saveBtn.addEventListener('click', function(){
  // 註釋原來的邏輯
  // dialog.showOpenDialog(win, {
  //   properties: ["openDirectory"]
  // }).then(result => {
  //   if (result.canceled === false) {
  //       console.log("Selected file paths:")
  //       console.log(result.filePaths)
```

```
//    fs.writeFileSync(`${result.filePaths[0]}/screenshot.png`,
nativeImage.toPNG());
//    }
// }).catch(err => {
//    console.log(err)
// })

// 直接寫入目前的目錄
fs.writeFileSync(`./screenshot.png`, nativeImage.toPNG());
})
```

調整完邏輯之後，我們開始撰寫使用案例 3 的測試程式，程式如下所示。

```
// Chapter8-2/test/spec.test.js
...
it("it should create an screenshot image file in current folder and named
screenshot.png", async function () {
  await this.app.client.waitUntilWindowLoaded();
  await this.app.webContents.send("begin-capture");
  const saveBtnElem = await this.app.client.$("#save-btn");
  saveBtnElem.click();
  setTimeout(() => {
    const isFileExist = fs.existsSync("./screenshot.png");
    isFileExist.should.equal(true);
  }, 3000);
});
...
```

使用案例 3 的測試邏輯相對複雜一些，它需要貫穿整個螢幕截圖應用的使用流程。首先是等待視窗（預覽視窗）載入完畢，緊接著透過 IPC 向繪製處理程序發送 begin-capture 訊息，觸發螢幕截圖邏輯。然後獲取到預覽視窗中的 save-btn 按鈕，觸發它的點擊事件，此時將會執行把圖片寫入檔案的邏輯。由於圖片產生需要一定的時間，我們在延遲 3 s 後開始檢查目錄下是否存在 screenshot.png 檔案。如果存在，則表示測試通過。

撰寫完所有測試使用案例的程式後，在 package.json 中加入如下啟動測試的命令。

```
// Chapter8-2/package.json
...
"scripts": {
"start": "electron .",
"test": "mocha"
},
...
```

透過 npm run test 命令開啟測試，在測試指令稿執行的過程中可以觀察到，應用會如預期地在每一個使用案例執行前後自動地啟動和關閉。等待一小段時間，可以在執行測試命令的控制台中查看測試結果，如圖 8-4 所示。

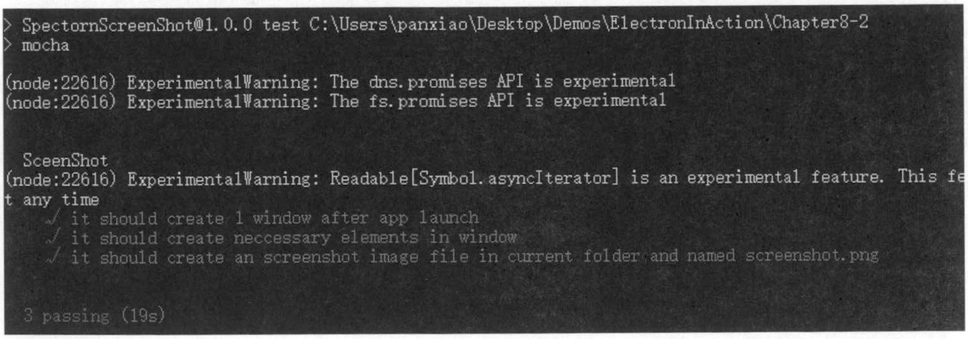

▲ 圖 8-4 整合測試使用案例執行的結果

從圖中結果資訊可以看出，我們撰寫的 3 條整合測試使用案例指令稿已經全部執行透過。

本小節中所提及的完整程式可以存取 https://github.com/ForeverPx/ElectronInAction/tree/main/Chapter8-2。在學習本章的過程中，建議你下載原始程式，親手建構並執行，以達到最佳學習效果。

8.3 異常處理

8.3.1 全域異常處理

無論是程式穩固性還是執行環境的原因，應用程式在執行的過程中總是不可避免地發生異常。Electron 是基於 Node.js 和 Chromium 的，熟悉 Node.js 的開發人員應該知道，在 Node.js 的處理程序中如果產生了未捕捉的異常，那麼該處理程序將進入一個不穩定的狀態，並且導致處理程序退出，這也同樣適用於使用 Electron 開發的桌面應用程式。應用頻繁崩潰將會嚴重影響使用者體驗，因此在應用程式的撰寫過程中對異常的處理就顯得非常重要。

我們這裡將異常處理分為局部異常處理和全域異常處理兩大類。局部異常處理是指開發人員在撰寫具體程式邏輯的過程中可以意識到並捕捉加以處理的異常。例如，開發人員經常會使用 JSON.parse 方法將一個 JSON 字串轉換為 JavaScript Object，但如果這個字串的結構不符合 JSON 格式的標準，那麼呼叫該方法時將拋出異常。對於一個有經驗的前端開發人員來説，遇到使用 JSON.parse 或 JSON.stringify 方法的地方會使用 try 將這段邏輯包裹住，並使用 catch 捕捉執行時的異常，程式如下所示。

```
try{
  const jsonObj = {
    name: 'px'
  };
  const jsonStr = JSON.stringify(jsonObj);
}catch(e){
  console.log(`JSON 序列化錯誤 ${e}`)
}
```

由於這類異常的捕捉和處理與具體的業務邏輯有較大的相關性，包含的情況較多，因此這裡不會一一舉例。另外，局部異常的捕捉和處理非常依賴於開發人員的程式品質意識，在真實專案中，我們往往遇到很多本應該捕捉異常的程式片段沒有捕捉而導致應用程式不可用。為了應對這種情況，我們需要第二類異常處理機制來做最後的攔截—全域異常處理。

無論是 Node.js 環境還是 Chromium 環境，都提供了全域事件來捕捉各自環境中程式執行時拋出的異常，它們之間的對應關係如表 8-3 所示。

表 8-3 Node.js 和 Chromium 環境中全域異常的對應關係

環境	事件名	註冊物件
Node.js	uncaughtException	process
	unhandledRejection	
Chromium	error	window
	unhandledRejection	

由於是全域異常的捕捉和處理，那麼我們在開發專案的過程中，期望有一個獨立的模組能專門處理這部分邏輯。因此，在接下來的內容中，我們透過實現一個 errorHandler 模組來展示如何在 Electron 應用中實現全域異常捕捉和處理。

1. 統一處理模組

首先，我們建立一個名為 errorHandler.js 的檔案，我們將在該檔案中透過註冊事件的方式捕捉全域異常，並進行統一的處理。它的核心程式部分如下所示。

```
// Chapter8-3/errorHandler.js
let isInited = false;

function initHandler() {
```

```
  if (isInited) {
    return;
  }
  isInited = true;
  if (process.type === "renderer") {
    window.addEventListener("error", (event) => {
      event.preventDefault();
      const errorMsg = event.error || event;
      console.log(errorMsg);
    });
    window.addEventListener("unhandledrejection", (event) => {
      event.preventDefault();
      const errorMsg = event.reason;
      console.log(errorMsg);
    });
  } else {
    process.on("uncaughtException", (error) => {
      console.log(error);
    });

    process.on("unhandledRejection", (error) => {
      console.log(error);
    });
  }
}
```

```
module.exports = initHandler;
```

由於在設計該模組時，我們對它的預期是可以同時在主處理程序和繪製處理程序中使用的，所以在 initHandler 方法中撰寫註冊異常事件的具體程式之前，我們透過 process.type 方法來判斷該模組當前處於哪個環境中。當模組處於主處理程序時，我們給 process 物件註冊 uncaughtException 和 unhandledRejection 事件來監聽主處理程序的全域異常。反之，如果模組處於繪製處理程序時，process.type 的值為 renderer，此時我們給 window 物件註冊 error 和 unhandledRejection 事件來監聽繪製處理程序的全域異常。為了防止事件在同一個處理程序中重複註冊導致一個異常響應多次的情況，我們增加 isInited 變數來儲存是否已經初始化過的資訊。當它的值為 true 時，不執行事件註冊邏輯。

2. UncaughtException and Error

到這裡，一個非常簡單的且能同時用於主處理程序和繪製處理程序的全域異常捕捉和處理模組已經完成。它將在捕捉到異常時，將異常輸出到控制台中。我們首先在專案的主處理程序中引入該模組並初始化，接著在主處理程序或者繪製處理程序的程式中透過程式製造一個 Error 來進行測試，程式如下所示。

```
// Chapter8-3/index.js 和 //Chapter8-3/window.js
...
const errorHandler = require('./errorHandler')
errorHandler();

throw new Error();
...
```

透過 npm run start 啟動應用，可以在控制台中看到我們輸出的 uncaughtException 錯誤日誌，如圖 8-5 所示。

> **◀» 注意：**
> 如果是繪製處理程序拋出的異常，需要在對應視窗頁面的 devTools 工具中的 Console 面板中查看輸出的日誌。

```
> SpectornScreenShot@1.0.0 start
> electron .

App threw an error during load
Error
    at Object.<anonymous> (/Users/panxiao/Documents/codes/ElectronInAction/Chapter8-3/index.js:63:7)
    at Module._compile (internal/modules/cjs/loader.js:1152:30)
    at Object.Module._extensions..js (internal/modules/cjs/loader.js:1173:10)
    at Module.load (internal/modules/cjs/loader.js:992:32)
    at Module._load (internal/modules/cjs/loader.js:885:14)
    at Function.f._load (electron/js2c/asar_bundle.js:5:12633)
    at loadApplicationPackage (/Users/panxiao/Documents/codes/ElectronInAction/Chapter8-3/node_modules
pp.asar/main.js:110:16)
    at Object.<anonymous> (/Users/panxiao/Documents/codes/ElectronInAction/Chapter8-3/node_modules/ele
sar/main.js:222:9)
    at Module._compile (internal/modules/cjs/loader.js:1152:30)
    at Object.Module._extensions..js (internal/modules/cjs/loader.js:1173:10)
Error
    at Object.<anonymous> (/Users/panxiao/Documents/codes/ElectronInAction/Chapter8-3/index.js:63:7)
    at Module._compile (internal/modules/cjs/loader.js:1152:30)
```

▲ 圖 8-5　uncaughtException 錯誤日誌

UnhandledRejection：在以上程式的基礎上修改一下程式，在其中建立一個 Promise 物件，然後僅呼叫它的 reject 方法讓它失敗但並不呼叫 catch 方法對異常進行捕捉，程式如下所示。我們透過這個方式來觸發 unhandledRejection 事件，看看是否會被 errorHandler 模組捕捉並處理。

```
// Chapter8-3/index.js or //Chapter8-3/window.js
…
const errorHandler = require('./errorHandler')
errorHandler();

//throw new Error();

new Promise((resolve, reject)=>{
  reject('reject error');
})
…
```

再次執行程式，可以在控制台中看到符合我們預期的結果，如圖 8-6 所示。

```
> SpectornScreenShot@1.0.0 start
> electron .

reject error
```

▲ 圖 8-6 unhandledRejection 日誌

8.3.2 日誌檔案

errorHandler 模組目前捕捉到的異常資訊是列印在控制台中的，在開發過程中利用這些異常資訊有助於開發人員解決異常問題。但是當應用正式打包後，並不是透過控制台的方式啟動的，因此這些資訊將不會顯示或保留下來。當需要排除使用者端發生的問題時，開發人員將無從下手。

我們推薦透過檔案的形式來維護應用使用過程中產生的異常資訊，以便於後續問題的排除。因此，我們將專門實現一個 log 模組，結合現有的 errorHandler 模組來實現異常資訊寫入檔案的功能。

在實現這個功能之前，我們需要關注如下三個問題。

（1）為了防止一個檔案體積過大而導致開啟、查閱以及傳輸困難，我們需要按體積上限或日期來對檔案進行分割，且檔案名稱能根據拆分規則來重新命名。

（2）為了防止檔案過多地佔用使用者磁碟，我們需要按照一定的策略定期地清理無用的歷史檔案。

（3）為了讓查閱檔案內容更加方便，我們需要設計一個合理的檔案內容格式。

Log4js 是一個在 Node.js 中比較成熟的日誌檔案寫入工具，在接下來的內容中，我們將展示如何使用 Log4js 工具來實現我們需要的 log 模組。

1. 實現日誌模組

首先，在專案的根目錄中建立一個名為 log.js 的檔案，在檔案內容的開頭引入依賴的相關模組，程式如下所示。

```
// Chapter8-3/log.js
const log4js = require('log4js');
const path = require('path');
const app = require('electron').app || require('electron').remote.app;
const mkdirp = require('mkdirp');
...
```

log.js 需要同時能被主處理程序和繪製處理程序使用，所以在獲取 Electron 的 app 物件時，需要透過不同的方式來獲取。當 require('electron').app 為 undefined 時，説明 app 物件正處於繪製處理程序中，間接透過 remote 物件獲取。我們透過如下程式獲取到 Windows 系統中專門用於儲存應用資料的目錄。

```
// logPath = C:\Users\panxiao\AppData\Roaming\ScreenShot\logs
const logPath = path.join(app.getPath('appData'), 'ScreenShot', 'logs');
```

接著，透過呼叫 mkdirp 方法並將 logPath 傳入來建立對應存放異常資訊檔案的資料夾。這裡使用 mkdirp 模組的原因是它可以遞迴建立上述路徑中的多級目錄，而不需要我們自己寫程式來逐級建立。

存放異常資訊檔案的資料夾建立完畢後，呼叫 Log4js 的 configure 方法來設定異常資訊寫入檔案的策略，程式如下所示。

```
// Chapter8-3/log.js
...
const pattern = '[%d{yyyy-MM-dd hh:mm:ss}][%p]%m%n';
log4js.configure({
  appenders: {
    out: { type: 'stdout', layout: { type: 'pattern', pattern } },
```

```
  app: {
    type: 'dateFile',
    filename: path.join(logPath, 'ScreenShot.log'),
    alwaysIncludePattern: true,
    pattern: '-yyyy-MM-dd',
    daysToKeep: 7,
    layout: { type: 'pattern', pattern }
  }
},
categories: {
  default: { appenders: ['out', 'app'], level: 'info' }
}
});
...
```

pattern 變數定義了每次寫入檔案的內容格式規則，規則中如 %d 這類百分號加字母的組合分別代表不同資訊的預留位置。

- %d：格式化的時間字串，緊接後面大括號內的字串（yyyy-MM-dd hh:mm:ss），表示時間具體的格式。
- %p：日誌等級，如 ERROR、WARN、INFO、DEBUG 等。它的值取決於你呼叫時使用的日誌等級。
- %m：具體的日誌內容。
- %n：分行符號。

Log4js 將根據這個規則，在寫入檔案時產生如下文字內容。

```
[2021-04-09 16:28:22.200][ERROR]log content
```

appenders 設定表示各類輸出來源的集合。Log4js 支持多種輸出來源，如 Stdout、File、SMTP、GELF、Loggly 以及 Logstash UDP。我們的需求只是將內容輸出到控制台和寫入檔案中，所以這裡只設定了 Stdout appender 和 File appender。

Stdout appender 中的設定非常簡單，定義了在控制台中的內容輸出格式。
而 File appender 的設定相對較多，我們一個一個進行講解。

- type：字串類型。type 可以傳入的值有 file 和 dataFile 兩種，它們分別
  代表兩種分割檔案的維度。file 表示以檔案大小規則來分割，dataFile
  表示以日期規則來分割。我們這裡選擇使用以日期規則來分割檔案。

- filename：字串類型。它用於指定檔案名稱。

- alwaysIncludePattern：布林類型。Log4js 預設當前正在使用的檔案的
  名稱不包含 pattern 定義的規則，只有在設定為 true 時才會以 pattern
  規則命名當前使用的檔案。

- pattern：字串類型，表示檔案名稱的規則。需要注意的是，這裡設定
  的僅僅只是檔案名稱的規則，而非寫入內容格式的規則。

- daysToKeep: 數字類型，表示保留檔案的最大天數。在以天為分隔規則
  的情況下，最多只保留 N 天的歷史檔案。這個設定可以實現前面內容
  提到的檔案刪除策略。

- layout：物件類型。layout 區別於上面的 pattern 設定，它定義的是寫
  入內容格式的規則。具體的規則如前面所提到的 pattern 變數的值。

categories 設定給不同的輸出來源定義了日誌等級的基準，在這裡我們將
Stdout 和 File 輸出來源的日誌等級基準都定義為 INFO。也就意味著，只
有當日誌等級在 INFO 及其以上等級的日誌才會輸出到這兩個輸出來源。

在程式的最後，我們透過如下程式獲取 logger 實例並將它匯出。

```
// Chapter8-3/log.js
...
const logger = log4js.getLogger();
module.exports = logger;
```

2. 使用日誌模組

我們將在 errorHandler 模組中做如下改動來將異常透過 log 模組記錄到檔案中。

（1）初始化時增加一個可選參數 isAutoLogFile，用於決定在異常觸發時是否將異常資訊寫入檔案中。

（2）在異常事件的回呼函數中，對參數 isAutoLogFile 進行判斷，如果值為 true，則呼叫 log 模組進行檔案寫入。

errorHandler 改動後的程式如下所示。

```javascript
// Chapter8-3/errorHandler.js
const logger = require('./log');



let isInited = false;
let defaultOptions = {
  isAutoLogFile: true //決定是否將異常資訊寫入檔案
};

function initHandler(newOptions, errorCallback) {
  defaultOptions = {
    ...defaultOptions,
    ...newOptions
  };
  if (isInited) {
    return;
  }
  isInited = true;
  if (process.type === "renderer") {
    window.addEventListener("error", (event) => {
      event.preventDefault();
      const errorMsg = event.error || event;
```

```
      defaultOptions.isAutoLogFile && logger.error(errorMsg);
      errorCallback && errorCallback("Unhandled Error", errorMsg);
    });
    window.addEventListener("unhandledrejection", (event) => {
      event.preventDefault();
      const errorMsg = event.reason;
      defaultOptions.isAutoLogFile && logger.error(errorMsg);
      errorCallback && errorCallback("Unhandled Promise Rejection", errorMsg);
    });
  } else {
    process.on("uncaughtException", (error) => {
      defaultOptions.isAutoLogFile && logger.error(error);
      errorCallback && errorCallback("Unhandled Error", error);
    });

    process.on("unhandledRejection", (error) => {
      defaultOptions.isAutoLogFile && logger.error(error);
      errorCallback && errorCallback("Unhandled Promise Rejection", error);
    });
  }
}
module.exports = initHandler;
```

可以從最新的 errorHandler 程式中看到，為了方便使用者自訂全域異常處
理邏輯，在 initHandler 方法中我們還增加了一個 errorCallback 參數。使
用者可以將自訂的異常處理邏輯封裝到一個方法中透過 errorCallback 參
數傳入。

一切準備就緒，現在來驗證一下新增加的 log 模組以及更新過的
errorHandler 模組。我們先在主處理程序或繪製處理程序中透過如下程式
初始化 errorHandler。

```
// Chapter8-3/index.js or //Chapter8-3/window.js
const errorHandler = require('./errorHandler');
```

```
errorHandler({isAutoLogFile: true}, ()=>{
  console.log('custom error logic')
});
```

然後使用如下方法來製造異常。

```
throw new Error();
```

透過 npm run start 啟動應用，可以在控制台中看到輸出的異常資訊，如
圖 8-7 所示。

```
[2021-04-09 21:54:48.200][ERROR]Error
    at Object.<anonymous> (/Users/panxiao/Documents/codes/ElectronInAction/Chapter8-3/index.js:65:7)
    at Module._compile (internal/modules/cjs/loader.js:1152:30)
    at Object.Module._extensions..js (internal/modules/cjs/loader.js:1173:10)
    at Module.load (internal/modules/cjs/loader.js:992:32)
    at Module._load (internal/modules/cjs/loader.js:885:14)
    at Function.f._load (electron/js2c/asar_bundle.js:5:12633)
    at loadApplicationPackage (/Users/panxiao/Documents/codes/ElectronInAction/Chapter8-3/node_module
pp.asar/main.js:110:16)
    at Object.<anonymous> (/Users/panxiao/Documents/codes/ElectronInAction/Chapter8-3/node_modules/el
sar/main.js:222:9)
    at Module._compile (internal/modules/cjs/loader.js:1152:30)
    at Object.Module._extensions..js (internal/modules/cjs/loader.js:1173:10)

custom error logic
```

▲ 圖 8-7　控制台中輸出的異常資訊

在 C:\Users\panxiao\AppData\Roaming\ScreenShot\logs 目錄下找到日誌檔
案並用記事本開啟，可以在檔案內容中看到，每一條異常記錄的格式都
符合我們在 Log4js 中設定的 pattern 規則。到這裡為止，我們已經實現了
將全域異常資訊自動寫入檔案的功能。

8.3.3　上報異常資訊檔案

在桌面應用的使用過程中，當使用者回饋我們應用中某些功能有 Bug 而
影響使用時，我們往往需要獲取程式的日誌內容才能更快速地分析出問
題的根本原因，進而針對性地解決問題。在 8.3.2 節的日誌模組中，我們

僅將日誌內容記錄在了本地檔案中，這種情況下要獲取使用者端機器上的日誌檔案內容將非常困難。因此，我們推薦開發人員在應用中將日誌檔案按照一定的策略上傳到伺服器中。採用這種方式後，開發人員就可以直接在後台管理系統中根據使用者的資訊來查詢到已上傳的歷史日誌資訊。

1. 獲取最新的檔案並上傳

我們將在原來的 log 模組中，增加一個方法來將最新的日誌檔案上傳到伺服器端，程式如下所示。

```
// Chapter8-3/log.js
const request = require('request');
...
logger.reportFile = function () {
  fs.readdir(logPath, (err, files) => {
    if (err) return;
    let newest = {
      filePath: '',
      createTime: 0
    };
    if (files) {
      for (let i = 0; i < files.length; i++) {
        const filePath = path.join(logPath, files[i]);
        let stats = fs.statSync(filePath);
        const createTime = +new Date(stats.birthtime);
        if (createTime > newest.createTime) {
          newest.createTime = createTime;
          newest.filePath = filePath;
        }
      }
    }
  });
}
...
```

由於該方法的邏輯是上傳最新的日誌檔案，因此我們首先需要透過 fs.readdir 方法獲取 C:\Users\panxiao\AppData\Roaming\ScreenShot\logs 目錄下所有日誌檔案的檔案名稱集合。緊接著遍歷這個集合，透過 fs.statSync 方法獲取日誌檔案的建立時間資訊。在遍歷的過程中，透過 newest 物件來記錄建立日期最近的檔案資訊。當遍歷完成時，newest 物件中的 filePath 屬性值即為最新的日誌檔案路徑。

隨後，我們使用 request（https://www.npmjs.com/package/request）模組透過 Http 請求將日誌檔案上傳到伺服器中，程式如下所示。

```js
// Chapter8-3/log.js
const request = require('request');
…
logger.reportFile = function () {
  fs.readdir(logPath, (err, files) => {
    if (err) return;
    //存放最新的日誌檔案資訊
    let newest = {
      filePath: '',
      createTime: 0
    };
    if (files) {
    //找到最新的日誌檔案
      for (let i = 0; i < files.length; i++) {
        const filePath = path.join(logPath, files[i]);
        let stats = fs.statSync(filePath);
        const createTime = +new Date(stats.birthtime);
        if (createTime > newest.createTime) {
          newest.createTime = createTime;
          newest.filePath = filePath;
        }
      }
      const formData = {
```

```
      file: fs.createReadStream(newest.filePath)
    };
    //透過Http請求將日誌檔案上傳到服務端
    request({
      url: 'https://127.0.0.1/api/logs',
      headers: {
        'Content-Type': 'multipart/form-data',
        'User-Id': '123' //使用者的唯一ID，用於連結使用者與日誌
      },
      method: 'POST',
      formData: formData
    }, function (error, response, body) {
      console.log('[reportFile]', error, body);
    });
  }
 });
}
...
```

由於我們以表單的形式封裝將要傳輸的檔案資料，並在 Http 請求協定
中設定請求本體的格式為 multipart/form-data，因此我們還需要在服
務端實現一個接收對應格式請求的 API。接下來，我們將使用 Node.
js+Express+Multer 技術來實現一個可以接收檔案請求的 API。

2. 在服務端接收檔案

首先透過如下命令安裝服務端所依賴的模組。

```
npm install express multer -save
```

接著在根目錄中建立一個名為 server 的資料夾，用於存放服務端相關的
程式以及檔案。在其中建立伺服器端邏輯入口的檔案 index.js，以及用於
儲存日誌檔案的 temp 資料夾。

接著在 index.js 中，使用 Node.js 的 Http 模組來啟動一個監聽 3000 通訊埠的服務，並透過 app.post 方法註冊前面在 log 模組中檔案定義的上傳請求的 url 路徑 api/logs，程式如下所示。

```
// Chapter8-3/server/index.js
const express = require('express');
const multer = require('multer');
const path = require('path');
const http = require('http');

const app = express();
const server = http.createServer(app);

app.post('/api/logs', (req, res) => {
  res.end();
});

server.listen(3000, () => {
  console.log('running on port 3000');
});
```

Multer（https://www.npmjs.com/package/multer）是一個專門用於處理 multipart/form- data 格式請求的中介軟體，我們這裡使用它來接收上傳的檔案流並將檔案寫入檔案中，程式如下所示。

```
// Chapter8-3/server/index.js
...
const logPaths = path.join(__dirname, 'temp');
const storage = multer.diskStorage({
  destination: function (req, file, cb) {
    cb(null, logPaths)
  },
  filename: function (req, file, cb) {
    cb(null, file.originalname)
  }
})
```

```
let upload = multer({
  storage:storage
}).single('file');

app.post('/api/logs', upload, (req, res) => {
  req.body.filename = req.file.filename
  res.end();
});
...
```

在 Multer 初始化的過程中,我們透過 diskStorage 定義了日誌檔案儲存的路徑以及檔案名稱,日誌檔案最終會以原名稱的方式儲存在 server 目錄下的 temp 資料夾中。multer 方法被呼叫後傳回一個中介軟體,我們將該中介軟體插入 /api/logs 請求的處理流程中,這樣它就能獲取 request 物件中的資料並進行處理了。

現在,我們可以在其他模組中呼叫 logger.reportFile 來上傳最新的異常日誌檔案了。在 package.json 中增加一條啟動 server 的命令,如下所示。

```
"scripts": {
    ...
  "server": "node ./server"
 }
```

透過 npm run server 啟動服務端,然後在應用中呼叫 logger.reportFile 方法,可以在 temp 目錄下看到上傳到服務端的日誌檔案,如圖 8-8 所示。

▲ 圖 8-8 上傳到伺服器中的日誌檔案

值得注意的是，當使用者體量達到一定的量級時，上傳使用者日誌所消耗的流量和儲存的費用將帶來一筆不小的開支。作為開發人員，我們需要衡量這其中的成本與收益，選擇使用最合適的策略。

8.3.4 Sentry

Sentry（https://sentry.io/）是一個現成的且較為成熟的異常日誌收集、分析與管理服務，連線它的 SDK 可以輕鬆實現異常的監聽和上報。下面我們將專案中原來自己實現的異常監聽與記錄模組刪除並替換成連線 Sentry SDK 來演示如何使用 Sentry 服務。

使用 Sentry 服務前，我們需要在 Sentry 的網站上註冊一個帳號，並在建立帳號成功後，在建立專案介面新建一個名為 px sentry-dcmo、類型為 Electron 的專案，如圖 8-9 所示。

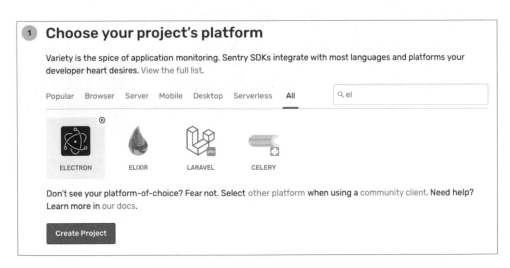

▲ 圖 8-9 Sentry 中應用類型選擇的介面

點擊 "Create Project" 按鈕，開始建立專案。建立成功後，可以在專案清單介面中看到如圖 8-10 所示的介面。

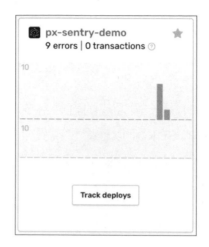

▲ 圖 8-10　在 Sentry 中建立的專案

接著在專案中透過如下命令安裝 Sentry 提供的 SDK 模組。

```
npm install @sentry/electron
```

Sentry SDK 的引入方式在主處理程序和繪製處理程序中有所不同，我們在程式中引入 SDK 時需要對當前的環境進行判斷以引用對應環境的模組。我們以主處理程序程式為例，程式如下所示。

```
// Chapter8-3-4/index.js
...
const { init } = process.type === "browser" ? require("@sentry/electron/
dist/main")
        : require("@sentry/electron/dist/renderer");
...
```

接下來只需要呼叫 init 方法，並傳入相關設定即可完成 Sentry 的初始化，程式如下所示。

```
// Chapter8-3-4/index.js
...
const { init } = process.type === "browser" ? require("@sentry/electron/
dist/main")
         : require("@sentry/electron/dist/renderer");
init({
  dsn: "https://b7f8b0ced252acd33466b@o569388.ingest.sentry.io/5715064"
});
...
```

設定中 DSN 屬性的值為該專案專屬的上報 URL，我們可以在 Sentry 網站中專案的設定介面找到。以 px-sentry-demo 為例，可以在如圖 8-11 所示的介面找到該專案的 DSN 值。

▲ 圖 8-11 獲取 DSN 的頁面

初始化完成之後，我們在主處理程序程式的尾端嘗試加入下面的程式，人為製造異常來驗證是否設定成功。

```
throw new Error('test error')
```

透過 npm run start 執行程式，我們在控制台中看到了該異常的發生。當我們在 Sentry 網站中 px-sentry-demo 專案的 issues 清單介面看到該異常的記錄時，意味著異常上報成功，如圖 8-12 所示。

▲ 圖 8-12 已經上報的異常 issue

Sentry 服務不僅能記錄錯誤的異常堆疊資訊，還可以定位到異常發生時所處的具體檔案和行列數（如果應用的程式是使用 webpack 建構的過程中被壓縮和混淆的，需要在專案中設定對應的 sourceMap 檔案）。點擊圖上的 Error 標題，進入詳細資訊介面可以看到這部分的內容，如圖 8-13 所示。

▲ 圖 8-13 顯示異常具體行列的介面

在上面的演示中，SDK 會將資料傳輸到 Sentry 的伺服器中進行儲存，其中可能會包含一些原始程式碼及其他敏感資訊。如果我們的業務對資料安全比較在意，那麼也可以選擇 Sentry 的私有化部署方案。官方提供了一個透過 Docker 快速部署私有 Sentry 服務的專案，位址為 https://github.com/getsentry/onpremise。開發人員可以透過利用該專案將 Sentry 部署到私有的伺服器中進行使用。

值得注意的是，Sentry 免費版本的功能僅面向於開發者，它所支援的功能和錯誤數是有限的，無法滿足大多數真實專案的使用需求。如果想要在真實的專案中使用它，需要評估並選擇它提供的付費方案。另外，雖然 Sentry 以及它的 onpremise 私有化部署方案都在 github 上有開放原始碼，但它們使用的 License 為 BSL1.1，該協定僅對非商業使用免費。因此在商業化使用時，需要進行對應的評估。

8.4 崩潰收集與分析

8.4.1 產生與分析 Dump 檔案

應用崩潰，指的是應用在使用的過程中因各種原因而導致的退出，無法繼續使用的情況。在使用 Electron 開發的應用中，很多時候崩潰的原因來自應用依賴的原生模組或者是 Electron 本身底層程式的異常。頻繁的崩潰在實際使用的過程中將會嚴重地影響使用者體驗。雖然無法完全避免崩潰，但我們需要有方式來收集崩潰的資訊並分析原因，進而持續進行最佳化來逐步降低崩潰率。

Electron 官方提供的 CrashReporter 模組可以在應用崩潰時自動產生 Dump 檔案，Dump 檔案記錄了崩潰相關的資訊，提供給開發人員排除崩潰的原因。開發人員可以選擇在本地分析 Dump 檔案，或者是上傳到伺服器中進行分析。

在 CrashReporter 模組中，start 方法用於初始化 CrashReporter 模組，它必須先於 CrashReporter 提供的其他方法被呼叫才能使得 CrashReporter 模組正常執行。start 方法在被呼叫時可以傳入下列設定內容。

- submitURL：字串類型，用於接收 Dump 檔案的伺服器 URL。當 Dump 檔案產生時，將往該 URL 發送 POST 請求上傳 Dump 檔案。

- productName：字串類型，用於描述產品的名稱。該設定在上傳 Dump 檔案的請求中會帶上。

- companyName：字串類型，用於描述產品所屬公司的名稱。該設定在上傳 Dump 檔案的請求中會帶上。

- uploadToServer：布林類型。預設值為 true，當值為 false 時將不上傳 Dump 檔案到伺服器。

- ignoreSystemCrashHandler：布林類型。預設值為 false，當值為 true 時將不會把主處理程序產生的 crashes 轉發到系統的崩潰處理器。

- rateLimit：布林類型。預設值為 false，當值為 true 時將會限制一定時間內上報 Dump 檔案的數量。

- compress：布林類型。預設值為 true，當值為 false 時將不會使用 Gzip 對上傳請求做壓縮處理。

- extra：物件類型。可以在該物件中設定跟隨主處理程序崩潰上報到伺服器的額外資訊，這些資訊必須是字串類型的。如果崩潰發生在子處理程序中，extra 欄位中設定的資訊將不會跟隨請求發出，這種情況下需要在子處理程序中呼叫 addExtraParameter 來進行設定。

- globalExtra：物件類型。它的用法與 extra 類似，區別在於在任意處理程序崩潰後的請求中都會帶上 globalExtra 中設定的資訊。需要注意的是，globalExtra 在 start 方法執行後將無法被改變。當 globalExtra 與 extra 設定有相同的欄位時，那麼將以 globalExtra 中的為準。

我們可以透過如下程式來初始化 CrashReporter 模組，並在崩潰發生時產生 Dump 檔案到本地。

```js
// Chapter8-4/index.js
...
const { crashReporter } = require("electron");
crashReporter.start({
uploadToServer: false,
submitURL: ""
});
...
```

CrashReporter 會將產生的 Dump 檔案存放在應用的使用者資料目錄中，如圖 8-14 所示。

| 3f61bee1-9c15-4295-9527-aef154e55aee.dmp | 2021/4/14 星期... | DMP 文 |
| 8cb71d86-a12b-4b84-8312-b2ff8be05a5e.dmp | 2021/4/16 星期... | DMP 文 |

▲ 圖 8-14 存放在 reports 目錄中的 Dump 檔案

正如前面所提到的，Dump 檔案儲存的是崩潰時的記憶體資訊。使用編輯器開啟 Dump 檔案，我們會發現其中的內容為二進位形式的資料，這顯然無法指導開發人員排除問題。因此，我們需要使用專業的工具來解析 Dump 檔案的內容。在 Windows 系統中，我們將使用 WinDbg Preview 軟體。

首先，我們在 Windows 10 市集中搜索 WinDbg Preview 軟體並進行安裝，如圖 8-15 所示。

▲ 圖 8-15 Windows Store 中的 WinDbg Preview 軟體

安裝完成後，執行 WinDbg Preview 軟體，可以看到如圖 8-16 所示的介面。

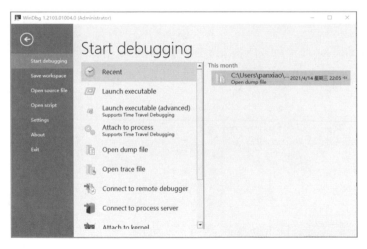

▲ 圖 8-16 WinDbg Preview 軟體的首頁

點擊 Start debugging 選單中的 "Open dump file" 按鈕，在彈出的檔案選擇器中選擇已經產生的 Dump 檔案。

要順利解析 Dump 檔案，光有 Dump 檔案還不夠，WinDbg Preview 還需要配合 Electron 提供的 Symbols 檔案才能將 Dump 檔案解析成開發人員可以理解的偵錯資訊。這些 Symbols 檔案中包含了 Electron 原始程式碼的相關資訊，如全域變數、函數名及其入口位址、原始程式碼行列位置等。結合 Symbols 檔案，開發人員可以了解與崩潰相關的具體函數和變數等資訊。我們可以把 Symbols 檔案理解為在 Web 前端專案中透過 Webpack 建構工具產生程式的 soureMaps 檔案。開發人員可以在 Electron 官方提供的 Symbols 檔案伺服器（https://symbols.electronjs.org）中獲取全部的 Symbols 檔案。

WinDbg Preview 強大之處在於，它會自動去下載 Dump 檔案依賴的 Symbols，不需要開發人員手動地設定。因此，我們可以直接在命令輸入框中輸入 !analyse -v 命令開始對 Dump 檔案進行解析。等待解析完成，就可以在結果中尋找引起崩潰的原因了，如圖 8-17 所示。

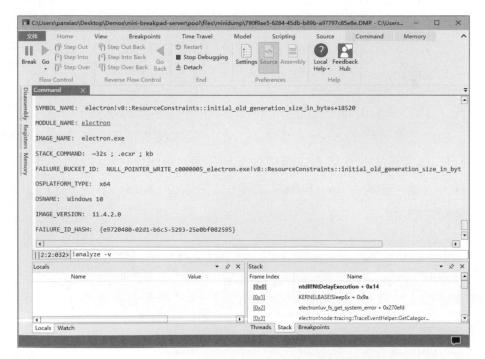

▲ 圖 8-17　WinDbg Preview 軟體的 Dump 分析介面

8.4.2 在伺服器端管理 Dump 檔案

Dump 檔案除了可以儲存在本地並用工具查看之外，還可以上傳到伺服器中進行管理和線上預覽。在本小節中，我們將展示兩個現成的可用於接收並管理 Dump 檔案的伺服器端方案，它們分別是 mini-breakpad-server 和前面使用過的 Sentry。

1. mini-breakpad-server

mini-breakpad-server 是一個開放原始碼的用來接收、管理和解析 Dump 檔案的伺服器方案。

它是基於 Node.js 的 Http Server 來實現的，內部提供了一個 Http POST API 來對接 CrashReporter 模組發出的上傳請求。此外，它還提供了一個簡單的頁面讓開發人員可以查看已經上傳的 Dump 檔案列表。點擊頁面中的清單項，可以查看 Dump 檔案解析後的內容。接下來，我們將展示 mini-breakpad-server 的使用方法。

首先，我們從 GitHub 中複製 mini-breakpad-server 的原始程式碼到本地。由於我們使用的 Node.js 版本為 V12，該專案中依賴的 formidable 和 minidump 模組的版本過舊，會導致使用過程中出現部分 API 無法使用的問題。因此，在執行 npm install 之前，需要修改 package.json 中如下兩個依賴套件的版本。

```
"formidable": "~1.0.14"  ->  "formidable": "~1.2.2"
"minidump": "0.3.0"     ->  "minidump": "^0.9.0"
```

修改完成後，執行 npm install 安裝依賴套件。待安裝完成後，透過如下命令啟動服務。

```
node ./lib/app.js
```

該服務啟動後監聽 1127 通訊埠，在瀏覽器網址列中輸入 http://
127.0.0.1:1127，可以看到如圖 8-18 所示的 Dump 檔案清單介面。當然，
此時伺服器上並沒有接收過任何 Dump 檔案，因此列表為空。

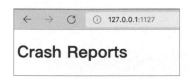

▲ 圖 8-18 mini-breakpad-server 首頁

接下來在專案的主處理程序中，我們使用 CrashReporter 模組對接該服
務，程式如下所示。

```
// Chapter8-4/index.js
const { crashReporter } = require("electron");
crashReporter.start({
  companyName: "panxiao",
  productName: "Demo",
  ignoreSystemCrashHandler: true,
  submitURL: "http://127.0.0.1:1127/post", //mini-breakpad-server提供的上傳API
});
```

在上面的程式中，我們沒有顯示的設定 uploadToServer 為 false，因此在
崩潰發生時，crashReporter 模組會自動將 Dump 檔案透過 submitURL 設
定的介面進行上傳。

接下來透過如下程式製造主處理程序崩潰。

```
process.crash();
```

在應用崩潰並退出後，我們可以在 mini-breakpad-server 專案的 /pool/
files/minidump 目錄下看到 CrashReporter 上傳的 Dump 檔案，如圖 8-19
所示。

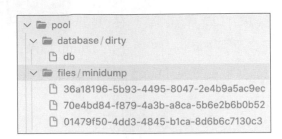

▲ 圖 8-19　上傳到 mini-breakpad-server 中的 Dump 檔案

mini-breakpad-server 支持 Dump 檔案的線上解析和查看。我們在 8.4.1 節中已提到，解析 Dump 檔案需要結合對應的 Symbols 檔案。mini-breakpad-server 使用 minidump 工具來解析 Dump 檔案，在使用這個功能之前，開發人員需要存取 https://github.com/electron/ electron/releases 找到專案中使用的 Electron 版本，並下載該版本對應的 Symbols 檔案。mini-breakpad-server 會在 pool/symbols/{projectName} 目錄下尋找 Symbols 檔案，其中的 projectName 即為 crashReporter 中設定的 projectName 欄位。在前面的程式中，我們將 projectName 的值設定為 "Demo"，因此，我們需要把下載好的 Symbols 檔案全部複製到 mini-breakpad-server 專案的 pool/symbols/Demo 資料夾中。

當 Symbols 檔案準備就緒後，在 Dump 清單頁面中選擇任意一個 Dump 檔案項，可以在新的頁面中看到解析後的 Dump 檔案內容，如圖 8-20 所示。

mini-breakpad-server 的特點在於它足夠輕量的同時，也提供了 Dump 相關的核心功能。如果業務中已經有了應用品質管制的相關平台，你可以很容易地把 mini-breakpad-server 提供的功能整合到現有平台中去補充相關的功能。

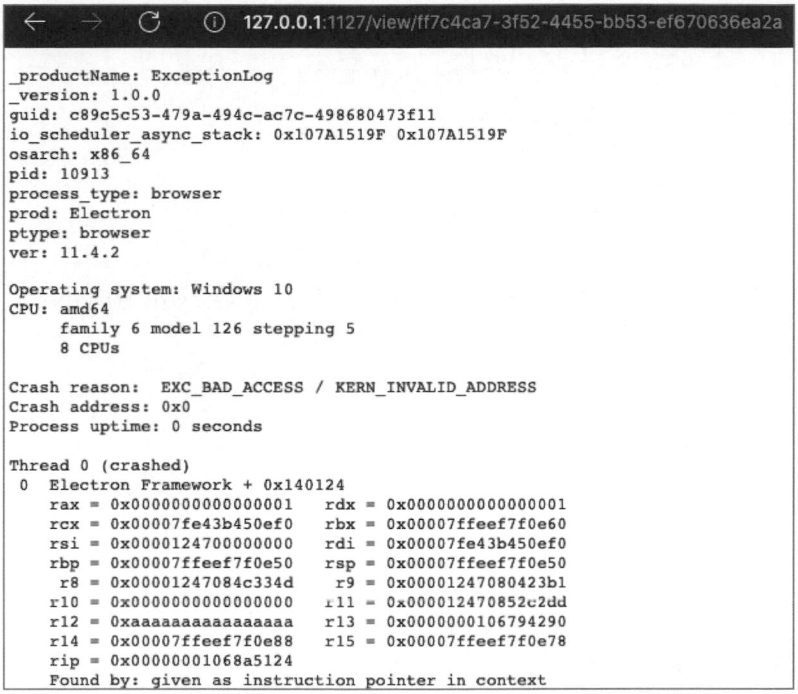

```
127.0.0.1:1127/view/ff7c4ca7-3f52-4455-bb53-ef670636ea2a

_productName: ExceptionLog
_version: 1.0.0
guid: c89c5c53-479a-494c-ac7c-498680473f11
io_scheduler_async_stack: 0x107A1519F 0x107A1519F
osarch: x86_64
pid: 10913
process_type: browser
prod: Electron
ptype: browser
ver: 11.4.2

Operating system: Windows 10
CPU: amd64
     family 6 model 126 stepping 5
     8 CPUs

Crash reason:  EXC_BAD_ACCESS / KERN_INVALID_ADDRESS
Crash address: 0x0
Process uptime: 0 seconds

Thread 0 (crashed)
 0  Electron Framework + 0x140124
    rax = 0x0000000000000001   rdx = 0x0000000000000001
    rcx = 0x00007fe43b450ef0   rbx = 0x00007ffeef7f0e60
    rsi = 0x0000124700000000   rdi = 0x00007fe43b450ef0
    rbp = 0x00007ffeef7f0e50   rsp = 0x00007ffeef7f0e50
     r8 = 0x00001247084c334d    r9 = 0x00001247080423b1
    r10 = 0x0000000000000000   r11 = 0x000012470852c2dd
    r12 = 0xaaaaaaaaaaaaaaaa   r13 = 0x0000000106794290
    r14 = 0x00007ffeef7f0e88   r15 = 0x00007ffeef7f0e78
    rip = 0x00000001068a5124
    Found by: given as instruction pointer in context
```

▲ 圖 8-20 mini-breakpad-server 提供的 Dump 詳情頁面

2. Sentry

Sentry 不僅提供了異常收集的功能，還提供了完整的 Dump 管理和分析功能。在前面的章節中我們已經註冊好了 Sentry 的帳號以及建立了類型為 Electron 應用的專案，接下來只需要簡單的幾個步驟就可以使用 Sentry 來接收、管理和解析 Dump 檔案。

首先，我們同樣需要在程式中使用 CrashReporter 模組來產生和上報 Dump 檔案。但在這之前，我們需要先獲取 Sentry 專案接收 Dump 檔案的 URL 位址。這個位址我們可以在 Sentry 專案的設定面板中找到，如圖 8-21 所示。

▲ 圖 8-21 上傳 Dump 檔案的位址

接著，在專案程式中初始化 CrashReporter 模組，程式如下所示。

```
// Chapter8-4/index.js
const { crashReporter } = require("electron");
crashReporter.start({
  uploadToServer: false,
  companyName: "panxiao",
  productName: "Demo",
  ignoreSystemCrashHandler: true,
  submitURL: "https://o5xxx88.ingest.sentry.io/api/57xxx64/
minidump/?sentry_key=b7f8b0xxxec907266b",
});
```

透過 process.crash 方法製造崩潰後，我們可以在 Sentry 的 issues 清單介面中看到上報的 Dump 檔案記錄，如圖 8-22 所示。

▲ 圖 8-22 已經上報的異常 issue

如果想要在平台中查看 Dump 檔案解析後的內容，我們依舊需要告訴 Sentry 平台需要用到哪些 Symbols 檔案。在專案中安裝 Sentry 時，會在根目錄下產生一個名為 sentry-symbols.js 的指令檔，該指令檔專門用於將 Electron Symbols 檔案下載到本地快取起來，並上傳到 Sentry 平台中。我們透過如下命令執行該指令稿。

```
node ./sentry-symbols.js
```

在執行過程中，我們可以看到命令列中的日誌顯示正在下載、上傳 Symbols 檔案。由於 Electron 所有的 Symbols 檔案的體積加起來較大，所以這個過程所需要的時間取決於當時的網路速度。

sentry-symbols.js 指令稿執行完畢後，專案根目錄中會多出一個名為 .electron-symbols 的資料夾，該資料夾內存放了當前版本 Electron 所有的 Symbols 檔案。這些檔案將作為快取，避免後續在相同 Electron 版本下再次執行 sentry-symbols.js 指令稿時重複下載它們。

與此同時，我們可以在 Sentry 平台的專案設定中查看到已經上傳的 Electron Symbols 檔案，如圖 8-23 所示。

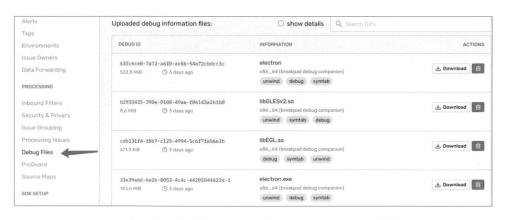

▲ 圖 8-23 上傳到 Sentry 平台中的 Symbols 檔案

當 Symbols 檔案準備就緒後，回到剛才我們提到的 issues 清單介面，點擊上報上來的崩潰 issue，然後進入詳情介面。在 issue 詳情介面中，我們可以看到 Dump 檔案分析後的詳細內容。由於其中的內容較多，這裡只截取部分內容進行展示，如圖 8-24 所示。

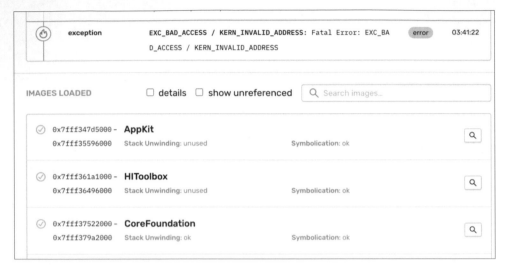

▲ 圖 8-24 Dump 檔案分析後的內容

本小節中所提及的完整程式可以存取 https://github.com/ForeverPx/ ElectronInAction/tree/main/Chapter8-4。在學習本章的過程中,建議你下載原始程式,親手建構並執行,以達到最佳學習效果。

8.5 總結

- Electron 是基於 Node.js 和 Chromium 的,開發應用的主要語言是 JavaScript。在 Electron 應用的開發過程中,我們可以使用 Web 前端開發人員比較熟悉的單元測試工具來對程式進行單元測試,如 Mocha、 Chai 等。

- 僅使用 Mocha 來執行包含 Electron API 的單元測試使用案例是會顯示出錯的,因為普通的 Node.js 環境中不包含 Electron 相關的上下文。在這種情況下，開發人員需要使用 electron-mocha 模組來執行單元測試使用案例。

- Electron 官方提供了一個基於 ChromeDriver 和 WebDriverIO 開發的開放原始碼整合測試框架 Spectron。該框架提供了一系列可以控制 Electron 及其內部 Chromium 的 API，允許開發人員透過程式的方式控制 Electron 應用執行特定的邏輯。基於此，開發人員可以很方便地使用它來進行功能的整合測試。但是，並不是所有的功能都可以使用 Spectron 提供的 API 來控制。例如，模擬使用者觸發在系統中註冊過的快速鍵，或者是在系統彈出的資源管理器中自動選擇檔案（資料夾）等。

- 在主處理程序中可以透過在 process 中註冊 uncaughtException 和 unhandledRejection 事件來監聽未捕捉的異常。

- 在繪製處理程序中可以透過在 window 中註冊 error 和 unhandledRejection 事件來監聽未捕捉的異常。

- unhandledRejection 專門用於捕捉未使用 catch 捕捉的 Promise 異常。

- 為了更及時、方便地獲取使用者端使用時發生的異常資訊，我們推薦在應用執行的過程中透過 Log4js 將異常資訊記錄在檔案中，並將檔案資訊上報到伺服器端。你可以自己實現一個異常管理的服務端，也可以使用如 Sentry 這類比較成熟的服務。

- Dump 檔案內儲存了開發人員用於分析崩潰所需要的資訊。Electron 提供的 CrashReporter 模組用於在應用崩潰時自動產生 Dump 檔案，並允許開發人員設定是否需要上傳到指定的伺服器中。

打包與發佈

當應用完成程式撰寫並測試通過後,將進入打包與發佈環節。打包是指將撰寫好的原始程式碼透過工具產生一個在 Windows 系統中可執行的 exe 檔案,使得使用者可以直接透過按兩下 exe 檔案來啟動應用。發佈指的是將打包好的應用發佈到 Windows 提供的市集中,使用者可以在商店中搜索到該應用並一鍵下載安裝。Electron 官方提供了許多工具來幫助開發者完成打包與發佈的操作,例如 asar、electron-packager 以及 electron-builder 等。在本章節的內容中,我們將以打包並發佈螢幕截圖應用為例,來展示這些工具的使用方法。

9.1 應用打包

在 Windows 系統中,應用打包是將應用原始程式碼透過某種方式轉換成可執行的 exe 檔案的過程。但是這個過程對於 Electron 應用來説,會稍微有些不同。下載過 Electron 的開發人員應該知道,當我們將某個版本的 Electron 下載下來之後,解壓出來的資料夾中已經包含了一個名為 electron.exe 的可執行檔。在按兩下這個檔案之後,將會啟動一個 Demo 應用。既然 Electron 框架中已經包含了可執行檔,那我們還需要將原始程式碼打包成可執行檔嗎?對於 Electron 應用的打包操作,過程是怎樣的?這些問題可以在接下來的內容中尋找到答案。

9.1.1 asar

asar 是 Electron 框架開發人員定義的一種檔案格式。在 Electron 應用建構的過程中,會把所有的原始程式碼以及相關資源檔打包進這個檔案中。Electron 框架中的可執行檔 electron.exe 在啟動時,會去根目錄下的 resources 目錄中尋找尾碼名為 asar 的檔案並讀取和執行其中的內容,如圖 9-1 所示。

▲ 圖 9-1 resources 目錄下預設的 asar 檔案

asar 檔案內容的開頭為一個 JSON 字串,其中詳細記錄了該檔案中包含的所有資源檔的結構以及每一個檔案的位置。我們使用 Visual Studio Code 開啟 default_app.asar 檔案,將該檔案的頭部內容截取出來並格式化,可以看到如圖 9-2 所示的資料內容。

```
{
    "files": {
        "default_app.js": {
            "size": 3111,
            "offset": "0"
        },
        "icon.png": {
            "size": 73801,
            "offset": "3111"
        },
        "index.html": {
            "size": 11928,
            "offset": "76912"
        },
        "main.js": {
            "size": 8818,
            "offset": "88840"
        },
```

▲ 圖 9-2　asar 檔案部分內容

其中，files 的值包含了所有被打包進來的檔案的名稱、大小以及它們在 asar 中的偏移量資訊。Electron 會根據每個檔案的 offset 資訊來找到該檔案在 asar 檔案內容中的位置，從而載入檔案內容。Electron 使用自訂的 asar 檔案來儲存應用原始程式碼的原因主要有以下兩點。

（1）加快資源的讀取速度。在 Electron 應用的原始程式碼中，我們會使用 require 方法透過路徑來引用不同的模組。如果這些模組都以獨立檔案的形式儲存在對應的磁碟目錄中，那麼每個模組初次 require 執行時都需要在對應的路徑找到模組檔案後讀取裡面的內容。把這些模組檔案的內容集中在一個檔案中，透過檔案位置偏移量來尋找它們，將會節省尋找檔案的時間。

（2）擺脫 Windows 路徑長度限制。Windows 系統預設的最長資源路徑為 256 位元字串，如果資源路徑字串過長，將會導致資源存取失敗。Electorn 為了避開這個問題，在 asar 檔案中使用偏移量來模擬一套資源路徑定位方案。

在一些場景下，我們只是想把撰寫好的應用轉換成可執行程式給到產品和互動進行驗收。這個過程中可能會對程式進行頻繁的修改。如果每次都採用安裝套件的形式，那麼無論對於開發人員還是驗收方都會變得非常麻煩。因此，我們推薦在這種場景下使用將原始程式打包成 asar 檔案的方式。

Electron 官方提供了一個名為 asar 的工具來將原始程式打包成 asar 檔案，下面的內容將展示如何使用它。

首先，透過如下命令安裝 asar。

```
npm install asar -g
```

安裝完成後，透過下面的命令將專案打包成 asar 檔案。

```
cd Chapter8-4
asar pack ./ ./output/app.asar
```

asar 打包執行完成後，可以看到在專案根目錄的 output 資料夾下產生了一個 app.asar 檔案，如圖 9-3 所示。

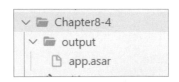

▲ 圖 9-3 產生到 output 資料夾中的 asar 檔案

只有 asar 檔案並不能讓程式執行起來，我們還需要準備一個 Electron 環境。由於我們在開發環境使用的 Electron 版本是基於 X64 架構的 V11 版本，因此我們需要在 Electron 官網中下載對應版本的可執行程式，如圖 9-4 所示。

▲ 圖 9-4　需要下載的 Electron 版本

下載並解壓這個檔案，我們可以得到一個完整的 Electron 可執行環境。
接下來，我們將前面打包完成的 app.asar 檔案複製到 resouces 目錄中。
由於 Electron 在 resources 目錄中有 app.asar 檔案的情況下會優先載入該
檔案，因此不需要特意去刪除 default_app.asar 檔案。接著回到上一級目
錄，按兩下 electron.exe 檔案啟動應用後，同時按 Ctrl+0 快速鍵，可以看
到螢幕截圖應用的預覽視窗。接下來，我們將整個目錄透過壓縮軟體進
行壓縮，就可以分發給其他人使用了。

正如前面所說，在一些非正式或臨時性的使用場景中，這是一種比較方
便的方式。甚至在 Electron 版本沒有變化的情況下，你只需要把 app.asar
檔案發送給需要使用的人，讓他們去替換已有的 app.asar 檔案即可。

但是，這種方式存在如下不足：

（1）需要手動去官網下載對應的 Electron 版本，這個步驟不僅煩瑣，還
　　　比較容易出錯。如果版本下載錯誤，應用有可能無法正常執行。
（2）在應用需要跨平台的情況下（發佈後可以同時在多個作業系統上使
　　　用），我們得去下載不同平台對應的 Electron 版本。
（3）可執行檔 electron.exe 的檔案名稱和 icon 需要手動修改。

為此，Electron 提供了一個名為 electron-packager 的工具來解決這些問
題。在下一小節的內容中，我們將展示這個工具的使用方法。

9.1.2 產生可執行程式

electron-packager（https://www.npmjs.com/package/electron-packager） 是
由 Electron 官方提供的命令列打包工具。它可以把應用的原始程式碼打
包成一個可以用於發佈的、包含可執行檔及其依賴檔案的發佈套件。開
發人員無須手動下載支援目標平台的 Electorn 框架，只需要在 electron-
packager 提供的打包命令中進行相關的設定即可。

electron-packager 目前支援以下 3 個系統平台：

- Windows（32/64 位元）
- macOS（OS X）
- Linux（x86/x64）

由於 Electron 在 macOS 與 Linux 平台下的使用不是本書的重點內容，所
以在接下來的內容中，將重點展示 electron-packager 在 Windows 平台中
的使用方法。

在開始打包之前，我們先來給應用準備一個 logo 來替換 Electron 預設的
logo。在 Windows 中，可執行程式檔案的圖示為 ico 格式的檔案。ico 格
式實際上是多個不同尺寸的圖片集合，Windows 應用程式會在不同的場
景下自動選擇合適尺寸的 logo 來進行展示。那麼，各個尺寸的圖片都
需要我們自己手動產生嗎？實際上是不需要的，我們可以借助 electron-
icon-builder 工具自動地基於一個大尺寸的圖片來產生不同尺寸的圖片，
並且可以將它們直接合成到 ico 檔案中。下面是 electron-icon-builder 的
使用方法。

首先，透過如下命令安裝 electron-icon-builder。

```
npm install electron-icon-builder --save-dev
```

將我們提前準備好用於製作 logo 的一張 png 圖片複製到專案根目錄下，
然後，在 package.json 中新增如下 logo 的產生指令稿。

```
// Chapter9-1-2/package.json
...
"scripts": {
  "build-icon":"electron-icon-builder --input=C:/Users/panxiao/Desktop/
Demos/ElectronInAction/Chapter9-1-2/icons/logo.png --output=C:/Users/
panxiao/Desktop/Demos/ElectronInAction/Chapter9-1-2/icons"
 },
...
```

透過 npm run build-icon 執行 logo 產生命令，可以在指定的目錄中看到
electron- icon-builder 為各個平台產生的 logo 檔案，如圖 9-5 所示。

▲ 圖 9-5 electron-icon-builder 產生的 logo 集合

我們在 package.json 中增加一條使用 electron-packager 打包應用的命令。
在該命令中，定義了原始程式碼路徑、原始程式碼打包方式、打包後的
應用名以及 icon 檔案路徑。

```
// Chapter9-1-2/package.json
...
"scripts": {
  "start": "electron .",
  "packager": "electron-packager ./ screenshot --platform=win32 --arch=x64
--icon=./icons/ icons/win/icon.ico --asar"
 },
...
```

執行 npm run packager 命令開始打包，會在專案根路徑中產生一個名為 screenshot- win32-x64 的資料夾，其中包含了所有打包後應用的檔案。我們在該資料夾中可以看到，可執行檔的名稱和圖示都已經替換成了我們在命令中設定的內容，如圖 9-6 所示。

▲ 圖 9-6 electron-packager 產生的檔案

除了可執行檔的圖示之外，應用所有會顯示 logo 的地方都將顯示新圖示，例如工作列，如圖 9-7 所示。

▲ 圖 9-7 工作列中顯示的 logo

screenshot-win32-x64 資料夾已經是一個完整的應用，我們可以將它壓縮成壓縮檔進行分發。使用者在獲取到壓縮檔後，解壓到任意目錄，按兩下可執行檔即可使用。

9.1.3 安裝套件

安裝套件是提供給使用者進行應用設定化安裝的程式。與前面的打包方式不同，安裝套件提供的安裝流程可以讓使用者對應用的安裝進行更多自訂的操作。

（1） 如果應用是支援按模組安裝的，那麼在安裝的過程中可以提供一個
介面讓使用者選擇性安裝自己所需要的模組。

（2） 使用者可以在安裝介面中自己選擇想要將應用安裝到磁碟的哪個路
徑。

（3） 在安裝的過程中，可以自動地設定好程式第一次執行依賴的登錄檔
和環境變數等內容。記得我們在講解登錄檔的章節中提到，如果在
應用第一次執行時期想要使用自訂協定，那麼需要在安裝過程中向
登錄檔寫入自訂協定內容。

Electron 官方提供了一個名為 electron-builder 的打包工具，它允許開發
人員將應用打包成 Windows 支援的應用安裝程式，如 NSIS、AppX 以及
Msi 等。NSIS（https://nsis.sourceforge.io/Main_Page）是一個專業且開放
原始碼的安裝套件製作工具，它非常小巧和靈活，開發人員能快速地上
手並製作出應用的安裝程式。下面我們將透過製作螢幕截圖應用的 NSIS
安裝套件來展示如何使用 electron-builder 打包工具。

electron-builder 的設定方式有兩種：一種是將設定資訊寫在專案原有的
package.json 檔案中的 build 屬性下；另一種是在執行 electron-builder 命
令時透過 config 參數指定單獨的設定檔，config 設定的預設值為 electron-
builder.yml。這裡我們選擇使用第一種方式來進行設定。

在 package.json 中，我們新增 electron-builder 相關的設定，程式如下所
示。

```
// Chapter9-1-3/package.json
...
"build": {
  "directories": {
    "output": "build"
  },
```

```
  "win": {
    "icon": "./icon.ico",
    "target": [
      {
        "target": "nsis"
      }
    ]
  },
  "nsis": {
    "allowToChangeInstallationDirectory": true,
    "installerIcon": "./icon.ico",
    "uninstallerIcon": "./icon.ico",
    "installerHeaderIcon": "./icon.ico",
    "createDesktopShortcut": true,
    "createStartMenuShortcut": true,
    "shortcutName": "screenshot",
    "oneClick": false
  }
}
...
```

在上面的設定中，我們將安裝套件的輸出類型設定為 nsis，並將安裝套件輸出的目錄設定為專案根目錄下的 build 資料夾中，隨後 electron-builder 產生的 nsis 安裝檔案以及其他檔案將儲存在這個目錄中。安裝套件的 icon 使用的是我們在 9.1.2 節中產生的 icon.ico 檔案。

在設定檔的 nsis 欄位中，設定了如下與 nsis 安裝套件相關的內容。

- allowToChangeInstallationDirectory：布林類型，表示是否允許使用者在安裝過程中修改安裝的路徑。當它設定為 true 時，我們可以在安裝介面中看到選擇安裝路徑的介面。
- installerIcon：字串類型，安裝程式的圖示。
- uninstallerIcon：字串類型，移除程式的圖示。

- installerHeaderIcon：字串類型，安裝程式介面頂部標題列中顯示的圖示。
- createDesktopShortcut：布林類型，表示應用安裝後是否需要建立桌面捷徑。
- createStartMenuShortcut：布林類型，表示應用安裝後是否需要在 Windows 開始選單中建立捷徑。
- shortcutName：字串類型，捷徑顯示的名稱。
- oneClick：布林類型，表示是否需要一鍵式安裝程式。當設定為 true 時，安裝套件的流程中將不會提供使用者進行選擇的選項，如安裝使用者群組選擇、安裝路徑選擇等。在點擊安裝後所有安裝選項都按照 NSIS 的預設值來設定。

我們在 package.json 中增加如下 npm 命令來執行 electron-builder。

```
// Chapter9-1-3/package.json
...
"scripts": {
  "start": "electron .",
  "build": "electron-builder"
},
...
```

在命令列中執行 npm run build 命令製作安裝套件，隨後可以在 build 目錄下看到產生的安裝套件檔案 screenshot-packager-demo Setup 1.0.0.exe，如圖 9-8 所示。

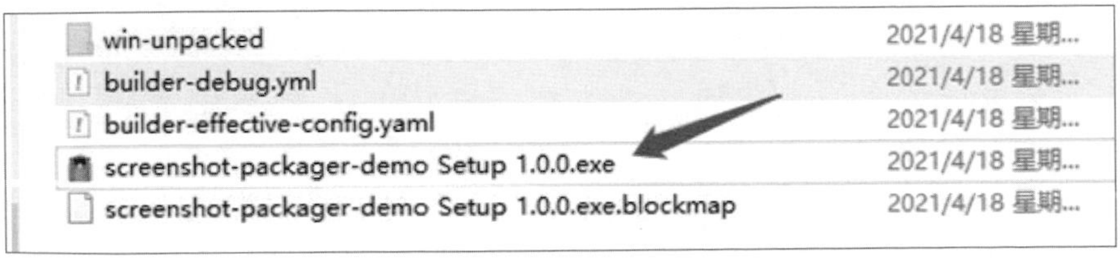

▲ 圖 9-8 透過 electron-builder 產生的安裝套件檔案

按兩下安裝檔案，開始進入如圖 9-9 所示的介面。

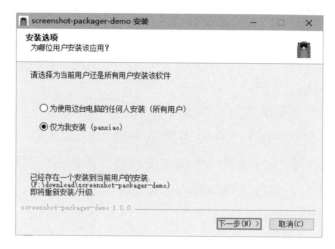

▲ 圖 9-9　安裝流程中選擇使用者的介面（編按：本圖例為簡體中文介面）

在這個介面中可以看到，標題列和安裝選項右側顯示的是我們在設定檔中定義的圖示。選擇為任一使用者安裝應用後，點擊「下一步」按鈕進入選定安裝位置的介面，如圖 9-10 所示。

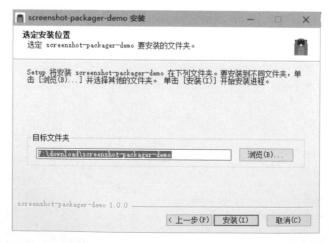

▲ 圖 9-10　安裝流程中選定安裝位置的介面（編按：本圖例為簡體中文介面）

點擊「安裝」按鈕開始正式的安裝，等待應用安裝完畢後，我們可以在 F:\download\screenshot-packager-demo 目錄下看到安裝後的 screenshot-packager-demo 應用。同時，在桌面以及開始選單中，也能看到螢幕截圖應用的捷徑，如圖 9-11 和圖 9-12 所示。

▲ 圖 9-11　桌面捷徑　　　　　▲ 圖 9-12　開始選單中的快捷入口

與前面使用 electron-packager 進行打包後產生的檔案不同的是，目錄下還會多出一個用於移除應用的可執行程式。按兩下這個移除程式將會進入應用的移除流程中，流程結束後將會清理我們在安裝過程中設定的設定及所有產生的檔案。

至此，我們已經獲得了一個完整的應用安裝程式，現在可以將其分發給使用者進行下載和安裝。

在 electron-builder 製作安裝套件的過程中，你可能會因為網路問題遇到下面的錯誤訊息。

```
 Get "https://github.com/electron-userland/electron-builder-
binaries/releases/download/nsis-3.0.4.1/ nsis-3.0.4.1.7z": dial tcp
192.30.255.113:443: connectex: A connection attempt failed because the
connected party did not properly respond after a period of time, or
established connection failed because connected host has failed to respond.
```

這是因為 electron-builder 製作安裝套件時需要先下載 NSIS 工具，如果在網路不穩定的情況下，這個工具將無法正常下載。在這種情況下，我們可以存取 https://github.com/electron- userland/electron-builder-binaries/

releases 下載 NSIS 工具對應版本的原始程式碼,如圖 9-13 所示。

▲ 圖 9-13 需要下載的 NSIS 原始程式

下載完成後,解壓 zip 檔案到任意目錄。進入解壓後的目錄,將圖 9-14 中的兩個資料夾複製並貼上到 electron-builder 快取依賴檔案的資料夾中即可(路 徑 為 C:\Users\ panxiao\AppData\ Local\electron-builder\Cache\ nsis),如圖 9-15 所示。

▲ 圖 9-14 原始程式資料夾中需要複製的兩個資料夾

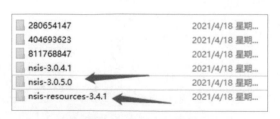

▲ 圖 9-15 目的檔案夾

9.2 應用簽名

出於安全考慮，Windows 系統在安裝應用時會對應用的簽名資訊進行驗證，確保該應用是出自原作者本人的。這種驗證方式可以防止使用者下載到被協力廠商惡意篡改過的軟體，進而在安裝後威脅使用者電腦的安全。如果你經常在瀏覽器中下載軟體，那麼應該遇到過瀏覽器在下載前向你提示「該應用不可信，可能會危害電腦」的資訊。即使你執意下載，在安裝時也將會彈出相關系統資訊提示。因此，為我們的應用進行簽名是在發佈前很重要的一個步驟。

應用簽名需要一個合法的電子證書，目前我們可以在 Sectigo、DigiCert 以及 SSL.com 等證書頒發網站進行購買。需要注意的是，Windows 中的證書會分為以下兩大類：Code Signing Certificate 和 EV Code Signing Certificate。Code Signing Certificate 相對較便宜，但是證書的生效依賴於應用一定的安裝數設定值。在超過這個設定值之前，使用者在安裝應用時會彈出警告資訊。而 EV Code Signing Certificate 的信任等級更高，購買之後可以立刻生效。但是 EV Code Signing Certificate 在簽名時依賴於 USB dongle，你無法將證書匯出在沒有 USB dongle 的情況下進行使用。如果我們想在 CI 服務中進行簽名，EV Code Signing Certificate 方式將會變得很困難。因此，我們需要根據實際使用場景來選擇證書類型。

以在 Sectigo（https://sectigo.com/ssl- certificates-tls/code-signing）購買證書為例，我們開啟它的網站，可以在首頁看到可供購買的證書選擇，如圖 9-16 所示。

▲ 圖 9-16 Sectigo 提供的兩種證書類型

選擇合適的證書類型以及證書有效期,然後進行購買。我們會得到一個尾碼名為 pfx 的證書簽名檔以及它的使用密碼。結合 electron-builder 中的設定,開發人員可以在打包的時候對應用進行簽名,相關設定程式如下所示。

```
"build": {
...
    "win": {
      "icon": "./icon.ico",
      "target": [
        {
          "target": "nsis"
        }
      ],
      "signingHashAlgorithms": ["sha1", "sha256"],
      "certificateFile": "./my_sectigo_cert.pfx",
      "certificatePassword": "********"
    },
...
}
```

其中使用到了如下三個與簽名相關的設定。

- signingHashAlgorithms:字串陣列類型,指定簽名使用的演算法。在 Windows 中使用 sha1 和 sha256 演算法進行雙重簽名。

- certificateFile：字串類型，指定證書的路徑。
- certificatePassword：字串類型，指定證書的密碼。

設定完成後，再次執行 npm run build 命令就可以在打包的時候對應用進行簽名了。如果你購買的證書類型是 EV Code Signing Certificate，那麼還需要在設定中增加 certificateSubjectName 欄位，具體的設定方法可以參考 https://www.electron.build/ configuration/win#WindowsConfiguration-certificateSubjectName 中的內容。

9.3 應用升級

9.3.1 自動升級

應用的迭代是一個持續的過程，迭代的內容會包含新增功能、體驗最佳化以及 Bug 修復等方面。為了讓這些迭代的內容可以持續地觸達使用者，讓使用者保持使用應用的最新版本，我們開發的應用需要支援自動升級功能。

Electron 官方為開發者提供了 electron-updater 的工具，可以配合 electron-builder 透過簡單的幾個 API 來實現應用自動更新。

在使用 electron-updater 之前，我們需要先在 electron-builder 的設定中設定 Publish 選項（https://www.electron.build/configuration/publish）。Publish 選項的其中一個作用是指定 electron-updater 去哪裡下載新版本的安裝套件。它支援很多現成的安裝套件儲存服務，如 Github Release、S3、Spaces 以及 Snap Store 等，開發人員只需要按照官方文件中關於這些服務特定的設定就可以快速地設定好並使用。另外，它還支援設定自訂的檔案儲存伺服器，在這種模式下開發人員可以自行架設一個 Http 伺服器，將應用新版本的安裝套件存放在伺服器中並提供一個下載路徑，electron-updater 會透過設定的下載路徑檢查應用是否有更新。接下來我們將重點展示如何使用 electron-updater 配合自建的 Http 伺服器來實現應用的自動更新功能。

首先，我們透過如下命令安裝 http-server 工具，它可以零設定地透過命令列啟動一個 Http 伺服器。

```
npm install http-server --save-dev
```

然後，在 package.json 中增加如下命令用來啟動監聽 8080 通訊埠的伺服器，並將 /statics 目錄作為靜態檔案目錄。後續會將安裝套件以及安裝套件描述檔案存放在該目錄中。

```
http-server statics/ -p 8080
```

透過執行 npm run server 命令將該伺服器啟動。

最後，在 package.json 的 electorn-builder 相關設定中增加 publish 選項及其內容，程式如下所示。

```
// Chapter9-3-1/package.json
...
"build": {
  "publish": [
    {
      "provider": "generic",
      "url": "http://127.0.0.1:8080/"
    }
  ],
  ...
}
...
```

provider 表示更新來源的類型，如果是使用自建的伺服器，那麼它的值應該被設定為 generic。與此同時，我們指定自建伺服器的 url 為前面我們啟動的伺服器位址。

接下來是使用 electron-updater 實現具體的更新邏輯，我們在主處理程序程式中增加升級相關的邏輯，程式如下所示。

```
// Chapter9-3-1/package.json
...
const {autoUpdater} = require("electron-updater");
autoUpdater.on('checking-for-update', () => {
  console.log('Checking for update...');
})
autoUpdater.on('update-available', (info) => {
  console.log('Update available.');
})
autoUpdater.on('update-not-available', (info) => {
  console.log('Update not available.');
})
autoUpdater.on('error', (err) => {
  console.log('Error in auto-updater.' + err);
})
autoUpdater.on('download-progress', (progressObj) => {
  let log_message = "Download speed: " + progressObj.bytesPerSecond;
  log_message = log_message + ' - Downloaded ' + progressObj.percent + '%';
  log_message = log_message + ' (' + progressObj.transferred + "/" +
progressObj.total + ')';
  console.log(log_message);
})
autoUpdater.on('update-downloaded', (info) => {
  console.log('Update downloaded');
  autoUpdater.quitAndInstall();
});
```

```
app.on('ready', function () {
  createWindow();
  autoUpdater.checkForUpdatesAndNotify().then((res)=>{
    console.log('update sucess');
  }).catch((e)=>{
    console.log('update fail', e);
  });
})
...
```

在上面的程式中，我們首先透過 autoUpdater.on 方法監聽了 electron-updater 提供的多個更新事件，如 checking-for-update、update-available 以及 update-not-available 等。這些事件的命名比較通俗易懂，相信大家透過事件名就能清楚地知道它的觸發時機以及作用。在本範例中，我們在這些事件的回呼中只簡單地列印了相關 log 資訊，知道當前的更新狀態以便於偵錯。而在真實的專案中，開發人員可以借助這些事件，在介面上給予使用者一些互動和資訊的回饋以達到更好的更新體驗。

接著，我們在 app 達到 ready 狀態時，呼叫 autoUpdater.checkForUpdates AndNotify 檢查更新。此時 electron-updater 將會去伺服器中查詢安裝套件描述檔案 latest.yml 的內容，透過裡面的 sha512 資訊與當前正在執行的版本進行比對，如圖 9-17 所示。

```
version: 1.0.4
files:
  - url: screenshot-packager-demo Setup 1.0.4.exe
    sha512: plRyHfmbxz/Ml5vIZgyBV6hHoPY6v1CvxlnInNVE/ImH5qfwcMzvCGvhZgjOWcHphKW8m7QmNywcSLw3tWQ/jQ==
    size: 54946124
path: screenshot-packager-demo Setup 1.0.4.exe
sha512: plRyHfmbxz/Ml5vIZgyBV6hHoPY6v1CvxlnInNVE/ImH5qfwcMzvCGvhZgjOWcHphKW8m7QmNywcSLw3tWQ/jQ==
releaseDate: '2021-04-18T14:36:52.083Z'
```

▲ 圖 9-17 latest.yml 檔案的內容

比對結果如果表示有更新，則下載對應的安裝套件檔案。當下載完成時，electron-updater 會觸發 update-downloaded 事件。在該事件的回呼中，呼叫 autoUpdater.quitAndInstall 讓應用退出並開始使用新的安裝套件進行安裝。我們在更新前使用的應用版本為 1.0.3，可以在新的安裝套件介面中看到，應用退出後彈出的安裝程式顯示我們即將安裝的是 1.0.4 版本。我們繼續將安裝流程執行完，應用就升級到了新的版本。

9.3.2 差分升級

差分升級是一種能有效減少升級套件體積，進而減少升級成本的方式。差分升級按差分細微性可以分為以下兩種：檔案等級的差分升級和內容等級的差分升級。我們先來看看什麼是檔案等級的差分升級。

1. 檔案等級差分升級

在上一小節的自動升級範例中，雖然新版本的原始程式碼相比舊版本僅改動了幾行，但是新版本安裝套件的體積已經接近 54M。這是因為每次在產生安裝套件時，都會將 Electron 的整個環境完整地整合進去，即使是應用所依賴的 Electron 沒有任何改動的情況下。學習過前面章節的讀者應該知道，實際上我們對原始程式碼的改動只影響了 resources 目錄下的 asar 檔案。因此，在 Electron 框架自身版本沒有更新的情況下，應用的新版本與舊版本的差別絕大多數情況下只是在 asar 上。我們可以在檔案管理員中看到，目前螢幕截圖應用的 asar 檔案的大小只有 6 M，是遠小於安裝套件體積的。如果我們在升級應用的時候，只下載新版本應用的 app.asar 檔案來替換舊版本的 app.asar 檔案，也同樣可以完成應用功能的升級。這種基於查詢變更檔案並進行替換的升級方式就是檔案等級的差分升級。檔案等級差分升級的整體流程與前面相同，但我們需要額外實現如下關鍵的邏輯。

（1）在伺服器端開發一個檔案等級的 diff 功能，該功能需要比對新版本
和舊版本應用中的 asar 檔案，在有變更的情況下將新版本 asar 檔案
壓縮後傳回下載。

（2）在差分升級套件下載完成後，退出應用並替換舊的 asar 檔案。

我們推薦使用 MD5 工具（https://github.com/pvorb/node-md5#readme）來
實現判斷兩個檔案是否相同的邏輯。接下來將簡單展示它的使用方法。

首先，透過如下命令在專案中安裝 MD5。

```
npm i md5 --save-dev
```

這裡我們將對比上一小節中 1.0.0 版本的 asar 檔案以及 1.0.1 版本的 asar
檔案的 MD5 值。為了方便展示，我們將兩個版本的 asar 檔案都複製到同
一個檔案中，並在檔案名稱中加上版本標識以便於區分，如圖 9-18 所示。

▲ 圖 9-18 兩個版本的 asar 檔案

在專案根目錄建立一個名為 md5.js 的檔案，在其中定義了一個
compareFile 函數來判斷從參數中傳入的兩個檔案的 MD5 值是否相同，
程式如下所示。

```
// Chapter9-3-2/fileDiff.js
const fs = require('fs');
const md5 = require('md5');

function compareFile(preApp, curApp) {
  return new Promise(function (resolve, reject) {
    fs.readFile(preApp, function (err, buf) {
      if(err){
```

```
        reject(err);
        return;
      }
      const appMD5 = md5(buf);
      fs.readFile(curApp, function (err, buf) {
        if(err){
          reject(err);
          return;
        }
        const app101MD5 = md5(buf);
        // 判斷兩個檔案的MD5值是否相同
        if(appMD5 === app101MD5){
          resolve(true);
        }else{
          resolve(false);
        }
      });
    });
  });
}

module.exports = {
  compareFile
};
```

然後我們在 index.js 中呼叫 compareFile 函數來對比 asar 資料夾中的兩個 asar 檔案，程式如下所示。

```
// Chapter9-3-2/index.js
const md5 = require('./fileDiff');
const path = require('path');
const app = path.join('./asar/app.asar');
const app101 = path.join('./asar/app101.asar');

md5.compareFile(app, app101).then(function(result){
```

```
console.log(result ? '、檔案相同':'檔案不相同');
}).catch(function(err){
  console.log(err);
});
```

執行 index.js 指令稿，可以在命令列中看到如圖 9-19 所示的結果。

```
PS C:\Users\panxiao\Desktop\Demos\ElectronInAction\Chapter9-3-2> node .\index.js
目前版本asar的MD5值： 0249ad170660d3d05d82b68a751d69c7
新版本asar的MD5值： 167ad8774e2c03944b20ed088f1f7026
檔案不相同
```

▲ 圖 9-19 asar 檔案使用 MD5 對比的結果

2. 內容等級差分升級

檔案等級的差分升級雖然降低了一部分升級套件的體積，但我們進一步思考還會發現，新舊版本的 asar 檔案在內容上也會存在較多重複的情況。例如，我們只在檔案的尾端增加了 1 行程式（console.log(1)），但是打包出來的 asar 檔案體積還是有 6 M。雖然體積不算大，但實際上變更的內容只有幾個位元組的大小。因此，差異內容的體積與 asar 檔案本身的體積之間的差距也是不小的。如果我們找到一種方式，能將新、舊 asar 檔案的內容差異計算出來，再把差異內容以同樣的方式插入舊版本的 asar 檔案中，那麼就可以在這個場景下以非常小的體積完成應用升級。這種以計算檔案內容差異為基礎的升級方式，就是內容等級的差分升級。內容差分升級需要我們實現如下關鍵的邏輯。

（1） 在伺服器端開發一個內容等級的 diff 功能，該功能需要比對新版本和舊版本應用中的 asar 檔案，計算出新、舊 asar 檔案的差異內容，將該內容進行壓縮並提供下載。

（2） 在差分升級套件下載完成後退出應用，使用同樣的演算法將差分內容插入舊版本的 asar 檔案中。

在計算檔案內容差異上，如果你使用的是 Node.js 來實現升級服務，那麼
我們推薦使用 bsdiff-node 工具（https://github.com/Brouilles/bsdiff-node）
來實現。它基於 bsdiff 和 bspatch 演算法對檔案內容進行差異內容計算和
補丁，我們可以使用它來實現內容等級的差分升級。接下來的內容將簡
單展示它的使用方法。

首先，我們透過如下命令在專案中安裝 bsdiff-node。

```
npm i bsdiff-node --save-dev
```

這裡我們使用上一小節中 1.0.0 版本的 asar 檔案以及 1.0.1 版本的 asar 檔
案進行對比。為了方便展示，我們將兩個版本的 asar 檔案都複製到同一
個檔案中，並在檔案名稱中加上版本標識以便於區分，如圖 9-20 所示。

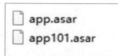

▲ 圖 9-20 新、舊版本的 asar 檔案

新建一個名為 contentDiff.js 的指令檔，在其中實現內容差異計算和補丁
相關的邏輯，程式如下所示。

```
// Chapter9-3-2/contentDiff.js
const bsdiff = require('bsdiff-node');

async function diffAndPatch(preApp, curApp, patchFile, finalApp) {
  await bsdiff.diff(preApp, curApp, patchFile, function (result) {
    console.log('diff:' + String(result).padStart(4) + '%');
  });

  await bsdiff.patch(preApp, finalApp, patchFile, function (result) {
    console.log('patch:' + String(result).padStart(4) + '%');
```

```
  });
}

module.exports = diffAndPatch;
```

在上面的程式中，我們首先透過 bsdiff.diff 方法計算出了 app101.asar 和 app.asar 檔案的差異內容並寫入 patchFile 檔案，然後透過 bsdiff.patch 方法將 patchFile 內容補丁進 app.asar 檔案中，產生一個新的 app.asar 檔案。bsdiff.diff 和 bsdiff.patch 方法的回呼函數會在計算和補丁的過程中被多次呼叫，我們利用回呼函數中的 result 參數值來列印進度資訊。

接著在 index.js 檔案中呼叫 contentDiff 方法，程式如下所示。

```
// Chapter9-3-2/index.js
const contentDiff = require('./contentDiff');
const path = require('path');
const app = path.join('./asar/app.asar');
const app101 = path.join('./asar/app101.asar');
const patchFile = path.join('./dist/app100-101.patch');
const finalApp = path.join('./dist/app.asar');

contentDiff(app, app101, patchFile, finalApp);
```

執行 index.js 指令稿，可以在命令列中看到如圖 9-21 所示的結果。

```
PS C:\Users\panxiao\Desktop\Demos\ElectronInAction\Chapter9-3-2> node .\index.js
diff:   0%
diff:   3%
diff:  15%
diff:  15%
diff: 100%
patch:   0%
patch:  15%
patch: 100%
```

▲ 圖 9-21 diff 與 patch 執行過程中輸出的資訊

與此同時，開啟專案下的 dist 目錄，可以看到產生的 patch 檔案以及最終的 app.asar 檔案，如圖 9-22 所示。

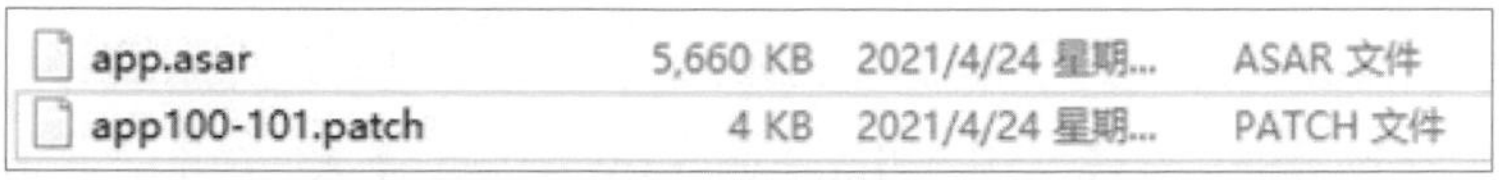

| app.asar | 5,660 KB | 2021/4/24 星期... | ASAR 文件 |
| app100-101.patch | 4 KB | 2021/4/24 星期... | PATCH 文件 |

▲ 圖 9-22 最終產生的檔案

patchFile 檔案的體積只有 4 KB，與完整的 asar 檔案相比減少很多。如果按照我們的預期，此時新的 app.asar 檔案的內容應該與 app101.asar 檔案的內容相同。為此，我們透過如下方法進行驗證：

（1）將 app.asar 複製到 Electorn 的 resources 目錄中替換原來的名稱相同檔案。

（2）啟動應用，看功能上是否與 1.0.1 版本相同。如果相同，則説明我們成功地透過內容差分的方式將螢幕截圖應用從 1.0.0 版本升級到了 1.0.1 版本。

每一種升級方式都有自己的優勢及弊端。以內容差分升級為例，雖然它可以最大限度地降低升級套件的體積，從而提升升級速度與降低升級成本，但是它在 diff 和 patch 的過程中是非常消耗電腦資源的。這對於目前只是單一 asar 檔案的升級場景還不太明顯，但如果我們想對更多的檔案執行 diff 操作，這個過程將會變得非常緩慢。不僅如此，在真實場景中，我們的應用可能需要同時產生從多個舊版本到最新版本的差分安裝套件，這不僅對伺服器資源提出了更高的要求，也增加了對應的成本。

因此，我們需要根據業務實際情況來進行多方面考量，從而選擇更適合我們的升級方式。

9.4 發佈應用到商店

在 Windows 8 及其後續更新版本的系統中，都提供給使用者了一個專門用於下載應用程式的商店—Windows Store。開發人員可以將自己開發的應用程式發佈到市集中，使得使用者可以在商店中搜索應用並下載安裝。(編按：此小節之示範為簡體中文介面)

開發人員要將基於 Electron 開發的應用發佈到 Windows Store 中，需要經過如下 3 個步驟。

（1）註冊 Windows Store 開發者帳號並設定專案資訊。
（2）將開發好的應用打包成 appx 安裝套件。
（3）上傳 appx 安裝套件到 Windows Store。

接下來的內容，我們將按照這三個步驟詳細講解如何將 Electron 應用發佈到 Windows Store 中。

首先，我們開啟 Windows Store 官網的開發人員中心頁面 https://developer.microsoft.com/zh-cn/store/register/，點擊「註冊」按鈕進入註冊開發者帳號流程，如圖 9-23 所示。

▲ 圖 9-23 註冊開發者帳號

在註冊頁面中，填入必填資訊進行註冊。其中，我們需要選擇將要註冊的帳戶類型，如圖 9-24 所示。

▲ 圖 9-24 選擇開發者帳戶類型

帳戶類型分為「個別」和「公司」兩類。個別帳戶類型是以個人、學生或非法人組的身份開發和銷售應用、載入項和服務，需要繳納 116 元的註冊費用。而公司帳戶類型使用你所在區域認可和註冊的商家名稱開發和銷售應用、載入項和服務，需要繳納 600 元的註冊費用，而且還需要提供公司的合法證明才能完成註冊。想要了解更多關於帳戶類型的資訊，可以點擊「深入了解」按鈕進行了解。這裡為了便於演示，我們選擇「個別」開發者帳戶類型。

接下來是填寫發行者顯示名稱資訊，如圖 9-25 所示。該資訊將在市集的應用詳情頁面進行展示。

发布者显示名称(公司名称)

Panxiao   深入了解

客户将看到你的应用、加载项、扩展或服务在你的唯一发布者显示名称下列出。

▲ 圖 9-25 填寫發行者顯示名稱

接著填寫如圖 9-26 所示的連絡人資訊。

名字 *	姓氏 *
潘	潘

电子邮件地址 *	电话号码 *
13░░░░ ░@qq.com	+86　　139　　2░░░

网站

地址行 1 *	地址行 2
广州市░░░░ ░░░░ ░░03

城市 *	省/自治区/直辖市
广州

邮政编码 *	首选电子邮件语言 *
519000	中文(简体)

▲ 圖 9-26 填寫連絡人資訊

點擊「下一頁」按鈕，進入付費頁面，我們需要支付所選帳戶類型相對應的費用。當費用扣除成功後，就完成了開發人員帳號的註冊，如圖 9-27 所示。

▲ 圖 9-27 註冊成功後進入的應用管理頁面

點擊圖中的「Windows 和 Xbox」模組，進入 Windows 應用產品管理頁面。由於我們尚未建立任何應用，所以當前該頁面的產品清單顯示為空。在發佈應用之前，我們點擊「建立新應用」按鈕，根據流程建立一個名為 ScreenShotForTest 的應用，如圖 9-28 所示。

▲ 圖 9-28 建立的 ScreenShotForTest 應用

接下來，我們將使用 electron-windows-store 工具將開發好的應用打包成尾碼名為 appx 的安裝套件並上傳到商店中。

由於 electron-windows-store 在使用時需要依賴 Windows 10 SDK，因此我們需要在網址 https://developer.microsoft.com/en-us/windows/downloads/windows-10-sdk/ 中下載對應版本的 SDK 進行安裝。SDK 將預設安裝到 C:\Program Files (x86)\Windows Kits\10\bin\ 10.0.17134.0\x64 目錄下，這個路徑我們在後面執行 electron-windows-store 命令時將會用到。

現在使用 electron-package 工具將螢幕截圖應用的原始程式碼打包成可執行程式，輸出到專案的 packager 目錄下。然後透過如下命令安裝 electron-windows-store 到全域。

```
npm install electron-windows-store -g
```

開啟 powershell 命令列工具，執行如下命令設定 powershell 的執行策略。

```
Set-ExecutionPolicy -ExecutionPolicy RemoteSigned
```

RemoteSigned 表示在 powershell 中只允許下載被可信的開發者簽名過的
檔案。

接著在 powershell 中繼續執行如下命令，將 electron-package 打包後的應
用製作成 appx 安裝套件。

```
electron-windows-store
 --input-directory
C:\Users\panxiao\Desktop\Demos\ElectronInAction\Chapter9-4\
ScreenShotForTest- win32-x64
--output- directory
C:\Users\panxiao\D.esktop\Demos\ElectronInAction\Chapter9-4\appx
--package-version 1.0.0.0
--package-name ScreenShotForTest
--package-display-name ScreenShotForTest
--publisher-display-name Panxiao
--identity-name Panxiao.ScreenShotForTest
--a C:\Users\panxiao\Desktop\Demos\ElectronInAction\Chapter9-4\icons
```

在使用 electron-windows-store 命令時，我們傳入了下面一系列的設定參
數。

- input-directory：需要發佈的應用目錄。傳入的值一般為在 electron-packager 中指定的應用輸出目錄。
- output-directory：輸出 appx 安裝套件的路徑。
- package-version：安裝套件版本編號，一般情況下使用 package.json 中 version 欄位的值。
- package-name：安裝套件名稱，同應用可執行檔的檔案名稱。

■ package-display-name：用於顯示的安裝套件名稱。開發人員可以在圖 9-29 所示的介面中設定更改名稱。

▲ 圖 9-29 更改顯示的安裝套件名稱頁面

■ publisher-display-name：顯示在應用介紹中的發佈人員名稱。
■ identity-name：應用的身份標識，可以在圖 9-30 所示的介面中找到對應的值。

▲ 圖 9-30 查看應用身份標識的頁面

■ a：應用的資源路徑，其中存放如應用圖示等資源。

執行命令後，等待命令列中顯示如圖 9-31 所示的內容時，表示 appx 安裝套件產生成功。

```
The following certificate was selected:
    Issued to: DB7FE4BA-57A1-477A-9E6A-476A21FE70F3
    Issued by: DB7FE4BA-57A1-477A-9E6A-476A21FE70F3
    Expires:   Sun Jan 01 07:59:59 2040
    SHA1 hash: 2E5B763E0C29270411ED1E06461EAEFF6592A6ED

Done Adding Additional Store

Successfully signed: C:\Users\panxiao\Desktop\Demos\ElectronInAction\Chapter9-4\appx\ScreenShotForTest.appx

Number of files successfully Signed: 1
Number of warnings: 0
Number of errors: 0

All done!
```

▲ 圖 9-31　appx 安裝套件產生成功的提示資訊

與此同時，我們可以在專案根目錄下的 appx 資料夾中看到產生的 ScreenShotFor- Test.appx 安裝套件。接下來在管理後台的應用概述介面建立一個提交流程，然後在流程中的套裝程式模組上傳 ScreenShotForTest.appx 安裝套件並儲存，如圖 9-32 所示。

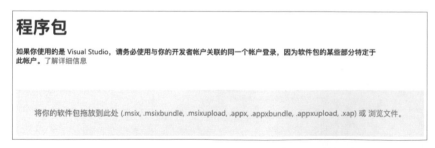

▲ 圖 9-32　上傳 appx 安裝套件進行發佈的介面

完成這一步驟之後，我們就可以把應用提交到 Windows Store 了。由於應用都需要經過審核才能上架，所以應用提交成功後還不能立刻在 Windows Store 中被使用者搜索到。這個過程可能需要幾天的時間，需要耐心等待。

9.5 總結

- asar 工具可以把 Electron 應用的原始程式碼打包成一個尾碼名為 asar 的檔案。該檔案內容的開頭為一個 JSON 字串,其中詳細記錄了檔案中包含的所有資源的內容以及位置資訊。Electron 框架會預設讀取 resources 目錄中的 asar 檔案內容來載入應用邏輯。

- electron-packager 工具可以幫助開發人員快速地產生一個帶有可執行檔的完整應用目錄。在這個過程中,electron-packager 會根據你指定的設定下載匹配的 Electron 框架版本,並將原始程式碼打包成 asar 檔案放入框架目錄的 resources 目錄中。除此之外,開發人員還可以設定自訂應用的名稱和 logo。

- electron-builder 工具可以幫助開發人員快速地製作一個 Electorn 應用的安裝套件程式。開發人員可以在 electron-builder 指定的設定檔中進行設定來訂製安裝流程中的各個步驟。

- 給應用簽名是在應用發佈之前需要做的一件非常重要的事情。這不僅可以防止作業系統在安裝或執行應用時彈出應用不安全的提示,給使用者帶來不好的體驗,更能在一定程度上幫助使用者辨識所下載的軟體是否來自應用官方,避免安裝經過篡改的軟體,使得電腦安全受到威脅。

- electron-updater 工具配合 electron-builder 可以實現應用程式的自動升級。升級所需要的伺服器可以根據業務情況來進行選擇。開發人員可以選擇如 Github、S3 之類現有的伺服器,也可以自己架設一個伺服器。

- 差分升級是一種應用升級最佳化方案，它可以有效地減少升級所需要的檔案大小，從而減少升級時間和降低成本。差分升級主要分為兩種方式：①檔案等級差分，這種方式僅判斷檔案是否有差異，升級時需要下載所有有差異的完整檔案；②內容等級差分，這種方式會將檔案內容的差異部分提取出來，升級時僅需要下載差異內容的部分。

- 在差分升級的實現中，我們推薦使用 node-md5 來判斷檔案內容是否有變更，使用 bsdiff-node 來計算檔案內容的差異部分。

- 開發人員可以使用 electron-windows-store 工具來將透過 electron-packager 打包後的應用進一步產生 appx 安裝套件。開發人員在 Windows 商店中註冊一個開發者帳號之後，就可以將 appx 安裝套件上傳到商店中進行發佈了。

Sugar-Electron

在此之前的章節中，我們講解了 Electron 框架中的重要概念，並輔以案例幫助大家對概念的理解。閱讀到這裡，你應該已經從剛接觸 Electron 框架的階段過渡到了可以在專案中進行實踐的階段了。但是在後續的實踐中你也許會發現，Electron 框架的上手難度雖然不高，但是它在開發模式上是缺乏約束的，這很有可能會導致專案隨著時間的演進逐漸出現開發效率越來越低、穩定性越來越差的問題。

關於開發效率低的問題：Electron 框架本身只提供了基礎的 API 來讓開發人員實現跨平台桌面應用，但框架本身並未對開發模式進行約定。因此，隨著時間演進，專案程式會出現模組劃分混亂、寫法多樣以及耦合嚴重的問題。當需要增加一個新功能或者修改舊功能時將會變得非常困難，這將會顯著地增加開發人員對於專案的學習成本，降低開發效率。

關於應用穩定性差的問題：在 Electron 中，應用的程式主要執行在主處理程序和繪製處理程序中。對於一個多視窗應用而言，往往包含單一主處理程序和多個繪製處理程序。一般情況下，開發人員為了邏輯共用會將一些公共的業務邏輯寫在主處理程序程式中，這其實給整個應用的穩定性埋下了隱憂。在 Electron 中，主處理程序控制了整個程式的生命週期，同時也負責管理它建立出來的各個繪製處理程序。一旦主處理程序的程式出現異常，將導致以下情況發生。

（1） 主處理程序出現未捕捉的異常崩潰，直接導致應用退出。

（2） 主處理程序出現阻塞，導致全部繪製處理程序阻塞，UI 處於阻塞無回應狀態。

這裡我們推薦在大型多視窗應用的場景中嘗試使用基於 Sugar-Electron 框架來進行開發。Sugar-Electron 框架在設計層面對開發過程進行了一定程度上的約束，可以在一定程度上避免上述問題的發生。

Sugar-Electron（https://github.com/SugarTurboS/Sugar-Electron）是 一 個基於 Electron 框架開發的上層應用框架，為多人協作開發多視窗桌面應用而生，旨在幫助開發團隊降低應用程式開發和維護成本的同時提高應用品質。

Sugar-Electron 的設計原則主要有以下 3 點。

（1） 一切圍繞繪製處理程序為核心，主處理程序只充當視窗管理（對視窗進行建立、刪除以及異常監控）和排程（處理程序通訊、狀態共用）的角色。基於此，在主處理程序中將不處理大量且複雜的業務邏輯，降低主處理程序邏輯複雜度，從而降低因主處理程序邏輯出現異常導致的應用崩潰與卡頓問題的機率。

（2） 對處理程序間通訊的方法進行高度封裝。開發者無須關心處理程序間通訊需要使用 Electron 框架的哪些 API 來實現，只需要呼叫 Sugar-Electron 框架提供的通訊方法即可。這些方法能讓開發者便捷地在處理程序間實現一對一、一對多以及響應式的通訊方式。

（3） 為了保證框架核心足夠的精簡、穩定以及高效，框架是否具有擴充能力非常重要。為此，Sugar-Electron 框架提供自訂外掛程式機制來擴充框架能力。

基於上述三點，Sugar-Electron 框架內部劃分為 7 大模組：

- 基礎處理程序類別 BaseWindow
- 服務處理程序類別 Service
- 處理程序管理 WindowCenter
- 處理程序間通訊 IPC
- 處理程序間狀態共用 Store
- 設定中心 Config
- 外掛程式管理 Plugins

這 7 個模組幾乎涵蓋了 Electron 應用程式開發過程中絕大多數的場景。因此，在本章節接下來的內容中，我們將透過列舉 6 種比較常見的使用場景，來展示如何使用這些模組。

10.1 應用環境的切換

一款產品的研發週期可以劃分為 3 個階段：開發、測試以及上線。開發人員往往會在不同的階段使用不同設定來讓應用執行與當前階段匹配的邏輯。在幾個階段中，會有一部分共用的基礎設定，也會各自有一套差異化的設定。在這種場景下，我們需要思考和解決以下幾個問題。

（1）如何標準化地集中管理多個環境的設定？

（2）如何基於基礎設定來擴充各個環境所需要的設定？

（3）如何讓應用能自由地切換不同環境的設定？

為了解決上述問題，Sugar-Electron 框架中的 Config 模組提供了一套可擴充的多環境設定方案，它可以讓開發者更便捷地對多環境設定進行管理和擴充。

10.1.1 集中管理多環境設定

Config 模組基於框架約定來對應用的設定進行管理，該模組會自動載入約定目錄中的設定檔，無須在使用設定程式前進行手動指定。按照約定，開發人員需要在專案根目錄中建立一個名為 config 的資料夾，用於儲存基礎設定以及各環境的設定。同時 config 資料夾內設定檔的名稱需要按照 config.{env}.js 的規則來命名。目錄結構與檔案名稱範例如下。

```
config
|- config.base.js        // 基礎設定——所有環境共用
|- config.js             // 生產設定——預設環境 或者 env=prod
|- config.test.js        // 測試設定——環境變數env=test
|- config.dev.js         // 開發設定——環境變數env=dev
```

其中，config.base.js 為基礎設定，其他環境的設定都將以它為基礎。如果 config 資料夾中有且僅有 config.base.js 設定時，它將預設作為開發環境設定。

10.1.2 基礎設定與擴充

在 Config 模組初始化時，它會根據當前的應用環境自動載入 config 目錄中對應的設定檔並將基礎設定和環境設定進行合併。以開發環境（dev）為例，Config 模組初始化時會讀取 confg.base.js 檔案和 config.dev.js 檔案的內容，並以 confg.base.js 為基礎設定將 config.dev.js 使用深複製的方式與之合併。當 Config 模組初始化完成後，我們可以在程式中直接使用 require 引入的 config 物件來獲取最終的設定內容，程式如下所示。

```
// Chapter10-1/config/config.base.js
module.exports = {
  appCode: 'demoConfigApp'
serverUrl: 'https://demo.com'
}


// Chapter10-1/config/config.dev.js
module.exports = {
serverUrl: 'https://dev.demo.com'
}


// Chapter10-1/index.js
start().then(() => {
  console.log('config', config);
});
```

透過 npm run start 啟動應用，可以在輸出的資訊中看到 config 物件最終的內容。其中，config 物件包含兩個設定項：appCode 和 serverUrl。由於

config.dev.js 中沒有設定 appCode，因此 config 中 appCode 的值與 config.base.js 檔案中的相同。另外，由於我們在 confg.dev.js 檔案中將 serverUrl 的值設定成了 https://dev.demo.com，它將會覆蓋 config.base.js 檔案中 serverUrl 的值，因此在 config 中 serverUrl 的值最終為 https://dev.demo.com。現在輸出的結果正如我們所預期，最終的設定是使用 confg.dev.js 覆蓋了 config.base.js。

10.1.3 設定應用環境

Config 模組提供兩種方式來指定應用所需的環境設定：一種是透過命令列參數的方式，另一種是透過本地全域設定檔的方式。下面我們將分別展示它們的使用方法。

1. 命令列參數方式

在應用的開發階段，我們透過在 package.json 檔案的 scripts 中給應用的啟動命令加上環境變數的方式來指定環境，程式如下所示。

```
// Chapter10-1/package.json
"scripts": {
  "dev": "electron.env=dev",
  "test": "electron.env=test",
  "prod": "electron.",
}
```

依然以開發環境為例，當我們透過 npm run dev 命令啟動應用時，Config 將載入 config.dev.js 設定檔。

如果是想要在應用被打包成可執行檔之後指定應用的環境，可以在應用可執行檔的屬性介面進行設定，如圖 10-1 所示。

▲ 圖 10-1 在開機檔案的屬性介面設定環境參數

在「目標」右側的輸入框中，將環境設定 env={env} 追加到可執行檔路徑的後面（注意，是加在最後一個雙引號的後面），點擊「確定」按鈕儲存即可生效。再次按兩下可執行檔啟動應用，應用將會載入對應環境的設定內容。

2. 全域設定檔

基於命令列參數的方式，開發人員雖然可以改變應用打包後的執行環境，但前提是應用內對應環境的設定在當前是有效的。我們來看這種情況：開發環境的 serverUrl 由應用程式開發階段的 https://dev.demo.com 變成了現在的 https://dev1.demo.com。這樣即使將應用切換到了開發環境，由於原來的 serverUrl 已經故障了，那麼也無法使用開發環境的服務。為了解決這個問題，Config 模組提供了一個全域設定覆蓋功能。

開啟全域設定覆蓋功能後，Config 模組會自動讀取 %appData%/{appName} 資料夾中的 config.json 檔案內容來覆蓋應用內部的設定。因此，我們進入該目錄中並建立 config.json 檔案，檔案內容程式如下所示。

```
{
"env": "dev",
"config": {
   "serverUrl": "https://dev1.demo.com"
}
}
```

設定中 env 的值表示 config 的值將會覆蓋哪個環境的設定。在上面的程式中，我們指定覆蓋 dev 環境的設定，將 serverUrl 設定為 https://dev1.demo.com。

接下來在使用 Config 模組時開啟全域設定覆蓋功能，程式如下所示。

```
// Chapter10-1/index.js
start({
  useAppPathConfig: true
}).then(() => {
  console.log('config', config);
});
```

當全域設定功能開啟後，命令列中傳入的 env 參數以及應用內部的設定將會被覆蓋，serverUrl 最終的值將是 https://dev1.demo.com。我們可以透過圖 10-2 所示了解設定載入的整個流程。

本小節中所提及的完整程式可以存取 https://github.com/ForeverPx/ElectronInAction/tree/main/Chapter10-1。在學習本章的過程中，建議你下載原始程式，親手建構並執行，以達到最佳學習效果。

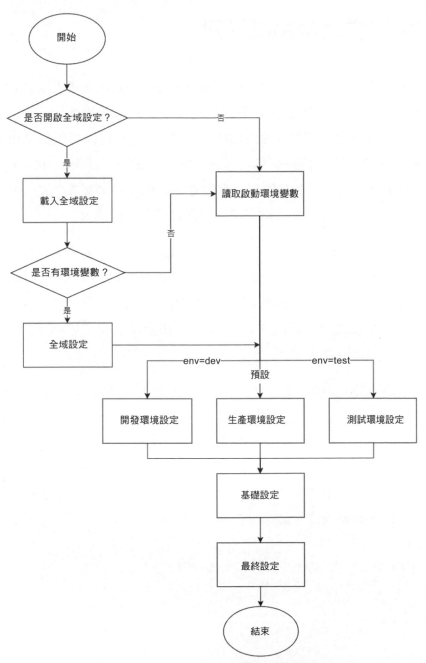

▲ 圖 10-2 Config 模組載入設定的流程

10.2 處理程序間通訊

Electron 框架本身提供了 IpcMain 和 IpcRenderer 模組來實現主處理程序與繪製處理程序、繪製處理程序與繪製處理程序之間的通訊，這部分的內容我們在第 3 章進行過詳細的講解。但是，由於它們提供的 API 僅能支援一對一的通訊，且必須指定訊息發送的目的地（例如主處理程序、繪製處理程序 ID），因此在實現多處理程序之間複雜通訊需求的時候有一定的局限性，開發人員需要撰寫額外的程式來實現需求。

對於大部分多視窗場景的應用來説，處理程序間的通訊關係一般是複雜的。因此，Sugar-Electron 的 Ipc 模組對原有的 IpcMain 和 IpcRenderer 模組進行了封裝，並配合 BaseWindow 模組為開發人員提供了在多視窗場景下更便捷的處理程序間通訊方式。Ipc 模組主要提供兩種通訊模式：請求回應模式和發佈訂閱模式。

在正式講解這兩個模式之前，我們還得先簡單講解一下 Sugar-Electron 框架中的 BaseWindow 模組，因為後續處理程序間的通訊將依賴於在 BaseWindow 中設定的處理程序 ID。BaseWindow 模組基於 BrowserWindow 進行了二次封裝，其不僅包含了 BrowserWindow 原有的特性，還會對建立出來的視窗處理程序進行標識和管理。下面的程式將使用 BaseWindow 建立一個標識為 winA 的視窗。

```
// 主處理程序
const { BaseWindow } = require('sugar-electron');
const win = new BaseWindow('winA', {
  url: 'https://demo.com'
  width: 800, ght: 600, show: false
});
win.on('ready-to-show', () => {})
const browserWindowInstance = winA.open();
```

此處與 BrowserWindow 不同的是,在使用 BaseWindow 建立視窗時必須透過第一個參數指定視窗的唯一 ID。在上面的程式中,我們指定視窗的唯一 ID 為 winA,該 ID 後續將被用於處理程序間通訊和互相呼叫。

10.2.1 請求回應模式

請求回應模式是一種比較簡單的通訊模式,其本質是一個資料請求方和一個資料提供方之間的資料傳輸行為。一個完整的資料互動流程為資料請求方向資料提供方發送資料請求,接著資料提供方將回應該請求,如圖 10-3 所示。

▲ 圖 10-3 請求回應模式示意圖

接下來我們透過一個範例來展示如何使用 Ipc 模組的請求回應模式來實現處理程序間通訊,程式如下所示。

```
// Chapter10-2/demo1/index.js
const { BaseWindow, start } = require('sugar-electron');

start().then(() => {
  const winA = new BaseWindow('winA', {
    url: `file://${__dirname}/winA/index.html`,
    width: 800,
    height: 600
  });

  const winB = new BaseWindow('winB', {
    url: `file://${__dirname}/winB/index.html`,
    width: 800,
```

```
    height: 600,
    show: false
  });

  const winBIntance = winB.open();

  winB.subscribe('ready-to-show', () => {
    winBIntance.show();
    winA.open();
  });
});
```

在上面的程式中，我們使用 BaseWindow 建立了兩個視窗，並分別標識為 winA 和 winB。winA 為資料請求方，它向資料提供方 winB 請求 name 資料。

接下來我們在 winB 的指令稿中引入 Ipc 模組，透過 ipc.response 方法註冊一個訊息監聽器，程式如下所示。

```
// Chapter10-2/demo1/winB/window.js
const { ipc } = require('sugar-electron');
// 註冊回應事件
ipc.response('get/name', (json, cb) => {
  // winA發送過來的資料
  console.log(json);    // { name: '我是winA' }
  cb({ name: '我是winB' });
});
```

response 方法接收如下兩個參數。

- eventName：字串類型，表示訊息的名稱。
- callback：函數類型。它將在收到訊息時被呼叫，開發人員可以在其中處理業務邏輯。該回呼會預設傳入兩個參數：第一個參數為請求方發送過來的資料，第二個參數為將資料發送給請求方的方法。

在程式中，我們監聽了訊息名為 "get/name" 的訊息，並在回呼中將資料 { name: ' 我是 winB' } 發送回請求方。

接下來，我們在 winA 的繪製處理程序程式中引入 Ipc 模組，然後透過 ipc.request 方法向 winB 請求資料，程式如下所示。

```
// Chapter10-2/demo1/winA/window.js
const { ipc } = require('sugar-electron');
// 向winB發起請求
const res = await ipc.request('winB', 'get/name', { name: '我是winA' });
console.log(res);    // { name: '我是winB' }
```

request 方法接收如下 4 個參數。

- toId：字串類型。該 ID 為呼叫 BaseWindow 建立視窗時傳入的唯一 ID，如 winA。此處表示要向哪個視窗發送資料。
- eventName：字串類型，指定向目標視窗獲取什麼樣的資料，類似於 Http API 中的 URL，對應於 response 方法的第一個參數值。
- data：物件類型，指定發送的資料內容。
- timeout：數字類型，指定請求的逾時時間，預設為 20 s。

這裡我們透過 request 指定向 winB 視窗請求名為 "get/name" 的訊息，並將 "{ name: ' 我是 winA' }" 資料發送過去。request 方法被呼叫後將傳回一個 promise 物件，開發人員可以透過 await 來獲取 resolve 後的值。

透過 npm run start 命令執行範例，可以看到在 winB 視窗的偵錯控制台中輸出了 winA 視窗發送過來的資料 "{ name: ' 我是 winA' }"，而在 winA 視窗的偵錯控制台中輸出了 winB 視窗回復的 "{ name: ' 我是 winB' }" 資料。

如果請求發生異常，會在 catch 中傳回如下格式的資料。

```
{ code: 1, msg: 'xxx'}
```

資料中的 code 為異常狀態碼，它代表著不同類型的異常，可以在表 10-1 中查看不同 code 值表示的含義。

表 10-1 不同 code 值表示的含義

code	說　明
1	找不到處理程序
2	找不到註冊的訊息類型
3	逾時

10.2.2 發佈訂閱模式

在發佈訂閱模式中，訊息發行者不會直接指定要將訊息發佈給誰，而僅僅是發送某一類別的訊息，訊息訂閱者需要訂閱自己感興趣的訊息。當訊息發行者發佈某一類訊息時，所有訂閱這類訊息的訂閱者都將收到該訊息，如圖 10-4 所示。

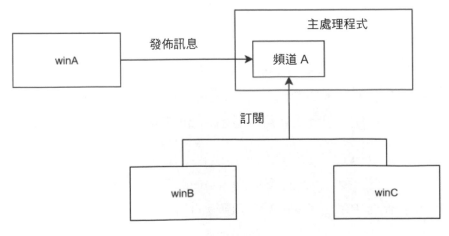

▲ 圖 10-4 發佈訂閱模式示意圖

在多視窗應用的場景中，往往會存在從一個視窗中發佈訊息，在其他視窗訂閱訊息的情況。因此，下面我們將透過一個範例來展示如何使用 Ipc 模組的發佈訂閱模式來實現視窗間的通訊。在該範例中，我們將分別建立 3 個視窗：winA、winB 和 winC。其中 winA 是訊息發行者，winB 和 winC 為訊息訂閱者，程式如下所示。

```javascript
// Chapter10-2/demo2/index.js
const { BaseWindow } = require('sugar-electron');

start().then(() => {
  const winA = new BaseWindow('winA', {
    url: `file://${__dirname}/winA/index.html`,
    width: 800,
    height: 600
  });

  const winB = new BaseWindow('winB', {
    url: `file://${__dirname}/winB/index.html`,
    width: 800,
    height: 600
  })

  const winC = new BaseWindow('winC', {
    url: `file://${__dirname}/winC/index.html`,
    width: 800,
    height: 600
  });

  winA.open();
  winB.open();
  winC.open();
})
```

由於訂閱者的邏輯是相似的，所以接下來我們以訂閱者 winB 為例，展示如何使用 Ipc 模組實現訊息訂閱功能，程式如下所示。

```
// Chapter10-2/demo2/winB/index.js
const { ipc } = require('sugar-electron');

const unsubscribe = ipc.subscribe('greet', (json) => {
  console.log(json);
});
// unsubscribe();  取消訂閱
```

subscribe 方法接收如下 3 個參數。

- toId：字串類型。該 id 為呼叫 BaseWindow 建立視窗時傳入的唯一 id，如 winA。當 toId 有值時，將只訂閱 toId 指定的視窗所發佈的訊息。
- eventName：字串類型，指定訂閱的訊息頻道。
- callback：函數類型。當收到訊息時被呼叫，函數的參數為訊息內容。

在上面 winB 的指令稿中，我們透過呼叫 ipc.subscribe 方法訂閱名為 "greet" 的訊息頻道，並在收到訊息時將訊息內容輸出到偵錯控制台。subscribe 方法呼叫後將會傳回一個函數，該函數用於取消訂閱該頻道的訊息。

下面我們來實現訊息發行者 winA 的邏輯，程式如下所示。

```
// Chapter10-2/demo2/winA/index.js
const { ipc } = require('sugar-electron');
// 每隔5s發佈事件greet
setInterval(() => {
  ipc.publisher('greet', { message: 'Hello eveybody' });
}, 5000);
```

publisher 方法接收如下兩個參數。

- eventName：字串類型，指定發佈的訊息頻道。
- param：物件類型，指定發佈的訊息內容。

在 winA 的程式中，由於我們透過 setInterval 計時器每隔 5 s 呼叫一次 publisher 方法發佈 greet 頻道的訊息，因此 greet 頻道的訊息訂閱者將會每隔 5 s 收到一次訊息。

現在透過 npm run start 命令啟動應用，我們可以在 winB 或 winC 視窗的偵錯控制台中看到定時輸出收到的訊息。

10.2.3　向主處理程序發送訊息

前面的範例都是在繪製處理程序之間發送訊息，那麼如何使用 Ipc 模組實現繪製處理程序向主處理程序發送訊息呢？實際上，Sugar-Electron 框架預設給主處理程序設定了一個 id — main。我們在繪製處理程序中呼叫 ipc.request 方法時，將 main 傳入該方法的參數中，就可以指定向主處理程序發送訊息，程式如下所示。

```
const { ipc } = require('sugar-electron');
// 向winB發起請求
const res = await ipc.request('main', 'get/name', { name: '我是winA' });
console.log(res); // { name: '我是main' }
```

如果上面的程式是執行在主處理程序中的，那麼意味著主處理程序既是資料請求方，又是資料提供方。雖然這樣可以正常執行，但我們不推薦這麼使用。

本小節中所提及的完整程式可以存取 https://github.com/ForeverPx/ElectronInAction/tree/main/Chapter10-2。在學習本章的過程中，建議你下載原始程式，親手建構並執行，以達到最佳學習效果。

10.3 視窗管理

在 Electron 框架中，開發人員無法從一個視窗直接獲取到另一個視窗的引用並呼叫它提供的方法。在實現這樣的功能時，開發人員往往需要在主處理程序中撰寫額外的程式來使得兩個視窗之間可以彼此呼叫。因此，SugarElectorn 提供了 WindowCenter 模組來管理視窗並簡化視窗之間的呼叫。

WindowCenter 模組會管理所有使用 BaseWindow 模組建立的視窗，其內部透過視窗的唯一 id 來映射視窗的引用。使用 WindowCenter 模組，開發人員可以透過唯一 id 找到對應的視窗引用，直接呼叫其方法來實現功能。我們透過下面的例子來展示如何使用 WindowCenter 模組，首先是主處理程序部分，程式如下所示。

```javascript
// Chapter10-3/index.js
const { start, BaseWindow } = require('sugar-electron');
const url = require('url');
const path = require('path');

start().then(() => {
  const winAUrls = url.format({
    protocol: 'file',
    pathname: path.join(__dirname, 'winA/index.html')
  })

  const winA = new BaseWindow('winA', {
    url: winAUrls,
  });

  const winBUrls = url.format({
    protocol: 'file',
```

```
    pathname: path.join(__dirname, 'winB/index.html')
  })

  const winB = new BaseWindow('winB', {
    url: winBUrls
  });

  winA.open();
});
```

在主處理程序的程式中,我們首先呼叫 BaseWindow 模組建立 winA 和 winB 兩個視窗,然後立刻開啟視窗 winA。

接下來是 winA 視窗繪製處理程序的邏輯,程式如下所示。

```
// Chapter10-3/winA/window.js
const { windowCenter } = require('sugar-electron');
const winB = windowCenter.winB;
// 建立winB視窗實例
winB.open();
// 訂閱視窗建立完成"ready-to-show"
const unsubscribe = winB.subscribe('ready-to-show', async () => {
  // 解綁訂閱
  unsubscribe();
  // 設定winB size[400, 400]
  const r1 = await winB.setSize(400, 400);
  // 獲取winB size[400, 400]
  const r2 = await winB.getSize();
  console.log(r1, r2);
});
```

在視窗 winA 的繪製處理程序邏輯中,我們引入 WindowCenter 模組並透過 windowCenter 物件獲取到視窗 winB 的引用後開啟視窗 winB,等待響應視窗 winB 的 ready-to-show 事件。在該事件回呼中,我們直接透過視窗 winB 的引用來設定它的視窗大小以及獲取設定後的視窗大小。

透過 npm run start 啟動應用，我們可以看到視窗 winB 的大小被設定為了 400×400。無論是在主處理程序中還是在繪製處理程序中，開發人員都可以透過 WindowCenter 模組獲取指定 id 的視窗引用然後直接呼叫視窗提供的方法。

當然，從 windowCenter 中獲取的 BaseWindow 實例也支援使用 Ipc 模組提供的請求回應和發佈訂閱模式，使用方法參考如下所示程式。

```
const r1 = await windowCenter.winB.request('get/name', { name: 'winA' });
// 等於
const r2 = await ipc.request('winB', 'get/name', { name: 'winA' });

const unsubscribe = windowCenter.winA.subscribe('get/name', () => {}});
// 等於
const unsubscribe = ipc.subscribe('winA', get/name', () => {}
});
```

本小節中所提及的完整程式可以存取 https://github.com/ForeverPx/ElectronInAction/tree/main/Chapter10-3。在學習本章的過程中，建議你下載原始程式，親手建構並執行，以達到最佳學習效果。

10.4 資料共享

在多視窗需要共享資料的場景下，開發人員往往會優先想到將需要共用的資料掛載到主處理程序 global 物件的方式。配合 remote 模組，各個繪製處理程序可以很方便地拿到 global 物件上的資料。這種方式類似於在 Web 系統中將全域變數掛載到 window 物件上的方式。但這種方式有如下不足之處。

（1） 隨著應用的發展，功能越來越複雜，參與開發的人員也越來越多，
這種粗獷的管理方式很容易造成資料衝突，經常發生全域變數因命
名相同而導致被覆蓋的情況。

（2） 當共用的資料有變化時，無法及時地通知到使用該變數的使用方。

為了解決這些問題，SugarElectorn 框架為應用程式開發人員提供了 Store
模組來更好地管理全域狀態。Store 模組主要有兩大特性：提供嵌模式的
資料劃分功能、在資料變動時提供通知功能。

我們考慮下面這個場景：當應用啟動並登入成功後，我們在登入視窗的
繪製處理程序中將登入後獲取的使用者資訊共用到全域，其他視窗的繪
製處理程序可以獲得共用的使用者資訊來展示或執行對應的邏輯。現在
我們使用 Store 模組來實現這個場景，首先是主處理程序的邏輯，程式如
下所示。

```javascript
// Chapter10-4/index.js
const { start, BaseWindow, store} = require('sugar-electron');
const url = require('url');
const path = require('path');
start().then(() => {
  store.createStore({
    state: {
      name: '我是根store'
    },
    modules: {
      user: {
        state: {
          name: ''
        }
      }
    }
  });
```

```
const loginWinUrls = url.format({
  protocol: 'file',
  pathname: path.join(__dirname, 'loginWin/index.html')
})

const loginWin = new BaseWindow('loginWin', {
  url: loginWinUrls,
  width: 800,
  height: 600
});

const personalWinUrls = url.format({
  protocol: 'file',
  pathname: path.join(__dirname, 'personalWin/index.html')
})

const personalWin = new BaseWindow('personalWin', {
  url: personalWinUrls,
  width: 800,
  height: 600
});

loginWin.open();
loginWin.on('ready-to-show', () => {
  personalWin.open();
});
});
```

在主處理程序的程式中，我們透過 Store 模組提供的 createStore 方法初始化了一個全域的資料結構。這個資料結構由一個根 state 以及各個子模組中的 state 組成。這裡我們在初始化時，建立了一個名為 user 的子模組，它維護著自己的 state（SugarElectorn 推薦大家在使用 Store 時，將狀態以業務模組來進行劃分從而避免模組間的狀態衝突）。

接下來我們分別實現登入視窗 loginWin 和個人資訊視窗 personalWin，首先是 loginWin 的實現，程式如下所示。

```
// Chapter10-4/loginWin/window.js
const { store } = require('sugar-electron');

const userModule = store.getModule('user');
userModule.setState({
  name: '張三'
});
```

在上面的程式中，我們透過 getModule 方法獲取 user 模組的狀態物件 userModule。與 React 改變狀態的方法類似，透過 userModule 提供的 setState 方法可以改變 user 模組內的狀態值。

然後是 personalWin 的實現，程式如下所示。

```
// Chapter10-4/personalWin/window.js
const { store } = require('sugar-electron');
const userModule = store.getModule('user');

console.log(userModule.state.name); // 張三

// 監聽user改變
const unsubscribe = userModule.subscribe((data) => {
  console.log(user.state.name); // 李四
});

userModule.setState({
  name: '李四'
});
```

在上面的程式中，我們透過 getModule 方法獲取 user 模組的狀態物件 userModule，並輸出了 userModule.state.name 的值，可以在視窗的偵錯控制台中看到該值為 loginWin 中設定「張三」。這表示我們在另一個視窗中獲取在 loginWin 中設定的共用狀態。另外，我們還可以透過 userModule.subscribe 方法去訂閱 user 模組的狀態改變並指定回呼函數，當 user 模組的狀態透過 userModule.setState 方法進行了變更時，將會觸發回呼函數的執行。

透過 npm run start 命令啟動應用，可以在視窗 personalWin 的偵錯控制台中看到先後輸出了 user 模組更改前和更改後的狀態值，分別為「張三」和「李四」。

本 小 節 中 所 提 及 的 完 整 程 式 可 以 存 取 https://github.com/ForeverPx/ElectronInAction/tree/main/Chapter10-4。在學習本章的過程中，建議你下載原始程式，親手建構並執行，以達到最佳學習效果。

10.5 外掛程式擴充

外掛程式化可以讓框架本身在保持專注、穩定和高效的同時，盡可能為開發人員提供根據實際業務需求來擴充框架的能力。在 Sugar-Electron 框架中，提供了比較完整的支援外掛程式化的模組—Plugins。

要製作和使用一個 Sugar-Electron 外掛程式，需要經過以下 3 個步驟：實現自訂外掛程式、安裝外掛程式到框架、在程式中使用外掛程式。

下面我們按照這 3 個步驟來實現一個自訂日誌外掛程式，向大家展示如何使用 Plugins 模組。

10.5.1 實現自訂外掛程式

首先，我們在專案根目錄的 plugins 資料夾中建立外掛程式指令稿 console.js（為了便於管理和維護，我們推薦將自訂的外掛程式集中存放 在專案根目錄下的 plugins 目錄中），程式如下所示。

```
// Chapter10-5/plugins/console.js
module.exports = {
  /**
   * @ctx [object] 框架上下文物件{ config, ipc, store, windowCenter, plugins
}
   * @params [object] 設定參數
   */
  install(ctx, params = {}) {
    return {
      log(text) {
        switch(params.level){
          case 0:
            console.log('INFO:',text);
            break;
          case 1:
            console.log('ERROR:',text);
            break;
          default:
            console.log('INFO:',text);
        }
      },
    };
  },
};
```

外掛程式指令稿的內部需要傳回一個包含 install 函數的物件。在外掛程 式安裝時，框架會呼叫 install 函數，並傳入 ctx 和 params 兩個參數。ctx 參數為框架的上下文物件，其中包含了如 config、Ipc 以及 store 等框架的核心模組。params 參數為外掛程式安裝時傳入的設定，它的值為安裝設定中 params 欄位的值。開發人員可以在外掛程式程式中透過這兩個參數分別來呼叫框架核心模組和使用設定資料來完成外掛程式功能。在上面的程式中，console 外掛程式內部將讀取設定中的 level 值來給每一次列印的 log 資訊加上首碼。

10.5.2 安裝外掛程式到框架

要對自訂外掛程式進行安裝，我們需要在 config 目錄中新建一個 plugin. js 檔案，程式如下所示。

```
// Chapter10-5/config/plugin.js
const path = require("path");
exports.console = {
  // 如果根路徑plugins目錄有對應的外掛程式名，則不需要設定path或package
  path: path.join(__dirname, "./plugins/console"),    // 外掛程式絕對路徑
  package: "console",        // 外掛程式套件名
  enable: true,              // 是否啟動外掛程式
  env: ["main"],
  include: ["winA"],         // 外掛程式在繪製處理程序的使用範圍，如果為空，則所
有繪製處理程序安裝
  params: { level: 0 },    // 傳入外掛程式參數
};
```

在上面的程式中，我們透過 exports 匯出了一個 console 外掛程式物件，console 物件提供了如下幾項設定。

■ path：字串類型，指定外掛程式的絕對路徑。如果在專案根路徑的 plugins 目錄中有對應名稱的外掛程式檔案，則不需要設定 path 或 package，框架會如同 config 模組一樣自動從目錄中讀取外掛程式內容。

- package：字串類型，可以重新指定外掛程式檔案名稱。例如，當外掛程式檔案名稱為 console1.js 時，此處填寫 console1 可讓框架從 plugins 資料夾中尋找 console1.js 外掛程式並載入。如果 package 與 path 同時存在，則 package 的優先順序更高。

- enable：布林類型，表示是否啟用外掛程式。

- env：字串陣列類型，用於指定外掛程式執行的環境是主處理程序還是繪製處理程序，main 表示主處理程序，renderer 表示繪製處理程序。當陣列中僅有 main 時，表示該外掛程式只用於主處理程序，include 設定將被忽略。當陣列中沒有任何值時，該外掛程式預設用於所有繪製處理程序。

- include：字串陣列類型。當 env 中包含 renderer 時生效，表示外掛程式在繪製處理程序中的使用範圍，可以在其中使用 id 指定該外掛程式在哪些繪製處理程序中有效。如果為空，則會在所有繪製處理程序安裝。

- params：物件類型，指定外掛程式需要使用的參數，該參數將傳入 install 方法的第二個參數（params）。

在 console 外掛程式安裝時，我們限定了它僅在 id 為 winA 的處理程序中安裝，並傳入參數 "{ level: 0 }"。

10.5.3 在程式中使用外掛程式

使用外掛程式的方式非常簡單，只需要引入 Plugins 模組即可，程式如下所示。

```
// Chapter10-5/index.js
const { plugins, start} = require('sugar-electron');
```

```
start().then(()=>{
  plugins.console.log('hello world');
});
```

透過 npm run start 執行範例，我們可以在命令列中看到輸出的 "hello world" 字串。

10.6 服務處理程序

Electron 框架的主處理程序在控制整個應用生命週期的同時，也管理著由它建立出來的各個視窗。應用在執行時期，如果主處理程序的程式一旦出現問題，就很有可能會導致我們在本章節開頭所提到的情況。

（1）主處理程序出現未捕捉的異常崩潰，直接導致應用退出。
（2）主處理程序出現阻塞，直接導致全部繪製處理程序阻塞，UI 處於阻塞無回應狀態。

這其實給整個應用的穩定性埋下了隱憂。如果主處理程序中的程式越多、邏輯越複雜，那麼出現這些問題的機率就越高。因此，Sugar-Electron 引入了服務（Service）處理程序的概念，期望將業務中原來在主處理程序中實現的邏輯儘量遷移到服務處理程序中，使得問題被隔離在服務處理程序。同時，主處理程序充當守護處理程序的角色，它可以在服務處理程序崩潰退出時，重新建立該服務處理程序並恢復崩潰前的狀態，從而提高整個應用的穩定性。

服務處理程序的本質是一個繪製處理程序，使用者需要在建立服務處理程序時指定執行的指令檔。另外，服務處理程序和 BaseWindow 一樣，聚合了框架所有的核心模組,在處理程序執行的指令稿內可以使用 Sugar-Electron 提供的各個模組。

下面我們透過實現一個可以在處理程序崩潰退出後繼續計數的計數器範例來展示如何使用服務處理程序。首先是主處理程序的邏輯,程式如下所示。

```
// Chapter10-5/index.js
const { start } = require('repl');
const { Service, start } = require('sugar-electron');

start().then(()=>{
  const service = new Service('service-demo', path.join(__dirname,
'service-demo.js'), true);
  service.on('success', function () {
    console.log('service處理程序啟動成功');
  });
  service.on('fail', function () {
    console.log('service處理程序啟動異常');
  });
  service.on('crashed', function () {
    console.log('service處理程序崩潰');
    service.start();
  });
  service.on('closed', function () {
    console.log('service處理程序關閉');
  });

  service.start();
});
```

Service 建構函數支援如下參數。

■ name:字串類型,表示服務處理程序的名稱,用於標識服務處理程序。

- path：字串類型，表示服務處理程序執行的指令稿路徑。
- openDevTool：布林類型，表示是否開啟偵錯工具。

在主處理程序的程式中，我們首先引入了 Service 模組，然後透過 Service 建構函數建立一個名為 "service-demo" 的服務處理程序並指定執行的指令稿為專案根路徑下的 service-demo.js。接著我們給服務處理程序註冊了四個事件，它們分別為 success、fail、crashed 以及 closed。success 和 fail 為 Sugar-Electron 框架自訂的事件，它們會在建立服務處理程序成功或失敗的情況下觸發。crashed 和 closed 為 Electron 中定義的事件，分別對應 webContents 的 crashed 事件和 browserWindow 的 close 事件。為了能在 service-demo 服務處理程序崩潰時重新開機該處理程序，我們在 crashed 事件的回呼函數中呼叫 service.start 方法重新開啟 service-demo 服務處理程序。

接著我們來實現 service-demo.js 的邏輯，程式如下所示。

```
// Chapter10-5/service-demo.js
const result = parseInt(window.localStorage.getItem('result')) || 0;

function add(){
  let _result = result + 1;
  window.localStorage.setItem('result', _result)
}

setInterval(()=>{
  add();
}, 2000);

setTimeout(()=>{
  process.crash();
}, 10000);
```

在上面的程式中，result 變數在初始化時先嘗試獲取 localStorage 中的值，如果不存在，則給予值為 0。add 方法每次呼叫時都會將 result 的值加 1，並將計算後 _result 的值更新到 localStorage 中。我們利用計時器每隔 2 s 呼叫一次 add 方法，讓 result 的值不斷增加。在第 10 s 的時候，透過 process.crash 方法製造崩潰使得處理程序退出。

由於我們在主處理程序中監聽了該處理程序的崩潰事件並重新啟動，按照我們的預期，此時整個應用不會因為服務處理程序崩潰而退出，並且在服務處理程序重新啟動後計數器仍然會在 localStorage 中 result 值的基礎上進行累加。

透過 npm run start 執行範例，可以在服務處理程序的偵錯控制台中看到從 0 開始不斷輸出的 result 值。在 10 s 之後服務處理程序將崩潰退出，接著又重新啟動。此時可以在偵錯控制台中看到，result 值不再是從 0 開始，而是在服務處理程序崩潰前的基礎上進行累加的。

10.7 總結

- Sugar-Electron 框架是一個基於 Electron 框架進行開發的上層應用框架，目標是提升大型多視窗應用的開發效率和穩定性。其內部包含七大核心模組，分別為 BaseWindow、Config、Ipc、WindowCenter、Store、Plugins 以及 Service。

- BaseWindow 模組對 BrowserWindow 進行了封裝。使用 BaseWindow 建立的視窗不僅包含 BrowserWindow 原有的方法，同時還會對這些視窗進行標識和管理。

- Config 模組為開發人員提供了一個標準化管理應用設定的方式。Config 模組會在初始化時，根據環境變數自動載入對應的設定檔，這個過程無須開發人員手動引入設定或指定設定路徑。

- Ipc 模組對 Electron 提供的 IpcMain 和 IpcRenderer 模組進行了封裝，並配合 BaseWindow 模組為開發人員提供了在多視窗場景下更便捷的處理程序間通訊方式。Ipc 模組支援請求回應和發佈訂閱兩種通訊模式。

- WindowCenter 模組負責管理透過 BaseWindow 模組建立的視窗。開發人員可以在使用時透過視窗 id 在 WindowCenter 中找到對應的視窗引用，呼叫視窗的方法來實現功能。

- Store 模組給開發人員提供在主處理程序和繪製處理程序中實現資料共用的能力。它不僅支援嵌模式的資料劃分，還提供在共用資料變更時通知訂閱者的能力。

- Plugins 模組給開發人員提供對框架進行擴充的能力，透過簡單的三個步驟就可以實現一個自訂外掛程式並整合到框架中。

- Service 模組負責建立一個服務處理程序，開發人員可以將業務中原來在主處理程序中實現的邏輯遷移到服務處理程序中，使得問題被隔離在服務處理程序。根據業務情況，可以在服務處理程序崩潰事件觸發時，在回呼中決定是否將服務處理程序重新開機並恢復原有狀態。

Note

Note

Note

Note